西北大学重点课程建设资助项目

大学生心理健康教育案例教学

Daxuesheng Xinli Jiankang Jiaoyu Anli Jiaoxue

主　编　郑安云　常　江
副主编　同雪莉　张向强　张文芳

高等教育出版社·北京

内容简介

本教材是大学生心理健康教育的案例教材，既有一般教材中系统的针对大学生的心理健康知识讲授，又结合现实生活案例进行分析，使学生在学习的过程中自我领悟，自我成长。全书共九章，包括：导论、自我认知与心理健康、人格发展与心理健康、大学生学习心理学、大学生情绪管理、大学生人际交往、大学生的恋爱、大学生职业生涯规划与能力发展、大学生压力与压力管理。每章后面都附有心理测试、拓展阅读材料，书中还配有二维码，链接鲜活的视频资源，增强了教材的可读性和趣味性。

图书在版编目（CIP）数据

大学生心理健康教育案例教学/ 郑安云，常江主编
.--北京：高等教育出版社，2015.10
ISBN 978-7-04-043667-9

Ⅰ. ①大… Ⅱ. ①郑… ②常… Ⅲ. ①大学生-心理健康-健康教育-教案（教育）Ⅳ. ①B844.2

中国版本图书馆CIP数据核字（2015）第172098号

策划编辑 赵愫简　　责任编辑 赵愫简　　封面设计 钟　雨　　版式设计 王艳红
插图绘制 郝　林　　责任校对 吕红颖　　责任印制 张泽业

出版发行	高等教育出版社	咨询电话	400-810-0598
社　　址	北京市西城区德外大街4号	网　　址	http://www.hep.edu .cn
邮政编码	100120		http://www.hep.com.cn
印　　刷	三河市华骏印务包装有限公司	网上订购	http://www.landraco.com
开　　本	787mm×960mm　1/16		http://www.landraco.com.cn
印　　张	19	版　　次	2015年10月第1版
字　　数	340 千字	印　　次	2015年10月第1次印刷
购书热线	010-58581118	定　　价	26.00 元

本书如有缺页、倒页、脱页等质量问题，请到所购图书销售部门联系调换

物 料 号　43667-00

前　言

大学是人才产出的摇篮，大学生是国家建设的栋梁和未来的希望。人才培养的质量历来是高校重点关注的问题，也是高等教育的目标所系。随着中国改革进程的快速发展和社会稳定和谐的需要，人才的全面发展和整体素质的完善越来越成为高等教育创新的重要课题。自20世纪90年代开始，教育部就明确了加强大学生思想政治教育和心理教育的方向及要求，近年来，又陆续出台了多个重要文件，进一步强调要加强这一方面的内容，如《关于加强普通高校大学生心理健康教育工作的意见》（教政司[2001]1号文件）、《中共中央 国务院关于<进一步加强和改进大学生思想政治教育的意见>》（中发[2004]16号）、《教育部、卫生部、共青团中央<关于进一步加强和改进大学生心理健康教育的意见>》（教社政[2005]1号）等，这些文件强调大学生心理健康教育工作要重在建设，立足教育，心理健康教育要以课堂教学、课外教育指导为主要渠道和基本环节，形成课内与课外、教育与指导、咨询与自助紧密结合的心理健康教育工作的网络和体系。这是对高校十几年来心理健康教育工作的总结，突出了心理健康课程教育在心理健康教育中的地位和作用，强调心理健康课程应该成为心理健康教育的主渠道。2011年的《普通高等学校学生心理健康教育工作基本建设标准（试行）》（教思政厅[2011]1号文件和《教育部办公厅关于印发<普通高等学校学生心理健康教育课程基本教学要求>》（教思政厅[2011]5号文件），又进一步强调建立完善的心理健康教育课程体系，学校应开设必修课或必选课并给予相应的学分，保证学生在校期间普遍接受心理健康课程教育。以上这些文件为高校心理健康教育课程体系建设指明了方向，使高校心理健康课程教育有了可靠的政策依据，并为有效地开展心理健康课程教育提供了保障。

高校开展大学生心理健康教育工作已由十年前的重点关注、普适教育走向了今天的以普查为基础、重点关注、心理健康教育课程相结合的教育模式。这一转变顺应着当今大学生心理健康状况的需求，也是对心理健康教育工作的完善与发展。心理健康教育尤其是课程体系的建设是面对所有大学生开设的素质教育课程，它有普及健康知识、传播健康理念、解决心理困扰、学习压力管理、咨询职业规划等助人自助的作用，适合青年人成长发展的需要。目前不少学校已经开始尝试积累和研究如何开展有效的大学生心理健康教育课程，但限于专门从事大学生心理健康教育的师资不足，还没有足够完善的心理健康教育体系，虽然有各种教材，但能够引起大学生兴趣的和好读的教材还不多，尤其是结合案例的就更少了。

本教材是集心理健康知识、心理辅导技术、心理案例分析为一体的心理学教科书，参与本书编写的老师都是长期从事大学生心理健康教育的一线工作者，书中案例的改编都来自他们的亲身实践，是一本符合当代大学生心理需求的教材。大学生的心理问题也具有时代特点，如今多元社会的种种心理现象和网络普及的时代背景，所分析的案例若脱离学生的视野，就难以抓住他们的眼球，为了满足学生的心理需求，紧扣时代主题，书中案例多数是当今具有典型意义的案例。此外，书中每一章最后附有“拓展阅读”，其中包括心理健康前沿研究的资料、心理测验、心理故事、心理剧本和心理小视频，既便于学生课后阅读、拓展知识和自我运用，也便于教师课堂上活跃氛围，丰富教学方法。

最后希望该教材能够受到学生和老师的喜欢，为促进我国大学生心理健康教育事业的发展做出一点贡献。

编　者

2015年5月

目　　录

第一章　导　　论

第一节　大学生心理健康概述

2012年，联合国宣布将每年的3月20日作为“国际幸福日”。清华大学心理系主任彭凯平于2015年3月19日应邀在联合国总部做了《积极教育让中国学生更幸福》的主题报告。彭凯平在报告中说，目前全球每年有约180万人因心理问题而自杀，远超过瘟疫、战争、饥荒等灾难造成的死亡人数。据他介绍，大量国际科研成果表明，越幸福者越少患溃疡、过敏反应、脑卒中、心血管甚至癌症等疾病。比如，美国一项为期10年的追踪研究显示，焦虑水平较高的男生比焦虑水平低的男生患糖尿病的概率要高2.2倍；一项始于1930年的研究显示，快乐的修女比那些不快乐的修女平均多活6.9岁；一项历时19年的观察发现，快乐的大学生比不快乐的大学生每年能多赚2.5万美金(《参考消息》2015年3月23日）。

开展大学生心理健康教育，尤其是积极心理、幸福心理的启动是新时期心理教育的重要课题和挑战。

一、什么是心理健康

（一）有关健康的理解

科学的基础是健康的身体。

——科学家居里夫人

身体虚弱，它将永远不会培养有活力的灵魂和智慧。

——哲学家卢梭

如果没有健康，智慧就不能表现，文化无从实现，力量不能战斗，财富变成废物，知识无法利用。

——古希腊哲学家赫拉克利特

健康是最好的天赋，知足为最大的财富，信任为最佳的品德。

——释迦牟尼

健康原义是指（人体）生理机能正常，没有缺陷和疾病。

20世纪30年代，美国健康教育学专家鲍尔提出：健康是人身体、心情和精神方面都自觉良好，活力充沛的状态。

1947年在世界卫生组织的宪章中首次提出三维的健康定义：“健康是一种心理、躯体、社会康宁（Well being)的完满状态，而不是没有疾病和虚弱的缺乏。”

1978年世界卫生组织又提出：“健康不仅仅是没有病和痛苦，而是包括身体、心理和社会功能各方面的完好状态。”

1989年世界卫生组织又把健康定义为：“生理、心理、社会适应和道德品质的良好状态。”

由此可见，对个体而言，健康的内容应包括身体健康、心理健康、社会健康、道德健康四个方面。

世界卫生组织还提出了衡量人体健康的10项标准：① 有充沛的精力，能从容不迫地应对日常生活和工作压力，不感到过分紧张；② 态度积极，乐于承担责任，不论事情大小都不挑剔；③ 精神饱满，情绪稳定，善于休息，睡眠良好；④ 能适应外界环境的各种变化，应变能力强；⑤ 能抵抗一般性的感冒和传染病；⑥ 体重得当，身体匀称，站立时头、肩、臂位置协调；⑦ 反应敏捷，眼睛明亮，眼睑不发炎；⑧ 牙齿清洁、无孔洞、无痛感、无出血现象，牙龈颜色正常；⑨ 头发有光泽，无头屑；⑩ 肌肉和皮肤富有弹性，走路轻松匀称。

以上10个方面，如果你觉得自己有3~5个是打折扣的，即不完全健康，那就说明你处在亚健康状态，需要做一些心理调整。

健康行为也有广义和狭义之分，广义的健康行为可分为积极的健康行为和消极的健康行为。积极的健康行为是有利于良好的健康状态的行为，是指人们从事的任何保持和促进健康的活动，不管他们感觉到的健康状况如何和这种行为是否达到了目标。所谓消极的健康行为是不利于健康状态的行为，是指那些有害于健康或者容易导致疾病的行为。狭义的健康行为指的是积极的健康行为。

危害健康的行为是个体或群体偏离个人、他人、社会的期望而表现出的一组行为。危害健康的行为有三个特点：一是个体在后天生活经历中习得，是自愿的，即“自我创造的危害”；二是长期稳定的行为；三是有明显的健康危害。通常危害健康的行为有以下几种：① 日常危害健康行为，如吸烟、酗酒、吸毒、性乱等；② 致病性行为模式，如A型行为易发冠心病，C型行为易发肿瘤病等。③ 不良生活习惯，如饮食过度、高糖、高脂、偏食、挑食等；④ 不良疾病行为，如“求医行为”中的瞒病行为、恐惧行为、自暴自弃行为等；“遵医行为”中的“角色行为超前”（即把身体疲劳和生理不适错当为疾病）、“角色行为缺如”（已肯定有病，但有意拖延不进入病人角色）和“角色心理冲突”（如求医与工作不能两全），以及悲观绝望等心理状态和求神拜佛的迷信状态。这些行为都是直接或间接危害我们健康的不良行为。

（二）心理健康

关于心理健康的概念，目前国内外学术界尚无一致的看法。

心理健康也有广义和狭义之分，广义的心理健康是指一种高效而满意的、持续的心理状态；狭义的心理健康，指人的基本心理活动的过程及内容完整、协调一致，即认知、情感、意志、行为、人格完整和协调。

《简明不列颠百科全书》中有关心理健康的条目写道：心理健康指个体心理在本身及条件许可范围内所能达到的最佳功能状态，但不是十全十美的绝对状态。

心理学对心理健康的定义为：心理健康是指一种持续的心理状态，当事者在那种情况下能作良好适应，具有生命的活力，而且能充分发展其身心的潜能，这乃是一种积极的、丰富的情况，而不仅是免于心理疾病。

案例

某校理科专业研二的学生张某，因一次借书的机会认识了大一文科新生小芳，小芳甜美文静，引起了张某的注意和喜欢。来往几次之后，张某就主动告诉小芳想和她建立恋爱关系。但小芳刚进校，根本没有考虑谈对象的事情，何况父母万般叮嘱不要荒废好时光，要多看书学习。于是经过慎重思考后，小芳拒绝了张某，并希望他不要打扰自己。但是张某不以为然，他认为只要心中有爱，用尽各种追求的办法，肯定会得到小芳。于是他天天必须看到小芳，并且在路上、教室里只要碰到小芳就主动上前表白，如果见不到小芳就在女生楼下等一天，甚至忘记吃饭。此行为令小芳极其反感，产生了厌恶和恐惧，于是就将此事告知辅导员。经过辅导员的劝说，张某当面答应不会再骚扰小芳，但没几天又会反复，以致不顾楼管的阻挡，冲到小芳的宿舍里强行求爱，情急之下，小芳拨打了110。事后，经过学校仔细核实和调查，按照学校安全规定将张某予以退学处理。

该案例中的张某智力没有问题，身体没有疾病，但他的行为不适应学校的规范和要求，就属于心理不健康。

在对主观幸福感的研究中，心理健康被定义为积极的情感和生活满意两种概念的综合，认为有关正性情绪和负性情绪的争论就是心理健康的不同维度，将二者的平衡作为幸福的指标，而生活满意度被看做是一种认知成分，是幸福感的一种补充，是衡量心理健康的关键指标。

综上所述，心理健康就是指人的心理，即知、情、意活动的内在关系的协调，心理的内在与客观世界保持一致，并据此促使人体内、外环境平衡以及个体与社会环境相适应的状态，从而发展健全的人格，提高生活质量，保持旺盛的精力和愉快的情绪。

（三）心理健康的标准

关于心理健康的标准，国内外的很多学者都提出了自己的观点。

1946年，第三届国际心理卫生大会曾拟定心理健康的具体标准为：① 身体、智力、情绪十分协调；② 适应环境，人际关系中能彼此谦让；③ 有幸福感；④ 在工作和职业中能充分发挥自己的能力，过有效率的生活。

美国著名心理学家马斯洛和米特尔曼提出了心理健康的十条标准：① 有适度的安全感；② 能充分了解自己，并能恰当估计自己的能力；③ 生活目标、理想切合实际；④ 与现实环境能保持良好的接触；⑤ 能保持人格的完整与和谐；⑥ 具有从经验中学习的能力；⑦ 能保持良好的人际关系；⑧ 能适度地宣泄情绪和控制情绪；⑨ 在符合团体要求的前提下，能有限度地发挥个性；⑩ 在不违背社会规范的前提下，能适当地满足个人的基本需要。

美国心理学家奥尔波特提出了六条标准：① 力争自我的成长；② 能客观地善待自己；③ 人生观的统一；④ 有与他人建立亲密关系的能力；⑤ 不断追求进步和完善，获得人生所需的能力、知识和技能；⑥ 具有同情心，对生命充满爱。

中国学者王登峰、张伯源的标准：① 了解自我、悦纳自我；② 接受他人，善与人处；③ 正视现实，接受现实；④ 热爱生活，乐于工作；⑤ 能协调与控制情绪，心境良好；⑥ 人格完善和谐；⑦ 智力正常；⑧ 心理行为符合年龄特征。

王效道教授提出了判断心理健康的三项原则：一是心理与环境的同一性；二是心理与行为的整体性，三是人格的稳定性。同时提出了心理健康水平的七条评估标准：适应能力、耐受力、控制力、意识水平、社会交往能力、康复力、简单的愉快胜于道德痛苦。

案例

张某是一名大二男生，他自述说最近自己心情不好，因为同宿舍的某个男生一直跟他过不去。起初张某心里看不惯这个男生，他忍受这个男生的臭脚已经很久了，但一直没有表现出来，而这个男生经常表现出对他的不尊重、轻视，对其他舍友非常好但对张某很冷淡，比如会把考试复习资料分发给其他舍友，唯独不给张某，这明显是孤立他。还有一次这个男生给其他舍友手机上安装了一个挣钱软件，只要点击就可以挣钱，但挣钱最多的就是最初安装者，也就是这个男生。张某说："我的另外一个舍友有一天借用我的手机，并悄悄安装了此软件，但没有告诉我，我后来发现了。我很不舒服，因为我不想和他有任何联系，更不愿意被他沾光，所以心情很不好，都看不进去书了。"

经了解，该男生过去患过精神疾病而且一直在吃药控制，目前还没有出现极端行为。但他描述的情形显然是不健康的状态。他在接受他人、与人相处方面存在问题，敏感、猜疑、不善交流，这使他的情绪处于不稳定状态。当然有一点是应该肯定的，即他感觉不舒服的时候能够主动寻求帮助。

二、大学生心理健康

（一）大学生心理健康标准

根据大学生的心理特点和世界卫生组织所提出的心理健康标准，大学生的心理健康标准可确定为以下五个方面。

1. 情绪稳定性

一个心理健康的大学生一般心境良好，愉快、乐观、开朗等积极情绪状态占主导，同时又能随事物、对象的变化而产生合理的情绪变化。所谓合理的情绪变化是指当有了喜事时感到愉快，当遇到不幸的事情时产生悲哀的情绪。此外，还能依场合的不同，适当地控制自己的情绪。

2. 人际关系和谐性

心理健康的大学生乐于与人交往，对他人态度积极；能理解和接受别人的思想、感情，也善于表达自己的思想、感情；愉悦地接纳他人和自己；既有广泛的朋友，也有少数几位知心朋友。

3. 对现实感知的充分性

心理健康的大学生在评估自己的反应能力或解释现实时比较客观，不高估自己的能力，不轻易承担超过自己能力的任务，也不低估自己而逃避任务。

4. 焦虑适当性

心理健康的大学生虽然对自己的学习、生活和工作有一定的紧张感，但从不产生过度的焦虑；遇到困难时，他们能积极应对，勤于思考，有条不紊地寻找解决办法，而不是寝食不安，惶惶不可终日。

5. 心理适应性

心理健康的大学生有独立的生活能力，意志坚定；无论在感情上，还是在实际生活中都较少有依赖心理，自主性强；他们善于在不同的环境中寻找自己感兴趣的事情和事业的生长点，内心充实，很少有孤独感；他们较能接受现实，不轻易产生敌对情绪，对因家境、地域、病患、个人能力与努力程度等原因导致的各种差异能正确看待。心理健康的大学生能适应不同环境下的社会生活，不管处于什么社会生活环境都能主动同社会保持接触，让自己融入社会，自觉用社会规范来约束自己，使自己的行为符合社会要求，而不是把自己孤立起来，与社会格格不入。

6. 心理健康水平的评估指标

（1）适应能力。表现为个体克服困难达到预定目标的行为，个体为保持同自然环境、社会环境的和谐统一所做出的各种反应，个体为工作和生存需要而改变态度和观念的一切内在活动过程。

（2）应激耐受力。应激在程度上可分为轻度、中度、重度和极度四个等级。在评估耐受性时，须同时评估应激的生理反应、心理反应、应激的原因、应对能力和相关因素。

（3）自制力（调控能力）。指控制自己情绪与行为的能力。

（4）人际交往能力。指人际交往的密度、情绪，交往的程度，信息的多少、准确性及由此带来的影响、满意程度等。

（5）心理康复能力。指个体遭受心理创伤后，康复所需要的时间和复原的程度。

（6）道德愉快。指个体在利他活动中自我体验到的愉快，有减轻或消除心理痛苦的作用。一个人的道德愉快超越利他活动所造成的躯体或心理痛苦，他就是心理健康的。

（二）大学生心理健康现状

有调查表明，当前大学生心理健康异常者比例高达18.58%，明显高于全国平均水平，因此，大学生这一特殊群体的心理健康状况越来越受到重视。近年来，许多专家学者纷纷对大学生心理健康状况进行调查研究，成果颇丰。据国家教委1989年的一项调查报告显示：在所调查的12.6万名大学生中，20.23%的人有不同程度的心理障碍；另一项调查显示：全国因精神病而辍学的大学生人数占辍学总人数的54.4%，28%的大学生有不同程度的心理问题，其中近10%的大学生更有中度以上的心理问题；据北京16所大学的联合报告显示：因心理、精神方面疾病休学、退学的人数占总休学退学人数的37.9%和64.4%；大学生杂志社联合中国大学生网对大学生在2010年11月30日至2011年2月28日期间的心理健康状况进行了网络调查，调查结果显示：27%的大学生认为自己经常有心理方面的困扰，66%的大学生认为自己偶尔有心理方面的困扰。类似的调查研究还有很多，虽然数据结果不尽相同，但是体现了专家学者从不同角度对大学生心理健康状况的关注。同时，这些数据也表明大学生中受心理问题困扰的人数在日趋增多，由心理问题导致的负性事件也越来越多，严重影响了大学生的生活质量和健康成长。

三、大学生心理困惑及异常心理

（一）心理问题的分类

心理问题一般可以划分为心理问题、心理障碍和心理疾病三种。

1. 心理问题

心理问题是指人们心理上出现的问题，如情绪消沉、心情不好、焦虑、恐惧、人格障碍、变态心理等消极的、不良的心理。心理问题可分为一般心理问题和严重心理问题两种。

一般心理问题是由现实因素激发、持续时间较短、情绪反应能在理智控制之下、不严重破坏社会功能、情绪反应尚未泛化的心理不健康状态。

以下案例就属于一般性心理问题：

李某，女，大一，独生子女，父母是重组家庭。

来访原因：宿舍人际关系不和。（李某来到咨询室时，眼睛是红肿的，脸上还有擦伤的痕迹。）

来访者主诉：我脸上这些伤都是和宿舍的汪某打架留下的。从大一刚开学，我就和宿舍里的人合不来，尤其是汪某。我已经够低调的了，平时在宿舍里基本不太说话，也不会掺和宿舍的各种争执，在宿舍里都是做自己的事情，可是汪某还找我的茬，说我的值日不干净，说我假清高什么的，还经常指桑骂槐的，我知道她就是在针对我。结果那天我气不过，就跟她打架了。宿舍里的其他人也很过分，拉架只拉我不拉她，害得我白挨了一巴掌。我给辅导员说换宿舍，可是辅导员不同意，让我自己解决矛盾，我觉得我真的没法在那个宿舍住了，没有一个朋友，特别孤独，现在还被欺负了。我一进宿舍就觉得氛围不对，她们见我进来都静悄悄的。这学期我都不想开学，不想回到宿舍，一想到那群人的嘴脸，我觉得自己没法好好生活，没法安心学习。

该女生是因为自己的个性和观念问题产生了人际交往的障碍。由于自己早年成长的经历和父母教养方式的影响，使她具有对人不信任和孤独的个性，一旦人际沟通出现问题，就会产生对立情绪，由此导致种种困惑和矛盾冲突。但她还能自制，清楚自己的问题，也没有极大地影响学习和生活，只是情绪反应比较强烈。对其进行认知调整就可以帮助她恢复正常心理。

严重心理问题是由相对强烈的现实因素激发，出现情绪反应极端、持续时间较长、内容充分泛化的心理不健康状态。

以下案例就属于严重心理问题：

初见他时，一副没睡醒的样子，双手不停地揉着有明显黑眼圈的浮眼，手指甲的长度甚至超过爱美女生留的长指甲，一双运动鞋已脏得看不出颜色，袖口已经油黑锃亮。说话很慢，话很少，思维迟缓，问他一个很简单的问题，他都要思考很久才能作答，而且仅是只言片语，不会展开说相关的话题，也从不主动寻找话题。对身边的同学少有关心，平常舍友的动向从不过问，也不关注同学之间在聊些什么。跟父母也少有联系，家在××区，离学校很近，却直到寒暑假才回家，平时不回家连电话也不打，不了解弟弟的学习状态，父母在外打工具体做什么他不清楚。对任何活动都缺乏明显的动机，没有什么确切的企图和要求，不关心自己的学业，缺乏应有的主动性和积极性。个人生活方面也极端懒散，行为孤僻、退缩，与周围环境不相协调，同学中有去做兼职的，他不关心，也不去尝试，只是在宿舍里看小说，逃课，不关心未来，不去想毕业后工作的事。

以上是咨询老师对求助者的描述，该生表现出的状态就属于严重心理问题。首先，他自知力缺乏，不知道自己应该干什么；其次，情绪木然，反应迟钝，行为与环境不适应、不协调，已经不能正常学习，而且他这种不正常的状态已经持续了一学期。如果咨询效果不好的话要考虑是否请精神科大夫做进一步的诊断。

一般心理问题与严重心理问题的区别如表1–1所示。

表1–1　一般心理问题与严重心理问题的区别

	一般心理问题	严重心理问题
刺激强度	由现实生活、工作压力等因素而产生内心冲突，引起不良情绪反应，有现实意义且带有明显的道德色彩	由较强烈的、对个体威胁较大的现实刺激引起心理障碍，体验到痛苦情绪

续表

	一般心理问题	严重心理问题
情绪体验持续时间	求助者的情绪体验时间不间断地持续1个月或者间断地持续2个月	情绪体验超过2个月，未超过半年，不能自行化解
行为受理智控制程度	不良情绪反应在理智控制下，不失常态，基本维持正常生活、社会交往，但效率下降，没有对社会功能造成影响	遭受的刺激越大，反应越强烈。多数情况下，会短暂失去理智控制，难以解脱，对生活、工作和社会交往有一定程度影响
泛化程度	情绪反应的内容对象没有泛化	情绪反应的内容对象被泛化

2. 心理障碍

心理障碍是指一个人由于生理、心理或社会原因而导致的各种异常心理过程、异常人格特征的异常行为方式，也就是一个人没有能力按照社会认可的适宜方式行动，以致其行为后果对本人和社会都不适应。当心理活动异常的程度达到医学诊断标准，我们就称之为心理障碍，心理障碍强调这类心理异常的临床表现或症状，但不把它们当作疾病看待。此外，心理障碍一词容易被人们所接受，能减轻社会歧视。

心理障碍具有以下特点：

（1）不协调性。其心理活动的外在表现与其生理年龄不相称或反应方式与常人不同。如：成人表现出幼稚状态（停滞、延迟、退缩），儿童出现成人行为（不均衡的超前发展），对外界刺激的反应方式异常（偏离）等等。

（2）针对性。处于此状态的人往往对障碍对象（如敏感的事、物及环境等）有强烈的心理反应（包括思维、动作行为），而对非障碍对象可能表现很正常。

（3）损害较大。此状态对人的社会功能影响较大。它可能使当事人不能按常人的标准完成其某项（或某几项）社会功能。如：社交焦虑（又名社交恐惧）指不能完成社交活动，锐器恐惧者不敢使用刀、剪，性心理障碍者难以与异性正常交往等等。

（4）需求助于心理医生。此状态者大部分不能通过自我调整或非专业人员的帮助而解决根本问题，心理医生的指导是必需的。

3. 心理疾病

心理疾病是由于个人及外界因素引起个体强烈的心理反应（思维、情感、动作行为、意志）并伴有明显的躯体不适感，是大脑功能失调的外在表现。其特点是：

（1）强烈的心理反应。可出现思维判断上的失误，思维敏捷性下降，记忆力下降，头脑有黏滞感、空白感、强烈自卑感及痛苦感，缺乏精力、情绪低落忧郁，紧张焦虑，行为失常（如重复动作、动作减少、退缩行为等），意志减退等。

（2）明显的躯体不适感。由于中枢控制系统功能失调可引起所控制的人体各个系统功能失调：如影响消化系统则可能出现食欲不振、腹部胀满、便秘或腹泻（或便秘—腹泻交替）等症状，影响心血管系统则可能出现心慌、胸闷、头晕等症状；影响到内分泌系统可能出现女性月经周期改变、男性性功能障碍等。

（3）损害大。此状态患者不能完成或勉强完成其社会功能，缺乏轻松、愉快的体验，痛苦感极为强烈，“哪里都不舒服”、“活着不如死了好”是他们真实的内心体验。

（4）需心理医生的治疗。此状态患者一般不能通过自身调整和非心理科专业医生的治疗而康复。心理医生对此类患者的治疗一般采用心理治疗和药物治疗相结合的综合治疗手段。在治疗早期通过情绪调节及药物快速调整情绪，中后期结合心理治疗解除心理障碍并通过心理训练达到社会功能的恢复并提高其心理健康水平。一般没有医学背景的心理咨询师是不能对此类患者进行诊治的。

（二）心理正常与心理异常的判断

人的心理活动是非常复杂的。心理活动的正常与否是相对的。正常的心理活动与异常的变态心理是呈现在一个渐进的连续谱上，其间并未设置绝对界限，因此，很难找到一个统一公认的判断心理正常与异常的标准，但各学者的观点大同小异。一般来说，在临床上判断心理是否异常，依据以下三个原则：主观世界与客观世界的统一性原则，心理活动的内在协调性原则，人格的相对稳定性原则。具体判断标准如下：

1. 经验标准

以经验作为判别心理正常或异常的标准时主要根据两个方面，一是个体的主观体验，即自我评价。有的人能感觉到自己的焦虑、抑郁、说不出原因的不适感或无法控制自己的行为，但是有人则不能觉察而没有任何反应，这种情况反而是心理异常的表现。二是观察者根据自己的经验对被观察个体的心理与行为处于正常或异常状态进行判断。显然这种判断具有很大的主观性和局限性。这种判断标准是目前精神科医生最常用的方法。当然，经过专业训练和临床实践，大致形成了相近的判定标准，评定结果基本一致，然而少数仍会有分歧，甚至截然相反。

2. 统计学标准

统计学标准来源于对正常心理特征的心理测量，对普通人群的心理特征进行测量的结果往往呈常态分布，位居中间的大多数人属于心理正常范围，而远离中间的两端则被视为异常。因此一个人心理正常或异常，就以其偏离平均值的水平来决定，偏离平均值的程度越大，不正常的可能性越大。但是，这个标准也存在不足，因为有些心理特征和行为不一定是常态分布，并且心理测量的内容受多种因素制约。

3. 医学标准

医学标准是从医学角度出发，用判断躯体疾病的方法来判断心理是否处于异常状态，具体而言就是依据是否存在症状和病因作为判断心理是否异常的标准。但是，心理异常是多种因素导致的结果，除了脑器质性精神病、躯体疾病伴发精神障碍、感染中毒所致精神障碍等心理异常外，医学标准对那些由心理社会因素起主导作用的心理异常这个标准无能为力，而这种情况占异常心理的绝大部分，因此，这个标准的应用范围比较局限和狭窄。

4. 社会适应标准

社会适应标准以社会常模为标准来衡量。所谓社会常模是指正常人符合社会准则的心理与行为。如果个体的心理与行为表现与社会不相适应，就被认为有心理或行为异常存在。必须说明，用社会适应作标准判断心理是否异常，要注意考虑国家、地区、民族、时代、风俗与文化等方面的影响，不能一概而论，因为同一种心理与行为，所处环境不同，其评价结论也不相同。

5. 其他标准

除了上述几种判断标准以外，还有其他一些可用做判断标准的方法。比如心理测验的标准。通过对人群的心理现象进行测量，可用来判断心理是否正常，这种方法也要结合统计学标准来判断，审慎地加以解释，绝不可一成不变地生搬硬套。另外，人本主义心理学家马斯洛和密特曼在1951年提出健康心理标准，可以反过来鉴别变态心理，有一定的实用性。

值得一提的是，如何正确看待杰出人物的怪异现象？首先，应当承认伟人是会出现心理异常的，不能因为他们是伟大的人，就认为他们不会出现异常或者他们的怪异行为就是正常的。其次，对于这些伟大的人物，要区分他们正常和不正常的时期。他们当中即使心理很不正常的人，在一定的时候，心理也是正常的。这些伟大人物的思想或成就，有可能是在他们正常的时候创造的，也有可能是在不正常的时候创造的。不能把一个人在一个时期的不正常视为一生的不正常，从而认定他的成就就是在不正常的时候做出的，这样才能正确理解他们的贡献和问题。第三，不能绝对地认为心理健康是成就的必然条件。或许人的不健康在一定程度上可以碰撞出思想火花，例如，我国学者郭沫若说过：天才和疯狂是孪生姐妹。但是这里面有一个程度的问题，在不特别严重的程度上，心理的亢奋状态会使人产生新奇甚至怪异的想法，而这是思想创新的一个体现，但是当心理异常达到严重的程度时，思想的创新就是不可能的了。例如，我们说“李白酒醉诗百篇”，但是这个醉无疑是微醉，如果是烂醉，何能思考，肯定是躺下大睡了。第四，心理不健康，虽然可以创造新思想，但也是有代价的。那些做出成就但心理异常的伟人，也可能因此失去幸福的生活，也许还有另一种结果，如果他们的心理是健康的，他们可能做出更理性的、深远的，而不是极端的、轰动一时的贡献。

（三）大学生常见心理问题

1. 入学适应问题

（1）生活环境不适应。进入大学后，新生面临的第一个巨大变化就是生活环境的转变。学生们来自天南地北，由于地域上的差异，气候、饮食习惯甚至语言都不相同，再加上进入大学后，由原来依赖父母的家庭环境过渡到相对自立的集体生活，生活环境和生活方式的巨大转变，会使新生们遇到很多困难或感到不适应，心理上容易产生孤独感，容易想家、思念亲人、怀念老同学等，并由此可能产生各种烦恼，出现焦虑、抑郁、敌对、低落等情绪，严重者会影响心理健康。

（2）角色转换不适应。从一名中学生到一名大学生，是每个新生都面临的角色转换及自我重新定位。在这种角色转换的过程中，如果自身的行为不能随着角色的变化而变化，不能随着时间、环境的改变而进行相应的调整，就可能会出现角色冲突，导致适应不良。一般来说，考上大学的学生，在高中阶段都是学习的佼佼者。老师的青睐、同学的羡慕，使他们成为同龄人的中心，无形中可能会产生过高的自我评价。进入大学后，来自各地成绩优异的佼佼者汇集一堂，相比之下，很多新生发现自己比较平常，成绩比自己更优异的同学比比皆是。可以说，很多人是带着“过去的辉煌”来到了大学，当辉煌不再时，一些大学生会感到措手不及，无法接受理想自我和现实自我之间的巨大差距，一种失落感和自卑感便袭上心头。这种地位的变化越强烈，他们适应起来就越困难。有的新生由于往日盲目自信和骄傲，此时便觉得自己落伍掉队，原有的优越感和自豪感变成了自卑感和焦虑感。这一转变很可能引发大学生对自己角色定位的困惑，精神上会出现失落感，自卑、抑郁、退缩等心理问题就常常发生。

（3）学习方式不适应。大学的学习与中学的学习在学习目的、学习内容、学习方式和学习要求上都存在差异。进入大学后，从前以教师为主导的教学模式变成了现在以学生为主导的自学模式。大学更强调启发性、研讨性、自学式教育，课堂讲授时间相对较少，但涉及的理论知识相对较多，讲课速度快、内容跨度大。课堂讲授知识后，学生不仅要消化理解课堂上学习的内容，还要大量阅读相关书籍和文献资料，自学能力的高低成为影响学业成绩的重要因素。如果承袭过去在高中阶段的学习方法，即使勤奋用功可能也难以获得能力的全面提高，这在大学新生中是相当普遍的现象。尤其对那些高中阶段的学习尖子来说，这种挫折可能会造成自信心的丧失，严重者导致心理疾病。许多新生入学后遇到的不适应首先就表现在学习安排上的不知所措，即不知道如何安排课余时间，他们一方面抱怨课程太多，一方面又抱怨课后没事做，这实际上是他们不善于独立学习的一种表现。

（4）学习动力不足。造成大学新生学习动力不足的主要原因来自三个方面：① 上大学前后的“动机落差”。在高中阶段，学生以考上大学为唯一的学习目标，一旦目标实现，容易产生松懈心理，希望在大学里好好享乐一番，没有及时树立起进一步的学习目标，从而造成考上大学前后的“动机落差”。此外，高中阶段许多学生兴趣狭窄，爱好很少，一门心思考大学，没有任何特长。一旦进入大学，就迫切地想发展自己的爱好特长，于是把主要精力放在“玩这玩那”上，而对学习逐渐失去了兴趣。② 自我控制能力较差，容易受别人影响。大学新生一般自我控制能力较差，容易受别人的影响，有时会有意无意模仿高年级学生的做法，诸如“他们玩我也玩”“他们谈恋爱我也谈恋爱”，久而久之便失去了自控能力。有的大学生经受不住暂时失败的考验，因为一次考试成绩落后就一蹶不振。③ 缺乏远大的理想，没有树立正确的人生观。这是大学新生学习动力不足的深层原因，只有明确了“为什么活着”“为什么上大学”等根本问题，学习动力不足的问题才可能得以根除。

2. 人际交往问题

（1）缺乏主动交流的意识。部分大学生由于缺乏主动交流的意识，在与人相处、打交道时，总是等待别人先主动，若别人当时没有交流之需或很忙碌，抑或也是缺乏主动交流意识的人时，这样的交流必将陷入“不了了之”的结果，交际效果甚差。

（2）缺乏交流的技巧。目前大学生多“90后”独生子女，从小深受家长宠爱，与同伴玩耍的机会少，当他们进入大学校园后，不知怎样相互交流，怎样处理好人际关系，特别是对于第一次远离父母，第一次住校的学生来说，怎样过好大学集体生活也是一个迫切需要解决的人际问题。

（3）气质、性格等导致的人际关系紧张。导致人际关系紧张的气质、性格等因素通常称为人格因素，主要有：攻击型人格、癔病型人格、偏执型人格、自恋型人格、强迫型人格。

（4）经济等引起的人际关系问题。主要表现为家庭经济困难的学生，在衣食住行等方面很“简单”，一般很少与同学一起“活动”，时间久了，往往会出现人际逃避等人际关系问题。少数家庭条件好的学生在与人交往时可能会自以为高人一等，因而也会出现人际关系紧张等问题。

（5）抗交往挫折能力差。一些学生从小与人交际少，一遇到交际方面的挫折就变得胆怯、畏缩、消极回避等，影响了正常的人际交往。

3. 学业问题

（1）缺乏明确的学习目标。中学阶段，学生的学习目标就是考上大学。进入大学，一些大学生产生“船到码头，车到站”的想法，新的学习目标尚未建立，对学习的自我控制和自我安排能力不强，或是忙于学生会、社团活动和社会兼职，或是沉溺于网络游戏、网络淘宝、看球赛和电视剧。有些大学生缺乏学习目标，他们的学习目的大多是获得毕业证、学位证和奖学金，以便将来找份好工作。有些大学生学习兴趣减退，厌倦、逃避学习，时常逃课、迟到早退、上课睡觉、不交作业等。

（2）缺乏正确的学习态度。一些大学生对学习缺乏主动性，课前基本不预习，课后很少去阅读学术著作和参考书目，而对于大学英语、计算机考级，因为和毕业证、学位证等密切相关，学习的主动性才相对高些。一些大学生平时不注重课堂内外知识的积累，学习态度不认真，不注重对知识的理解和思考，不注重对知识内涵的挖掘和外延拓展，考试依靠“临时抱佛脚”、开夜车过关。个别大学生出现不学无术、考试作弊、抄袭论文的问题。一些大学的学风和考风不正的现象不容忽视。

（3）缺乏有效的学习方法。一些大学生沿用中学阶段的学习方法，根本无法适应大学高难度、大信息量的知识传授，导致学习效率低、效果差。一些大学生在课程预习、听课、作业、师生交流、复习及考试等方面均存在方法不当的问题。一些大学生缺乏综合概括的能力，不能适应大学课堂边听、边记、边思考的方式，不能完全接受、领会老师课堂上讲授的内容，这些都直接影响学生的学习积极性。

4. 恋爱问题

近年来，很多大学生把谈恋爱当作大学中“必修”的课程之一，声称：“大学里不谈一次恋爱就不算读过大学”。而大学生心理尚未完全成熟，受西方“性自由”“性解放”思潮的影响，在恋爱中遇到问题时往往会损害到身心健康。大学生恋爱中常见的问题有以下几种：

（1）恋爱动机不端正。不少学生对恋爱的态度不严肃，更多的是抱着一种游戏的态度。随着社会走向开放，一些传统的婚恋观念也在悄然发生着变化，现在大学生中流传一句顺口溜“不求天长地久，只求曾经拥有”。有些大学生把恋爱当作一种感情体验，及时行乐，满足精神享受；也有些大学生把恋爱当作获取生活阅历的实践活动；还有些大学生恋爱是为了满足与异性交往的欲望，寻求刺激、填补精神上的空虚，把恋爱当作一种游离于婚姻之外的享受和消费；还有一些大学生则是为了填充课余生活，排遣寂寞，很多大学生也很认同“大学的恋爱与感情无关，与寂寞有关”这一观点；还有的大学生恋爱是出于从众心理、虚荣心理、好奇攀比心理、功利实用心理的驱动。大部分大学生并没有把大学阶段的恋爱与婚姻结合起来。

（2）不能正确处理爱情与学习的关系。大学是大学生积累知识、培养能力的最佳时期，而学习是大学生的天职，然而有很多学生不能正确地把握恋爱的分寸，陷入情网难以自拔，把时间都用在谈恋爱上，分散了精力，错失了学习的大好时机，错过了完善知识结构、提高综合能力的最佳时期，导致很多课程考试不及格甚至到了降级、退学的地步；许多大学生的恋爱心理不成熟，误认为只要自己付出就一定会有回报，当达不到期望值时就会产生自卑心理甚至过激行为，极少数大学生甚至打击报复，触犯法律，葬送掉自己和他人一生的幸福。

（3）婚前性观念开放。由于受西方和社会上不健康文化的影响，大学生对待婚前性行为的态度也较为开放，许多大学生对婚前性行为持默许或者支持态度，加上电视媒体和网络对性信息宣传的泛滥，他们凭着自身的冲动或模仿而发生性行为。事实表明，越来越多的大学生恋爱时选择校外日租房或小时租房，追求一时的快感。个别大学生因为同居而导致怀孕，影响了学业乃至身心的健康。

5. 择业问题

大学生面对职业生涯的选择，常常会产生各种心理矛盾和冲突，导致心理失衡，这不但影响大学生择业，而且影响大学生的心理健康。大学生在择业过程中存在以下四个常见的问题：

（1）存在“精英意识”，对工作期望值过高。近些年，我国高等教育虽然已经实现了向“大众化”的转变，但不少大学毕业生仍存在精英意识，以“天之骄子”的身份自居，认为是“我去择业”，而不是“职业择我”，对就业单位和应聘岗位挑三拣四。特别明显的现象是在诸如北京、上海等一些经济发达地区求学的学生在择业时对工资待遇、工作环境要求十分苛刻，都希望在东部沿海地区工作，而对经济欠发达地区则缺乏就业热情。

（2）不能正确认识和面对日益激烈的就业竞争。当代大学生们毕业时都已意识到要找到自己满意的工作必须把自己放入人才市场与别人进行激烈竞争，然而面对竞争激烈的就业市场，他们往往顾虑重重，具体表现有：① 恐惧。有些学生由于平时没有认真学习和积累经验，求职的知识、能力、心理准备不充分，在几次求职受挫后产生恐惧心理，一提择业就心理紧张，甚至产生绝望心理。② 急躁。有些大学生受到就业压力的影响，在求职时草率急躁，对用人单位不作详细了解，草草签约，一旦发现未能如愿，又后悔莫及。大学生的这种急躁心理，常常使他们烦躁不安，缺乏自制力。③ 自卑。有些大学生因自我意识发展不健全或性格内向或有某种生理缺陷而存在强烈的自卑心理，在择业时缺乏自信心，不敢大胆地推荐自己，不敢主动展示自己的能力与个性。④ 孤傲。有些自身条件比较优越的大学生自视过高，在择业过程中看不上这单位，瞧不起那职业，这山望着那山高，好高骛远。

（3）不能正确认识成功，存在侥幸心理。受社会风气的影响，许多大学生渴求走捷径成功，梦想比尔·盖茨式的成功，一夜暴富，一举成名，缺乏艰苦创业的心理准备，不愿从小事做起，从基层做起，不愿脚踏实地成就自己的事业。

（4）依赖心理重。一些大学生把择业希望寄托在自己父母、亲戚身上，寄希望于拉人情关系完成自己从学生到职业人的转变；也有一些大学生把希望寄托在学校，希望学校做好“全职保姆”，表现出消极等待的心理，缺乏把握时机创造机会的主动性。

第二节　大学生心理咨询

一、心理咨询概述

（一）心理咨询的含义

1984年美国出版的《心理学百科全书》提出心理咨询有两种模式，即教育的模式和发展的模式。该书认为:“咨询心理学始终遵循着教育的模式，而不是临床的、治疗的或医学的模式。咨询对象被认为是在应付日常生活中的压力和任务方面需要帮助的正常人。咨询心理学的任务就是教会他们模仿某些策略和新的行为，从而能够最大限度地发挥其已经存在的能力，或者形成更为适应的应变能力。”该书还指出:“咨询心理学强调发展的模式，他试图帮助咨询对象得到充分的发展，扫除其发展过程中的障碍。”

《中国大百科全书·心理学》对心理咨询是这样定义的:"一种以语言、文字或其他信息为沟通形式，对求助者予以启发、支持和再教育的心理治疗方式。其对象不是典型的精神病患者，而是有教育、婚姻、职业等心理或行为问题的人。"

朱智贤主编的《心理学大词典》对心理咨询是这样定义的："对心理失常的人，通过心理商谈的程序和方法，使其对自己与环境有一个正确的认识，以改变其态度与行为，并对社会生活有良好的适应。心理失常，有轻度的，有重度的，有属于机能的，有属于机体性的。心理咨询以轻度的、属于机能性的心理失常为范围……心理咨询的目的就是要纠正心理上的不平衡，使个人对自己与环境重新有一个清楚的认识，改变态度和行为，以达到对社会生活有良好的适应。"

（二）心理咨询的特点

通过以上国内外关于心理咨询定义的代表性观点，可以看出，心理咨询应该具有以下核心特征：

1. 心理咨询是一种帮助性人际关系

心理咨询是一种帮助性人际关系，在这种人际关系中，咨询师与来访者扮演不同的角色。咨询师帮助来访者更好地理解自己，更有效地生活。来访者在咨询过程中需要接收新的信息，学习新的行为，学会调整情绪以及解决问题的技能。在此过程中，咨询师要意识到自己作为帮助者的角色，而来访者也不能过分依赖咨询师。

2. 心理咨询的目的是消除心理障碍

在今天激烈的人际竞争中，人们背负着沉重的精神压力，心理亚健康或健康水平低的人越来越多。每一个背负心理伤痛的人都在饱受煎熬，甚至付出了生命的代价。心理咨询工作者的职责就是帮助人们缓解和消除心理障碍，重回健康的精神家园，享受生活的快乐和幸福。

3. 心理咨询是一种专业化服务

心理咨询与日常生活中的"聊天""谈心"是有很大区别的。咨询师必须是受过严格的专业训练、拥有这项服务必需的知识和技能（尤其是具有接受他人的基本态度和理解他人的能力），并得到权威机构认可的专业人员。无论是咨询师还是来访者都应该清楚地意识到这一点。

4. 心理咨询也是一种社会服务

咨询师可以在中小学、大学、医院、诊所、康复中心和工业企业中提供个别或团体的指导和服务，可以帮助人们在个人、社会、教育、职业等诸多方面健康发展，而不限于某个领域或某些问题。所以心理咨询常常被认为是一种社会服务，通过咨询这个过程，咨询师可以帮助遇到各种困惑的人们做出决定、解决问题。

（三）心理咨询的原则

心理咨询的基本原则可以概括为以下六个方面：

1. 来访者自愿原则

所谓来访者自愿原则是指每次咨询都是以来访者愿意使自己有所改变为前提的，咨询师不能以任何形式强迫来访者接受或维持心理咨询。

张日昇（1999）将这一原则称为“来者不拒，拒者不追”原则。还有人将这一原则通俗地概括为“咨询师不主动”原则。

原则上讲，到心理咨询室求助的来访者必须出于完全自愿，这是确立咨访关系的先决条件。没有咨询愿望和要求的人，咨询师不会去主动找他并为其提供心理咨询。只有来访者自己感到心理不适，为此而烦恼并愿意找咨询师诉说烦恼以寻求咨询师的心理援助，才能够使心理问题得以解决。

2. 保密原则

保密是心理咨询过程中最重要的一条原则。其基本含义包括：除可能有自伤、自杀或危害他人与社会的情况外，咨询师必须严格地为来访者的谈话内容保守秘密，在未得到来访者允许的情况下，不得将来访者的基本情况，如姓名、主要问题等泄露给任何人或机关，拒绝任何关于来访者情况的调查，保护来访者的利益和隐私。

保密原则是咨询师必须始终坚持的一项重要原则，它是心理咨询顺利开展的重要保证，是对来访者个人权利的尊重，同时也反映了咨询师最基本的职业道德素养和个人品质。不仅如此，我国宪法规定，公民有保护自己隐私的权利，若咨询师随意将来访者的隐私泄露出去，不仅违背了职业道德，还可能触犯法律。因此，为来访者保密具有道德和法律的双重意义。

3. 主体原则

在心理咨询过程中，来访者既是咨询的对象，又是咨询活动的主体。咨询过程要以调动来访者的积极主动性为主要目标，使他们能充分发现自己存在的问题，并努力地配合咨询师寻求解决问题的方法，积极地改变自己，而不只是被动地接受咨询师的指导和安排。这是保证咨询效果非常重要的一条原则。

4. 转介原则

转介原则是指咨询师认为某个来访者的问题超出了自己的能力范围或自己时间不够，不能很好地解决问题时，将这个来访者转介给其他的专业人士或机构。在心理咨询过程中，来访者的转介很常见，其根本目的在于保证来访者的最大利益得以实现。

5. 时间限定原则

时间限定的原则是指心理咨询必须遵循一定的时间限制。一般来讲，一次谈话的时间最好控制在50~60分钟。咨询过程中控制时间非常重要，它可以推动咨询过程顺利进行，提高咨询效率。

6. 价值中立原则

价值中立是指在咨询过程中，咨询师要尊重来访者的价值信念，不要以自己的价值观念为准则，对来访者的行为准则任意进行是非评判。

（四）心理咨询的步骤

1. 建立咨询关系

与来访者建立咨询关系是心理咨询的第一步，也是最重要的一步。在心理咨询中，良好而有效的心理咨询关系应该是一种平等、信赖、理解、坦诚、职业性的帮助与被帮助的关系，这种关系应当从心理咨询的一开始就建立起来，并且贯穿心理咨询的整个过程。

与来访者建立良好的心理咨询关系，咨询师应做到以下几点：① 平等友善地对待来访者。② 给来访者留下良好的第一印象。咨询师应努力做到服饰整洁、举止得体、热情大方地接待每一个来访者，给他们留下良好的第一印象。③ 及时消除来访者的疑虑。有些来访者对心理咨询工作不太了解，担心自己的谈话内容会被泄露给咨询双方以外的第三者，或者对心理咨询员的资格、能力、经验等有所怀疑，这时心理咨询员要做出适当的说明。④ 耐心地倾听来访者谈话。在与来访者谈话时，心理咨询员要表情专注，认真倾听，不要随意打断对方的谈话，或心不在焉地摆弄东西，或是走来走去，以免引起来访者的反感。

2. 资料的收集

要帮助来访者解决心理问题，必须先对他们的情况有一个较为深入的、全面的了解，否则心理咨询就会陷入盲目。咨询师要全面收集来访者的资料，来访者资料一般来源于三个方面：来访者的谈话、来访者活动和活动作品、其他相关人员。咨询师一般要收集以下资料：来访者的基本情况，包括来访者的姓名、性别、年龄、籍贯、民族、家庭住址、班级等；来访者的主要心理问题及要求；来访者的身心特点；来访者的既往史及社会生活背景；近期生活中的遭遇。

3. 分析与诊断

这阶段的任务是咨询师根据掌握的资料，进行系统思考、认真分析，从而判断来访者存在问题的类型、性质、程度，找出造成问题的主要原因和诱因。在分析与诊断阶段，正确鉴别来访者的心理问题类型与产生原因非常关键。如果属于心理适应不良，通过一般心理咨询和行为指导可以解决。但若是临床心理障碍（神经症等），则需要进行系统的心理诊断与治疗，一般大学生心理咨询机构缺乏这方面治疗条件，最好转介临床心理工作者或精神科大夫治疗。

4. 确立咨询目标

心理咨询的目标一般可分为长期目标、中期目标和近期目标。长期目标是心理咨询的总目标。学校心理咨询的总目标是要使来访学生获得自我教育、自我发展、自我调整的能力，促进来访学生心理健康成长。中期目标和近期目标要根据来访学生的具体问题来制定。近期目标往往着眼于解决来访学生目前面临的一些具体心理行为问题，如不良情绪的缓解和消除、心理困惑的解答等。中期目标比近期目标大，一般着眼于改变影响来访学生心理成长的不良人格、认知模式、行为模式等。

5. 指导与帮助

指导与帮助阶段是咨询过程中最有影响力的环节。在这一阶段，咨询师依据咨询目标，以一种或数种治疗理论为指导，通过分析、解释、指导、训练等方式影响来访者。来访者积极参与这一阶段，在理解、领悟、模仿中学习新的认知方式和行为方式，以取得积极的改变。

在指导与帮助阶段，咨询师不能使来访者成为被动、接受、依赖的角色。在这一阶段，咨询师可能成为主导角色，但这种主导主要应表现在控制方向、支持来访者的活动、给予建议、理性批判等方面，而不应在所有细节、做法上大包大揽。须知使来访者建立自立、自主的创造性是任何咨询的基本目标之一，帮助过程本身不要抑制这些能力的成长。

6. 结束咨询阶段

结束咨询阶段常常容易被忽略，实际上却是很重要的，对咨询的质量有很大的影响。其含义有两方面：一是每次面谈结束，二是整个咨询关系的终止。

每次咨询结束时，咨询师应总结归纳一下咨询的基本情况，强调咨询要求，并要求来访者复述咨询要点及其打算，及时给予支持和鼓励，增强其战胜困难的信心。如果需要继续咨询，则约好下次见面的时间。

当经过一段时间的咨询，来访者有了很大进步，咨询目标已实现，应当终止咨询。此时，应该帮助来访者重新回顾咨询过程，指出他已取得的成绩，以及今后应注意的问题。

咨询结束后，为了了解咨询的效果，咨询师可以通过电话、信函等方式进行追踪回访，以便总结经验。

综上所述，心理咨询的过程是由不同阶段构成的。前三个阶段的主要任务是了解来访者，对某问题进行诊断，后三个阶段是帮助来访者改变认知、情绪和行为。实际咨询过程中，各个阶段的界限并不那么明显清晰，常常相互重叠，相互关联。

二、心理咨询的历史与发展

（一）心理咨询的产生

一般认为，20世纪初的美国职业指导运动、心理卫生运动和心理测量技术的兴起是现代心理咨询产生的三个直接根源。

在职业指导运动方面，现代的专业咨询服务最早是由职业指导之父——帕森斯（F.Parsons）于1908年率先开展的。他在美国波士顿组织成立了“就业辅导局”，并于次年出版《职业选择》一书，对人们在择业方面遇到的问题提供了若干有价值的建议。此书为心理咨询的诞生奠定了基石，它在心理咨询方面的价值在于提出了帮助个人择业的方法学。帕森斯认为，一个人的职业必须与其本人的兴趣、能力和个性相结合，为了得到理想的职业，不仅要对环境（如成功的条件、工作的性质等）进行正确的评估，也要对自我进行正确的认识。作为美国密歇根州一个学区的督学，戴维斯（J.B.Davis）是第一个在公立学校建立系统的指导课程的人。他在1907年就建议该学区所辖学校每周为学生开设一次指导课程，以塑造学生的人格，避免问题行为的发生。这种做法虽然不是真正意义上的心理咨询，但却是早期心理咨询的主要方式——学校指导的雏形。

在心理卫生运动方面，美国耶鲁大学学生比尔斯（C.M.Beers）是较早的实践者。比尔斯由于精神失常在精神病院住了三年，住院期间他受到种种粗暴残酷的对待，目睹了精神病院的恶劣环境及其他住院病人所受到的种种非人的待遇。出院后，他立志将自己余生贡献给改善精神病患者待遇的事业。他四处奔走，呼吁改善精神病院的医疗条件，改革对心理疾病患者的治疗方法和手段，并从事预防精神疾病的活动。在得到社会各方面的鼓励和赞助后，比尔斯于1908年5月成立了“康涅狄格州心理卫生协会”，这是世界上第一个心理卫生组织。经过比尔斯和同行们的努力，“美国全国心理卫生委员会”于1909年2月成立。比尔斯的贡献在于使精神病学家、心理学家乃至全社会在观念上发生了深刻变化，并发起了美国乃至全世界的心理卫生运动，他本人也被视为心理咨询的先驱者之一。

在心理测量技术方面，第一次世界大战期间，由于美国军队面临着对征募的士兵进行甄别和分类的需要，因而委托了一些心理学家设计了一种心理测验，这样就可以在训练过程中识别和淘汰那些智力低下的人。当时设计的两个测验（军队甲种团体智力测验和军队乙种团体智力测验）在军队中的成功尝试推动了其他行业对各种测验的使用，心理测量学家也不断设计出适用于各种情况的新测验。随后，测量兴趣、态度和能力的技术逐步发展起来，为职业指导提供了科学手段。

（二）心理咨询的发展与繁荣

心理咨询是从1903年开始发展起来的，咨询机构对于职业、学校生活、家庭、情感、人格、身体健康等方面的问题都开展了咨询，很多学校还成立了专门的心理咨询机构。在20世纪30年代，最有影响力的事件是由威廉森（E.G.Williamson）所创立的第一个心理咨询理论的诞生，即“以咨询师为中心”的咨询模式，这一模式在随后一段时间的心理咨询实践中一直占据统治地位。

20世纪30年代末40年代初，个性与学习理论以及心理治疗理论促进了心理咨询的发展，以心理测量为基础的指导性谈话的临床咨询模式开始被心理治疗的模式所取代。第二次世界大战的爆发以及20世纪30年代经济萧条局面的缓和所产生的社会变化，是造成这种发展趋势的主要原因。社会变化对人们的影响远远超出了教育或职业的问题，人们开始在个人适应的各种问题，尤其是情绪或人际关系方面的问题上寻求帮助，于是出现了所谓的“心理治疗年代”。罗杰斯（C.Rogers）的《咨询和心理治疗》一书是这个年代的代表性著作。在此书中，罗杰斯反对传统的以咨询师为中心、以直接提问为基础的指导性咨询，提出了“以来访者为中心”的咨询模式和非指导性咨询原则。他强调咨询师应与来访者之间建立起良好的关系，为来访者主动、自由地倾吐内心的秘密创造适宜的气氛。

20世纪40年代以后，心理咨询这门学科迅猛发展，不仅从心理学的许多分支研究（如学习、动机、情绪、测量、人格和社会心理学等）中汲取营养，也从教育学、社会学、心理卫生学和语言学等领域汲取养料。

20世纪50年代是心理咨询发展历史上最为辉煌的时期。1952年，美国心理学会第17分会“咨询心理学分会”和美国人事与指导协会分别成立，对心理咨询作为一种职业的成长与发展发挥了重要的作用。与此同时，大量新的咨询理论和方法纷纷涌现且逐步成熟，其中包括行为主义咨询理论（如J.沃尔普的系统脱敏法）、认知理论（如A.埃利斯的合理情绪疗法）、人本主义咨询理论及小组咨询方法等。

此后，随着对心理咨询师专业角色的明确定义，各专业学会建立了一系列职业道德规范、培训标准及职业证书制度，心理咨询逐渐发展成一种明确的专门职业。

（三）主要心理咨询流派简介

在西方的心理咨询流派中，精神分析疗法、来访者中心疗法、理性情绪疗法和行为疗法最具代表性和影响力。

1. 精神分析疗法

在所有心理咨询理论中，由弗洛伊德（S.Freud，1856—1939）在19世纪末所创立的精神分析是历史最悠久、影响最深远的一个学派。其理论要点及技术特征如下：

（1）人的心理活动分为意识、前意识和潜意识三个部分。其中，意识是觉知到的经验，前意识是平时感觉不到却可以经回忆而觉知到的经验，潜意识指觉知不到却没有被清除而是被压抑了的经验。许多心理障碍是由于那些被压抑在潜意识中的本能欲望没有得到释放的结果。

（2）人格由“本我”“自我”和“超我”三个部分组成。本我是个人最原始、最本能的冲动，依照“快乐原则”行事；自我是个人在与环境接触中由本我衍生而来的，它依据“现实原则”行事，并调节本我的冲动，采取社会所允许的方式行事；超我是道德化的自我，依据“道德原则”行事，是良知与负疚感形成的基础。本我、自我、超我之间的矛盾冲突及协调构成了一个人的人格基础。个体的心理健康，源于三者的协调一致。

（3）个人消除焦虑、维护心理健康时，常采用“自我防御机制”，如解脱、补偿、合理化、投射、转移、升华及理想化等方式。这些心理防卫都是潜意识的，但若过分使用则可能造成心理疾病和人格扭曲。

（4）治疗心理疾病的主要方法是梦的解析、自由联想和移情技术。其特点是强调通过对以前经验的再分析来解除压抑，使潜意识化为意识并在情绪上有所领悟。

2. 来访者中心疗法

来访者中心疗法，由美国人本主义者罗杰斯（C.Rogers，1902—1988）创立于20世纪50年代。该疗法的要点如下：

（1）人都是积极向上的，且都有能力发现自己的缺点和不足并加以改进。心理咨询的目的不在于操纵一个被动的人格，而是协助来访者自省自悟，充分发挥其潜能，以达到自我实现的目的。

（2）在心理咨询中咨询师，要以真诚、无条件的尊重和同理心来接待来访者，重视来访者面临的现实问题，而避免对来访者进行诊断。在心理咨询过程中，从来访者陈述开始，由此，来访者及咨询专家都能够对问题有一个充分的理解和洞察。在这一过程中，咨询师与来访者就今后的咨询方法、方向及解决问题的手段等问题进行充分磋商，来访者据此做出决定。在整个咨询过程中，咨询师只从侧面向来访者提供心理援助。由于这种方法不向来访者作出指示或具体指导，因此又被称为非指示的心理咨询。

来访者中心疗法的观念为我国大学生心理咨询界所接受，因为罗杰斯的理论就是对美国大学生的心理治疗中发展出来的。但此种疗法因过于理想化也受到学者的批评。

3. 理性情绪疗法

理性情绪疗法由美国心理学家埃利斯（A.Ellis，1913—2007）创立于20世纪50年代，其理论要点及技术特征如下：

（1）人既是理性的，又是非理性的。人的精神烦恼和情绪困扰大多来自于其思维中的非理性信念。它使人逃避现实，自怨自艾，不敢面对现实中的挑战。当人们长期坚持某些不合理信念时，其焦虑及其他不良情绪就会得到缓解。

（2）人的不合理信念主要有三个特征。绝对化要求、过分概括化、糟糕透顶，凡此种种，都易使人对挫折与精神困扰产生自暴自弃、自怨自艾的反应。

（3）“ABC理论”。A指发生的与自己有关的事件，B指个人对该事件所持的认知信念，C指个人对事件的情绪反应结果。不论情绪反应是适当的或是不适当的，都不是由事件本身所引起，而是由于个人对既成事件产生的信念B引起。因此，心理治疗就是要帮助来访者对治疗一事负起责任；咨询师的职责只是从旁指导和劝说以纠正来访者对事件本身所产生的错误信念，从而达到心理咨询的目的。

理性情绪疗法被我国心理咨询界，尤其是大学生心理咨询界看做是最具理论价值和运用前景的一种。从实践情况看，由于很多所谓的非理性信念在人们包括咨询师自己的头脑中都是相当普遍和顽固的，该方法的实施其实并不容易。

4. 行为疗法

行为疗法源于行为主义理论，它强调通过对环境的控制来改变人的行为表现。其理论基础是条件学习理论。该疗法的理论要点及技术特征如下：

（1）人的所有行为都是通过条件作用而习得的习惯性反应。正强化该行为便巩固，负强化该行为则消退。

（2）心理咨询的目的在于，利用强化使来访者模仿或消除某一特定的行为习惯，建立新的行为方式。因此心理咨询的目标要明确和具体，主张对来访者的问题采取就事论事的处理方法，而不必追究诸如个人潜意识和本能欲望等心理原因对偏差行为的作用。

（3）行为疗法的常用技术包括放松训练、系统脱敏法、厌恶疗法、生物反馈等，其核心是控制环境和实施强化使来访者习得良好行为，矫正不良行为。

行为疗法在我国的推行几乎没有任何阻力，人们十分看重其简明的技术风格。目前行为疗法的一些简单技术已在国内普遍运用。

5. 其他疗法

心理咨询还发展出很多方法，如交互分析疗法、格式塔疗法、现实疗法、认知疗法、森田疗法、表达性心理治疗等，此处不作一一介绍。

上述各种方法都有一定的合理性，但也都有其缺陷。我们在进行心理咨询时应视问题性质、情境的不同，灵活地采用不同的方法，并尽可能把它们有机地结合起来，综合地加以利用。

三、我国大学生心理咨询发展概况

我国高校心理咨询工作始于20世纪80年代中期。目前高校心理咨询机构已成为学校行政管理的组成部分，也是学校管理现代化的标志之一。纵观我国高校心理咨询的发展，可以分为三个阶段：

第一阶段：导入期（1985年—1989年）。

1985年，上海交通大学、华东师范大学最早在校内建立了心理咨询机构。1986年，清华大学、北京医科大学也相继建立了学生心理咨询机构。当时，高校聘请一些心理学家、教育学家、精神病专家定期到学校开设咨询门诊。到1986年底，全国约有30多所学校开展了心理咨询活动。

第二阶段：起步期（1990年—1993年秋）。

1990年以后，通过与国外的交流学习，开展高校心理咨询工作的学校不断总结经验、撰写文章，高校心理咨询受到社会的重视。我国专家关于心理咨询与治疗的著作相继问世，如钟友彬的《中国心理分析——认识领悟疗法》、鲁龙光的《疏导心理疗法》等。1990年11月，中国心理卫生协会大学生心理咨询专业委员会在北京成立，这标志着我国高校心理咨询活动进入一个重要阶段。1992年7月在清华大学召开了“全国大学生心理咨询专业委员会第二届学术年会”。同时，各省市也相继成立了省一级的高校心理咨询学术交流组织，北京约30%的大学建立了高校心理咨询机构。

第三阶段：发展期（1993年秋至今）。

1993年8月，在大连理工大学召开了“全国第三届大学生心理咨询学术交流会”。会后，许多高校纷纷成立了大学生心理咨询机构，相关工作发展速度非常快。1994年5月，国家教育委员会思想政治教育司在江西师范大学举办首届高校心理咨询教师培训班，这表明政府部门对高校心理咨询工作的关注和重视，有力推动了高校心理咨询工作的发展。经过20多年的积累，我国的心理咨询工作步入了一个全面发展的新阶段。

拓展阅读

1. 有关亚健康的资料

亚健康状态是近年来医学界提出的一个新概念，一般指机体无明显疾病却呈现出活力降低，适应能力呈不同程度减退的一种生理状态，是由于机体各系统的生理功能低下所致，是介于健康与疾病之间的一种生理功能低下的状态，是机体尚无器质性病变，而仅有某些功能性改变的一种“灰色状态”，或称“病前状态”“亚临床潜病期”等。其突出表现是:“三减退”（活力、反应能力、适应能力减退）、“三高一低”（高血脂、高血糖、高血黏稠度、低免疫力）和“五病综合征”(肥胖症、高血压病、冠心病、糖尿病、脑卒中)。

亚健康状态现象的普遍存在，已成为不可忽视的社会问题，国外也称为“机体的第三状态”。国内有学者将这种状态的人称为半健康人。衰老、疲劳综合征、神经衰弱、更年期综合征以及重病、慢性病恢复期等，均属于亚健康状态的范畴。

20世纪80年代中期，苏联布赫曼教授通过研究发现，除了健康状态和疾病状态外，人体尚存在一种非健康、非疾病的中间状态，称为“亚健康状态”。这一发现被后来许多学者的研究所证实。亚健康状态即是无疾病的表现：个人（个体）有各种各样的不适感，但各种仪器及理化检查结果均为阴性。这是最新的医学理论，也是现代医学难题之一，它正威胁着现代人的健康，它与现代社会人们的生活方式以及社会压力不断增加有直接关系。

1997年5月，中国医药学会在北京召开了亚健康状态医学研讨会，并确定了亚健康这一名称，也就是广义的亚健康的概念。

（1）亚健康的流行病学调查

上海中医药大学一项近万人的调查证实，人群中只有10%~15%的人处于心身完全健康状态，50%~70%的人处于亚健康状态。可以推算，中国处于亚健康状态的人已经超过7亿，占全国总人口的60%~70%。中年人由于生活节奏快，精神压力大，长期超负荷工作，是亚健康的高发人群。调查显示，高级知识分子、企业家、艺术家的亚健康发病率高达70%以上；城市中新兴行业如高新技术产业、电子信息、IT业、广告设计、新闻及行政机关等行业或部门人群中亚健康状态的比例高达50%；步入中年的人群中处于亚健康状态的比例接近50%。以上数字表明：亚健康状态在经济发达、社会竞争激烈的国家和地区普遍存在，并已成为国际医学界研究的热点之一。

（2）亚健康状态的主要类型

亚健康状态是机体在无器质性病变情况下发生了一些功能性改变，因其主诉症状多种多样，且不固定，因此也被称为“不定陈述综合征”。亚健康状态可分为以下三种类型：

第一，躯体性亚健康状态。

躯体性亚健康状态表现为躯体性疲劳。虽然不像癌症、心脏病那样直接而迅速地威胁人们生命，但已严重影响了人们的工作和生活，可视为一种危害现代人健康的隐形杀手，需要引起高度重视。中青年知识分子、企业家等由于长期超负荷工作，劳累过度，不能及时消除疲劳，致使积劳成疾，表现为机体抵抗力下降、慢性病多等。

第二，心理性亚健康状态。

最常见的表现是焦虑、担心、恐慌。担心和恐惧是一种发自内心的不安，这种精神状态若持续存在，无法自我解脱和控制必定会产生心理障碍，表现为烦躁、易怒、睡眠不佳等，常常觉得生活中危机四伏、没有能力解决某些难题。严重者感到心慌、心烦、不安、胃绞痛，处理事情慌乱、手足无措、无所适从。这些可怕的心理疾患可诱发心脏病、癌症发生。

第三，情感性亚健康状态。

主要表现为与他人之间的心理距离加大、交往频率下降、人际关系不稳定等。随着社会的进步，竞争日益激烈，人际交往复杂。初步研究发现，人们受教育程度的提高、独立意识和自我意识的增强，信息接收来源的广泛、及时和量的扩充，个性发展的多样化，最终导致人际关系的淡化。孤独、冷漠、自卑、猜疑、自闭，在人与人之间筑起屏障，这是现代人心理障碍又一个重要因素。尤其是年纪较大的人容易患上感情综合征和社会不适应症，产生一种被社会抛弃和遗忘的强烈孤独感。

（3）亚健康状态的临床表现

其表现主要有以下三种：① 躯体亚健康主要表现为躯体的慢性疲劳，如经常感到乏力，困倦，肌体酸痛，咽喉痛，低热，眼睛易疲劳，无缘由的头晕，头痛，耳鸣，目眩，颈肩僵硬。此外，易感冒，易出汗，易便秘，易晕车，胸闷心悸，晨起时有明显不快感，食欲下降或有饥饿感却没胃口等。② 心理亚健康最常见的是焦虑，主要表现为担心、恐慌。其次是精神不振，记忆力减退，注意力不集中，失眠，健忘，反应迟钝，想象力贫乏，情绪易激动，遇小事容易生气，爱钻牛角尖，过于在乎别人对自己的评价等。③ 情感亚健康主要表现为人际关系淡化，对人对事的态度冷淡、冷漠，常表现为无助、无望、空虚、自卑、猜疑、自闭、溺爱、机械以及婚外恋、早恋等。

2. 心理咨询室

心理减压室

沙盘室

音乐放松室

阅读辅导室

团体活动室

个体咨询室

3. 心理知识小视频:《日本重度强迫症患者重生》

本章知识点

1. 心理健康及其标准
2. 心理问题的分类
3. 心理咨询及其相关理论

本章思考题

1. 如何理解心理健康?
2. 大学生常见心理问题有哪些?
3. 我国心理咨询行业发展的趋势和特点是什么?

参考文献

[1] 王登峰,等.大学生心理卫生与咨询.北京:北京大学出版社,1992.

[2] 樊富珉.大学生心理健康教育研究.北京:清华大学出版社,2002.

[3] 寇有存,钮俊生,李晓.提高大学生挫折承受能力的策略和方法.沈阳建筑工程学院:社会科学版,2001(11):30-34.

[4] 杨茉莉.浅谈大学生心理问题.西南科技大学高教研究,2005(3):168-169.

[5] 柳忠琴.大学生心理健康教育研究.长春:东北师范大学,2007.

[6] 郭念峰.国家职业资格培训教程:心理咨询师(基础知识).北京:民族出版社,2012.

[7] 陈东勇.大学生人际关系问题的心理成因及应对方法.实践与探索,2011:236.

[8] 唐金权.试析当代大学生的学习问题.湖州职业技术学院报,2014(2):20.

[9] 武利敏.大学生恋爱问题分析及其对策研究.出国与就业,2011:185.

[10] 段鑫星,赵玲.大学生心理健康教育.北京:科学出版社,2008.

[11] 雷秀雅,丁新华,田浩民.心理咨询与治疗.北京:清华大学出版社,2010.

[12] 张松.心理咨询与治疗.武汉:武汉大学出版社,2011.

[13] 郑日昌，傅纳.心理咨询与治疗.北京:开明出版社，2012.
[14] 韩延明.大学生心理健康教育.上海:华东师范大学出版社，2007.
[15] 雷秀雅，丁新华，田浩民.心理咨询与治疗.北京:清华大学出版社，2010.
[16] 黄希庭，郑涌.大学生心理健康教育与咨询.北京:高等教育出版社，2005.
[17] 顾瑜琦，张颖.健康心理学.北京：中国医药科技出版社，2006.

第二章　自我认识与心理健康

有时一个人自认不完整，只是他还年轻。我们都是由不完整在寻找自我完整的过程：最初的自我分裂—自我否定—自我斗争，直到最后，自我和平，这就是我们整个人生。

——伊塔洛·卡尔维诺《分成两半的子爵》

无知的人并不是没有学问的人，而是不明了自己的人。了解是由自我认识而来，而自我认识，乃是一个人明白他自己的整个心理过程。因此，教育的真正意义是自我了解。

——克里希那穆提《一生的学习》

知人者智，自知者明。胜人者有力，自胜者强。

——老子

第一节　什么是自我认识

我有什么优势？如何实现自我价值？我有什么样的发展空间和机会？

——引导大学生正确认识自我

一、关于自我

案例

小吴和小王是某大学同班同学，女生小王性格活泼开朗，擅长钢琴演奏，在校内外多场晚会上都有精彩表现，与同学相处得也十分融洽，深得同学们的喜爱。而男生小吴性格相对内向，原本在中学时期十分优秀的他在大学相对来说稍显平庸，其实他擅长书法也画得一手好画，但由于没有参加相关的活动，大家并不知道他有此特长。小吴和小王平时没有什么交集，也很少交流，但是小吴却深深地迷恋着这个外向又多才多艺的女孩子，这成为了小吴心中的秘密。小吴默默地喜欢小王，经常想象着二人甜美的时刻和幸福的未来，他写了无数封没有发出的求爱信，就这样一直持续着。突然有一天，小吴看到小王手挽着一个男生亲密地从身边走过的时候，他感到天都快塌了。

这种有点悲剧式的暗恋故事，经常发生在大学生中。那么究竟是什么原因导致小吴如此结局呢？我们认为主要原因是小吴的自我认识有问题。来到大学后固然我们身边有很多优秀的人，但是我们不能因此简单否认自己的能力。小吴本来擅长书法和绘画，却不积极展现出来，也许是还没遇到机会，也许是自卑，最终呈现在同学面前的他并不是真实的自己。在同异性交往的过程中，小吴这种暗恋也是基于一再暗示自己“我配不上她”而放弃了机会，要不然怎么会有“无数封没有发出的求爱信”呢？如果不深入交往，怎么会知道小王喜欢的不是内秀的男孩子呢？由此，我们引出一个话题：什么是自我？我到底是个什么样的人？

（一）自我的概念

“自我”也称为“自我意识”或“自我概念”。在心理学意义上主要指个体对自身存在状态的认识，是个体对其社会角色进行自我评价的结果。在人们的经验中，觉察到自己的一切区别于周围其他事物与其他的人，这就是自我。学者们认为自我包括：生理自我、心理自我和社会自我。

在生活中越了解自己，困惑就越少，如果不了解自己，我们就会常常抱怨，甚至陷入窘境。人们对自我的探索从未停止过，因为，自我是个体行为和思想的坐标。

与自我相关的概念还有：自我认识、自我体验、自我控制。自我认识是一个人对自己及周围关系的认知，包括自我感觉、自我概念、自我评价等内容。其中自我概念和自我评价是最主要的，它们是自我体验和自我调节的基础。自我概念是主体对自己的信任和观念，自我评价是主体对自己身心特征的判断。自我体验，是一种情绪体验，是在进行自我认识后，主体对客观的自己所持的态度。它是主体心理的自我感受，包括自尊、自信、自爱、自豪、自卑、责任感、义务感、优越感等。比如一个人对近期的学习感到满意，就是一种自我体验。自我控制是在自我认知和自我体验的推动下，个体主动且有目的地调整心理活动和行为的过程，包括自我监督、自我调节、自我教育等，表现为自主、自立、自强、自制、自律、自卫等。比如一个人对自己行为举止的约束和规范，就属于自我控制的范畴（表2–1）。

表2-1　自我结构表

自我	自我认知	自我体验	自我控制
生理自我	身体、外貌、衣着、风度、家属、所有物等	占有、支配、爱护、情绪等	对身体健康追求自我监督、自我调节、自我教育等
社会自我	自立、自强、自律等	自尊、自信、自爱、自豪、自卑、自怜等	追求身体外表的完美、物质欲望的满足，维持家庭的礼仪等
心理自我	名望、地位、角色、性别、义务、责任、力量等	聪明、能干、优雅、敏感、迟钝、感情丰富等	追求信仰，注意行为符合社会规范，要求智慧与能力的发展等

如果一个人不能正确地认识自我，看不到自我的优点，觉得处处不如别人，就会产生自卑，丧失信心，做事畏缩不前等表现。相反，如果一个人过高地估计自己，也会骄傲自大、盲目乐观，导致工作失误。因此，我们要恰当地认识自己，克服不切实际的想法，还要全面地认识自己，在生活中寻找到适合自己的位置。那么如何才能正确认识自己呢？自我认识是一个怎样的发展过程呢？

（二）自我认识的形成与发展

当个体的生理和心理能力达到一定的成熟度时，个体的自我认识就在个体与社会环境长期的相互作用中形成和发展。在个体的发展中，自我认识形成于童年期，初步定型于青少年期，成熟于成年期。在自我认识从形成到成熟的过程中，每个人的自我认识能力不断提高，最终能够清楚认识自己的身体特征和生理状况，认识自己的心理活动并认识自己在社会集体中的地位和作用。这个过程大致可以分为三部分，即生理自我的形成、社会自我的形成以及心理自我的形成。

1. 生理自我：自我中心期

自我认识的第一阶段是人对生理自我的认识。生理自我基于躯体需要，是人对自我躯体的认识，包括产生占有感、支配感和爱护感等。这一阶段也称作自我中心期，个体在这个阶段通过自我感觉的形式表现出以自我为中心的行为，认为外部世界和周围环境是以自己为中心的，以自己的想法来解释外界。这是自我认识的初级形态，一般起始于出生后8个月，到3岁结束。儿童1岁左右可以把自己的动作和动作对象区别开，初步意识到自己是动作的主体。比如他拿着玩具时，不再将玩具当作自己的一部分了。当儿童3岁时，他开始学会用“我”来称呼自己，用别的词表示其他事物，这表明他开始意识到自己心理活动的过程和内容，从把自己当作客体转向把自己当作主体。生理自我基本成熟以后，在心理上就出现羞耻感、嫉妒感等。

2. 社会自我：客观化时期

社会自我阶段是自我认识的第二阶段，是指从3岁开始到青春期。个体通过幼儿园的学前教育和学校教育，受到学校文化的影响，增强了社会意识，认识到自己是社会的一员，尽量使自己的行为符合社会标准。这一阶段的自我认识服从于社会和他人，用别人的观点去评价事物，认识他人，对自己的评价也服从于权威或他人的评价。因此这一阶段也称作自我认识发展的“客观化时期”。

3. 心理自我：主观化时期

从青春期开始到青年期后期，是自我认识发展的第三阶段。在这个阶段，人的性意识觉醒，抽象思维能力和想象力大大提高，生理和心理发生急剧变化。个体开始在意别人对自己的看法和评价，希望能够引起别人的注意，不再像以前一样容易满足，比如开始不满意自己的外貌和性格，试图有所改变。心理自我是自我认识的最后阶段，主要表现为逐渐脱离对成人的依赖，并从成人的保护、管制下独立出来，表现出自我认识的独立性和主动性，强调自我的价值和理想。这时我们可以通过自我认识去认识外部世界，而且这样的自我认识过程将伴随我们的一生。

二、自我认识的意义和重要性

案例

我叫军军，我觉得自己什么也做不好，不知道自己到底该做什么，我的大学该怎么度过。

当我早上起床的时候，我就想，我即使去上课也不会得到奖学金，不可能得到学习优秀者的称号，我们班刻苦努力学习的人那么多，成绩都那么好，我不可能考得过他们。于是我会继续赖在床上，有时候甚至已经起床了又爬回到床上，躺在那里胡思乱想，就这样我经常不去上课，几乎所有的课都逃过。经常想到上课与不上课没有太大差别，有的同学整天不上课照样考高分，而自己再怎么学也没用，想到这里就会逃课。现在想起即将到来的期末考试，心里更没底，觉得自己肯定会考不及格，会挂科，会留级，甚至会被退学，越想越怕，伴之而来的就是焦虑，然后脾气也大了起来，动不动就发火。昨天晚上因为同学在说笑而我当时想睡觉（其实我在12点以前根本就睡不着），就冲他们发火了，搞得大家心情都不好。

因为我经常不上课，所以和同学们在一起的时间也少了，加之我自己不太爱说话（其实是不知道该说什么），人际关系也不怎么样，同学们都不知道我心里想什么。他们的讨论我也很少参加，因为他们议论的话题我不感兴趣，其实也不是不感兴趣，只是自己不知道该说什么，害怕自己说出的话被他们笑话，说我太幼稚。其实他们讨论的话题也很多，并不是每个话题我都不了解。有时候也想好好学习，把课补回来，曾经去了图书馆，但是看到那么多书，不知道自己该怎么看，然后又想，即使这些书看了又能怎样？还是不会有自己独特的想法和观点，一样在同学面前抬不起头。想到这里，看书的兴趣也消失殆尽。

刚开始的时候，社团有活动我也会积极参与，但去了几次就不再去了。有些同学在社团很快就能和其他同学打成一片，甚至成为大家注意的焦点，但是我在这种环境中依旧是默默无闻的一员，我不是能歌善舞能说会道的那一类人，就像一粒沙子掉进水里，根本没有动静也太不起眼，没有人会注意到我，这样的社团怎么可能锻炼自己的能力？当然，在那个团体中，也没什么乐趣可言。

兴趣，是的，每个人都应该有自己的兴趣，做自己真正感兴趣的事情。可是，我不知道自己的兴趣。上大学之前，只知道学习，学那些老师要求学生学的东西，所以我除了学习，几乎没有别的事情可做，就像一台机器，睁开眼就学习，直到再次睡着。我一直是老师眼中的好学生，父母眼中的乖孩子，他们都不需要怎么管我，我会自动地按照他们的想法去做。大家都说，到大学之后就如天堂般美好，不用刻苦学习，想做什么就做什么，还可以谈恋爱。那时候的目标是大学，可大学的目标又是什么呢？

每天我的脑子里都有很多想法，觉得自己应该是阳光的、健康的、学习认真刻苦并成绩优秀的、人际交往和谐的、有自己的爱好特长、能力强、能得到异性青睐，所以每天都在想自己应该做什么，当然应该做的很多很多。但每天夜晚来临的时候，想起自己又这样过了一天，心情就特别郁闷，因为自己什么也没做，还是这个无所事事、异想天开的自己，没有任何变化，期望中的自己依然如海市蜃楼一般遥不可及。心情总也好不起来，什么也不想做。我曾经看过一些心理方面的书，书上描述我这种现象是焦虑和抑郁症状，于是我更担心自己会有心理疾病，以至于晚上有时候会失眠。我每天除了焦虑和抑郁，似乎什么也做不了，我该怎么办？

军军的问题，正是大学生经常出现的自我认识困扰的问题，他不知道自己学习是为了什么，他不明确自己生活的目标，不清楚知识对人的意义，也不理解大学学习过程的意义，虽然处在大学的环境中，但自我状态和心境是迷茫的。

（一）自我认识决定个体行为的持续性与目标性

人是社会动物，人的行为在受诸多社会因素影响的同时很大程度上与自我认识有着很大的关系。每个人的现实行为，并不只是由其所处的情境决定的，更重要的是受到自我认识的左右。那些自我认识积极的学生，其成就动机、学习投入及学习成绩明显优于那些自我认识消极的学生；当学生认为自己声名不佳时，他们会放松对自己行为的约束。可以说，个人怎样理解自己，是保证个体如何行为及以何种方式行为的重要前提。

（二）自我认识决定个体对经验的解释

不同的人可能会获得完全相同的经验，但每个人对这种经验的解释却可能有很大的不同。解释经验的方式决定于一个人的自我认识。对一个自认为能力一般，每次考试只能获得平常成绩的学生来说，当他取得90分的成绩时，就会认为是获得了极大的成功，并产生满足感。但同样的成绩对于一个自认为能力出众的学生来说，会解释为遭受了极大的失败，并产生严重的挫败感。事实证明，当个人的既有自我认识消极时，每一种经验都会与消极的自我评价联系在一起；而如果自我概念是积极的，每一种经验都可能被赋予积极的含义。

（三）自我认识影响个体的期望水平

自我认识不仅影响到个体现实的行为方式和个体对过去经验的解释，而且还影响到个体对未来事件的期待。这是因为个体对自己的期望是在自我认识的基础上发展起来的，并与自我认识相一致，其后继的行为也决定于自我认识的性质。研究发现，差生的成绩落后并不是孤立存在的，而是他的整个行为动力系统出现了角色偏离的结果。成绩长期落后对于普通学生是不正常的，但对于差生，由于整个行为动力系统都出现了偏离，并在偏离的状态下形成了一个新的自相一致的系统，因而在系统内部一切的不是并没有不正常。换言之，落后的学习成绩正是差生自己“期待”的结果。

每个人包括大学生要成长成才，就要做到全面、正确地认识自己。

全面认识自己，我们既要认识自己的外在形象，如外貌、衣着、举止、风度、谈吐，又要认识自己的内在素质，如学识、心理、道德、能力等。一个人的美应是外在的美与内在的美的和谐统一，内在的美对外在的美起促进作用。

全面认识自己，我们既要看到自己的优点和长处，又要看到自己的缺点和不足。我们每个人都有自己的优势，又有自己的不足，正所谓“金无足赤，人无完人”，我们应该多关注自己的优点和长处，要用欣赏的目光来看自己，即使自己可能有很多不足。只有先看得起自己，才能正确认识自己。面对纷繁复杂的人生，如果你把目光都集中在痛苦、烦恼上，生命就会黯然失色；如果把目光都转移到快乐上，你将会得到幸福。同样的道理，面对自己，如果只看到自己的缺点、不足，你将会悲观失望，畏缩不前；如果能看到自己的优点、长处，你将会充满信心地迎接生活的挑战。但是如果我们只看到自己的优点，看不到自己的不足，“看自己一朵花，看别人豆腐渣”，用自己的长处对比别人的短处，我们就会沾沾自喜，骄傲自大，停步不前，甚至会倒退。

事物总是发展变化的，没有一成不变的事物。俗话说“士别三日，当刮目相看”，我们每个人也都是在不断发展变化的，我们的优点和缺点也不是一成不变的。因此，我们必须要用发展的眼光看自己，及时发现自己的新优点和新缺点，通过自己的努力，争取改正缺点，发扬优点，不断完善自己。

三、自我认识与心理健康的关系

自我认识不准确往往会使学生表现出明显的自卑心理，从而消极地评价自身，觉得自己没有存在的价值；自我认识准确直接影响着自我评价对自我行为的调节，自我评价较高的人往往具有较远大的抱负，可以取得较高的成就。正确的自我认识有助于保持身心健康，有助于适应新环境，摆脱孤独。自我认识的水平还决定着个人对自己的人格形成和发展进行调节的能力，决定着人格发展的方向。

案例

四年前，我从一个偏僻的县城考入这所大学，成为远近皆知的“状元”。由于经济条件的限制，家里人一直都不情愿我读高中，可没想到，我最终还能考上大学，他们咬着牙借钱供我上了大学。我家住在离县城还有好几里地的农村，家里有一个哥哥一个姐姐，他们早已结婚生子，日子都过得紧巴巴的。在这样的经济状况下，一踏进大学校门，我就意识到我和别人是不一样的。大学第一天，我特别紧张，因为我身上带的钱除了学费就只剩下借来的几百块钱，我甚至都不知道这些是否够交齐书本费。入学后，我做的第一件事就是寻找打工的机会。每周我来回坐两个小时的车去给一个初中女孩补习数学，每次赚15元。这样，我一周的生活费就有保证了。其实，在大学里，最困扰我的还不是经济上的窘困，而是自卑与迷茫。初到大学，我不会用电话，拨通号码后，不知道什么样的声音是表示接通，什么样的声音是占线。有的时候，听到宿舍的女友们在谈论哪个明星、哪个品牌时，我就感觉到自己是多余的。走在校园里，我常常低着头，感觉自己很像一只灰秃秃的鸭子。我把所有的时间都排满，做家教、学习，不让自己有太多思考的时间。大一、大二的时候，我唯一能感到自豪的就是我的成绩，每次考试我都名列前茅。我的成绩虽然好，但我特别羡慕室友们的生活。她们可以在没课的时候去逛街，傍晚和男朋友看电影……而我的生活中却只有枯燥的课本和奔波的打工。我常常感觉到，我在大学里是这样的身不由己。我好迷茫也好痛苦，我的大学生活为什么不是丰富多彩的，为什么别人过得比我精彩，为什么别人总是比我更优秀呢？

上述这位贫困生正是处于自我认识的关键期，学者艾里克森将这个阶段称为“自我同一性”阶段，即12~18岁青春期是角色同一性阶段，如果角色混乱就会出现问题。这个阶段，对“我是谁”的回答，如果是成功的，理解自己是怎么样的人，接受并欣赏自己，自我认同感就建立了。研究表明，角色同一性建立的情况可以分为四种：第一种是获得角色同一性；第二种是拒斥，即个体未充分考虑到将来的各种可能性，而是把这种选择权利交给父母或其他人；第三种是同一性迷乱，未对自己的社会角色和将来的人生目标形成定论；最后一种为同一性延迟。这一阶段是从童年向成熟迈进的重要转折点，此时的青少年会反复思考“我是谁”。

艾里克森认为，人格的发展包括机体成熟、自我成长和社会关系三个不可分割的过程，每个人在成长过程中都体验着生物的、生理的、社会的发展顺序，并按一定的成熟程度分阶段地向前发展。结合上述案例，在给予该生尊重式关爱的同时，还要从认知上帮助该生分析自己目前行为产生的心理、社会原因，分析自身的特点和暂时的家庭处境，肯定自己的执著、坚强、自立和努力的优良品质，帮助其增强自信，鼓起勇气，充满希望，乐观积极。

正确的自我认识是健康人格的重要组成部分。一个拥有健康人格的人必然能够进行恰当的自我评价和认识，可以创造积极的自我体验，学会悦纳自我，能够进行合理的自我控制。同时，不论是生理自我、社会自我还是心理自我的发展都是自我认识的不同阶段，在自我发展的任何层面上如果受到阻碍或伤害，都会直接影响到个体人格的发展水平和状态，自我认识的完善过程，是对生理自我、社会自我和心理自我的了解认识过程，也是健康人格发展的重要阶段。健康的个人能够充分发挥其自我的统一功能，发展出积极整合的人格结构，并能够保持人格与个人行为以及外部世界的协调一致；相反，不健康的人没有形成统一的自我认识，或者没能充分发挥自我认识在实现人格结构整合化过程中的统一作用，就会形成不协调的和未整合的人格结构，使整个人与其行为以及与外部世界产生冲突。在现实生活中，自我可以看做一个由真实我、现实我和理想我组成的人格体系，三者间的距离变化决定着人格的状态和变化。心理健康的前提是三者统一协调，否则会产生人格障碍。如果个体的理想自我与现实自我、真实自我发生冲突，就会与现实生活脱节，焦虑疑惑得不到解决，累积下来，会导致神经症等严重后果。拥有健康人格的人一定能处理好真实我、现实我和理想我的关系，实现自我认识的统一。

第二节　怎样完善自我

一、自我认识偏差

案例

小华是某大学一名大二的学生，他学习努力，各门成绩也较为优异，唯一令他苦恼的就是英语视听说课程。由于以前他只是注重笔试练习而忽略了口语训练，每次课堂上口语练习对他来说都极为痛苦，因为他一开口全班同学便哄堂大笑，久而久之，他对自己的英语口语能力便产生深深的自卑感，逐渐发展成不敢在人前说英语，甚至最后已经不愿意上英语课。小华对于自己的情况感到十分忧心，于是主动找到了英语老师，向她询问改善自己口语的办法。老师告诉他任何人学习一种新的语言都会有吃力的可能，但是每个正常人都有能力学会新的语言，老师建议他每天提前半小时早起练习，坚持半年就会有进步的。小华听从了老师的建议，在新学期的英语课上，老师特意点小华起来念课文，小华流畅而又准确地念完了全文，这次，响起的是全班同学热烈的掌声。

奥地利心理学家阿德勒认为，自卑是人在追求优越地位时一种正常的心理过程，因自卑感而追求优越是每个人都有的心理现象。正常人一旦体会到自卑感，就会力求加以补偿，让自己进一步完善，正是因为这种补偿心理机制，自卑感成了许多成功人士进取的动力，很多成功人士最初都是自卑的，但通过努力，事业有成，便走出了自卑的泥潭。案例中，小华自卑的心理也促成了他追求超越的最大动力，再加上英语老师帮助小华挖掘出超越自我的潜能，从而使小华从超越中找到自信。

大学生正处于心理迅速成熟，又没有完全成熟的时期，自我认识还在不断地发展，同时大学生又处在多变的社会环境中，受传统观念影响，又接受着当下多元化人生观和价值观的冲击，如果缺乏正确的自省和引导，自我认识非常容易出现各种偏差。因此研究自我认识的偏差及产生的原因，有助于促进自我认识的健全发展。

（一）自我认知偏差

大学生在自我认知方面的偏差主要是过度的自我接受和过度的自我拒绝。

自我接受是指自己能够客观认识评价自己，肯定自身价值，不会过多抱怨责备自己。对自我的接受是心理健康的表现，但过度的自我接受则表明自我认识出现偏差。过度自我接受的人极度扩张，对自己尤为自信，放大自己的优点，甚至把缺点当作优点看待，同时不虚心求教，看轻他人的能力。这样的人容易盲目乐观，自以为是，不易建立良好的人际关系，同时易因对自己期望太大而制定过高目标，导致无法完成任务，产生挫败感。

自我拒绝是对自己的否定，不能容忍自己的缺陷和弱点。适度的自我拒绝可以促使个体不断修正自我、完善自我。而过度的自我拒绝是严重的、经常的、多方面的自我否定，看不到自己的长处，认为自己处处不如别人，丧失信心和生活积极性，更甚者有可能发展为自我厌恶甚至走向自我毁灭。

（二）自我体验偏差

大学生在自我体验方面的偏差主要是过强的自尊心和过强的自卑感。

大学生自我认识发展的重要表现形式是自尊心，其要求尊重自己的言行和人格，维护自身的社会地位和荣誉，表现为好强、好胜、不甘落后。自尊心强的学生对自己很有自信，能够不断克服缺点，取得进步。但有过强的自尊心的人则表现为自大，以自我为中心，缺乏自我批评精神且不允许他人批评。这样的人逃避或者否认自己的缺点，缺乏正确认识自我的能力，不能和他人和谐相处，容易遭受失败和心理伤害。

自卑感是在自尊心屡屡受挫后对自己不满、否定的情感。大学校园人才济济，学生们会觉得某些地方不如别人，这是正常的自知表现。每个人都会有这种挫败感，只是程度不同、处理方式不同，所导致的结果也不同。过强的自卑感会使人斤斤计较自己的缺点、不足和失误，心虚胆怯，逃避有挑战性的场合，错失发展自我的机会。或者因内心极度自卑而夸张自己的所作所为，捍卫虚假的、脆弱的、表面光鲜的自我。实际上，过强的自尊心和过强的自卑感是紧密联系的，那些自尊心表现得越强烈的人往往是内心极度自卑的人。自尊心和自卑感过强都会影响大学生的心理健康和人格成熟。

（三）自我意向偏差

大学生在自我意向方面的偏差主要体现为“自我中心主义”的倾向、过分独立的意向、过分的逆反心理及不当的从众行为倾向四个方面。

1.“自我中心主义”倾向

大学生在大学阶段强烈关注自己，往往从自己的角度出发去认识、评价和行动，就容易出现自我中心倾向。如果这种倾向与如个人主义、自私自利等不健康思想和诸如过度的自我接受等不健康心理特征结合，就会表现为过分、扭曲的自我中心。以自我为中心的人凡事都从自己角度出发，不能客观评价思考事物，容易忽视他人的感受，也因此很难获得别人的好感和信任，人际关系大多不和谐，得到帮助较少，屡遭挫折。

2. 过分独立意向

独立意向是大学生自我认识发展最显著的特征之一。独立意向表现为自立、自强、独立思考、善于明辨是非、勇于决断等积极心理品质。但少数大学生将独立意向理解得过于极端，主要有以下三种特点：一是孤立，他们在人际交往中把自己置于和别人的对立面，不辨是非，处处与他人作对，还引以为傲，认为这样是不落俗套、不盲从；二是用逆反心理对抗舆论和规范，他们认为舆论规范压抑了自己的独立性，不加分析地排斥抵抗，甚至故意反其道而行；三是做出具有攻击性和破坏性的行为，是反社会人格的表现，这些都说明了他们独立意向发展的幼稚和不成熟。

3. 过分逆反心理

逆反心理的实质是为了寻求独立和自我肯定，为了保护新发现的、正在逐渐成长、但还是比较脆弱的自我。逆反心理反映出年轻人的反抗精神，表明了独立意识在增强。但如果不能把握好度，容易产生过分的逆反心理。有过分逆反心理的人不分青红皂白，采取简单的拒绝和对抗，为了反抗而反抗，试图挑战传统和权威。实际上在此过程中阻碍了他们学习新的或正确的经验，不利于身心健康成长。

4. 不当的从众行为倾向

有的大学生在遇到问题无法做出自己的分析判断和选择时，便会保持与大多数人一致，这就是从众行为。适度的从众并非无益，但有的学生过度从众，不能独立思考，在处理问题时总是和大多数人持相同的态度，采取相同的行动。还有的人认为“多数人的意见”一定正确，长期这样会形成缺乏主见的心理。很多人因为和大多数采取了同样的行动，所以和大多数人一起犯了错误。

自我认识的偏差是由认识防御引起的。当个体对客观世界和自身感情的认识发生错误时，为了减少潜意识的冲突和焦虑，认识防御机制就会调整自己的内在感觉和行为模式，不去正视引起不安、焦虑的现实，不去弥补客观事实和内心平衡的落差，保护内心完整性和同一性，由此在认识防御的同时造成了个体心理上长时间的、根深蒂固的困扰，并可能成为心理疾病的根源。

二、自我认识的途径

案例

小飞，大学三年级学生。小飞生活在南方的一座中等城市，家庭条件在当地非常优越，母亲是当地一所大学的教授，父亲是当地的政府官员，有一个姐姐，很优秀。小飞从小到大几乎没有离开过生活的这座城市，现在就读的大学也是母亲工作的高校。从上中学开始，父母就对小飞要求很严格，但小飞考大学的时候没有考上本科只考上了大专，这对他的打击很大，觉得辜负了父母对自己的期望。在刚上大学时小飞谈过一个女朋友，可是不到一学期，女友就和他分手了。后来又谈了现在的女朋友，到目前已经两年了，两个人现在面临毕业，正是这段恋爱关系让他非常痛苦。

原因一：一方面是来自家庭的压力。家里人希望他找一个门当户对条件好的女友，可是他现在的女友出身普通的工人家庭。他的家人认为两个人家庭背景差异太大，不合适，而且小飞现在还小，将来还可以找个条件更适合自己的女朋友。小飞为了让自己的家庭接纳女友，制造过很多机会让女友和母亲接触，邀请女友到家里和父母聊天或者让女友陪母亲逛街，可是每次都是弄巧成拙。女友抱怨他家里人挑剔，家里人抱怨女友没有教养。现在面临毕业，小飞的父母要求小飞与女朋友分手。

原因二：女友现在对小飞渐渐冷漠，还被发现与前男友联系。女友提出分手后，小飞的情绪近乎崩溃，一次次恳求女友不要离开他，并且非常坚决地表示要自己做一次主。

以下是小飞与老师的对话：

小飞：“我从未离开过家，这不是好事情，眼界不够开阔，接触面很窄，性格内向，话很少，对人际交往很不在行。”

老师：“那你对自己的评价是什么呢？”

小飞：“自卑。”

老师：“你能不能试着把刚才的自我介绍换一个角度讲给我听呢？”

小飞：“什么角度？”

老师：“这么讲吧，这儿有半杯水，有人看到它会说，空了一半，有人看到它会说还剩一半。比如说，你刚才讲从未离开过家，我们可以理解你是个家庭意识很强的人。你能谈谈你的优点吗？”

小飞：“费劲。我在学校长大的，生活环境简单，也似乎不需要那么广的人际交往。我自己对自己不太满意，我没有努力考个好学校，对自己的能力不满意。如果我能读个好学校，我就可以找到更好的工作，而我却是个大专的学历，哎，总觉得抬不起头。”

老师：“那我们继续刚才的话题，告诉我你的优点有什么。”

小飞：“个头不矮，样子不差，老实，单纯，傻。”

老师：“下面你试着不用否定词再想想自己有什么优点。”

小飞："我很少给别人添麻烦，基本不求人。"

老师："那别人麻烦过你什么事情吗？"

小飞："也不多，没有什么交往嘛。现在觉得这的确是个要改变的缺点。"

通过找优点的方法，老师正在帮助小飞一步步地进行客观的自我认识。

（一）影响大学生的自我认识的因素

1. 自我价值取向

自我价值取向是个体心理中最具决定性和影响力的因素，也是个体行为、目标决策中的制动因素，它影响着个人自我定位和自我发展的走向，同时又影响着个体的自我体验和评价。如前所述，时代变迁和文化嬗变必然导致思想、价值观念的复杂和多变，由此导致个人价值取向多元化的困惑冲突。急功近利的短见形成不相适应的价值取向，从而引起自我评价中的错误，影响自我体验水平。大学生是一个具有高抱负、高期望值的群体，不仅有自己的追求和期望的生活方式，而且还承负着他人和社会的期望。理想和现实如果不能得到协调，个人价值取向的确定就更加困难，对理想的焦灼和对他人、社会的违逆，便转化为对自我的焦虑。因此他们便会觉得"为他人而活，责任心太大"，"众口难调"，"与世不合"，导致自我面临心理冲突和危机。

青年期是价值观和生活方式的初步形成期，也是最易受到影响的不稳定期。尚未定型的价值观，使得大学生在各种挑战、选择和诱惑面前产生困惑、冲突和压力，甚至导致对自我价值的怀疑，丧失客观理性地自我分析和自我定位能力，或盲目从众，或一意孤行，均不利于自我认识的发展和调控。

2. 理想我和现实我的差距

青年期本来就是一个多憧憬、多激情的阶段，加之自身的优越条件，不少大学生认为"不能委屈了自己"，因而他们对于理想中的自我或自我的理想设计要求更高甚至近于苛刻。他们对理想我的设计近乎完美无缺，一旦脱离现实的约束和限制，便会盲目扩张，不符合自身的知识、能力和客观条件即现实我。一旦发现现实与理想存在差距时，他们便从自我陶醉、自我中心中跌落。现实我与理想我形成的心理落差，产生了对自我的失望、怀疑和焦灼。

如期望自己"漂亮、高大、神气、活泼外向、口若悬河、有领导组织才能、能出人头地、讨人喜欢"，却发现自己其实"不很漂亮、低矮、内向、受人指使、不讨人喜欢"，这种落差带来的失意，会使他们缺乏自尊和自信，失去自我接纳的勇气，出现自我排斥。适当的自我认识、保持理想我和现实我之间的适当距离，有利于大学生正确认识、接纳自我，形成正确客观的自我认识。

3. 主体我与客体我的矛盾

“主体我”是个体在自身独特的感受领域、心理空间内体验到的“个人我”,是在一定的社会文化背景中形成的自我认识和体验;“客体我”则是自我在一定的人际关系、社会互动中感受的作为社会客体的自我表现和社会认可,即“集体我”、“社会我”。当此二者协调时,个体会获得积极的自我认同感,而当此二者不能统合时,便会出现自我分离和认同感的缺乏。

大学生的这种矛盾体现在:与社会、集体的力量相比,他们常会感到自我的不足和渺小,认为自己是“微不足道的沧海一粟”,不能正确估价自我价值,导致自我萎缩性心理,把个人与社会、集体和他人对立起来,处于人际关系的焦虑之中;不能正确对待自我实现与社会要求的矛盾;不能正确处理自我完善与社会规范的关系;不能协调展现个性和处理人际关系所导致的冲突。很多人常因为过多考虑他人利益和态度,迁就他人而无主见、无个性,想走自己的路却受人牵制。

另外他们也会因集体、社会而苦恼,他们要求他人、集体与己方便,却发现总是不尽如人意。这种矛盾由于青年期“第二次诞生”后“主体我”与“客体我”的分化成为可能,而大学生对自我与非我的一些非理性态度使之成为必然。如果不能正确地处理个人与社会、集体的关系,不能正确对待个性与公共利益、自我实现与社会要求的关系,必然导致自我的畸形发展,从而缺乏归属感和认同感,产生自我失落感。

4. 成败的认识、体验水平和归因方式

对于成败的认识、体验水平不同,个人的归因方式不同,都会对自我认识的发展、成熟形成一定的影响。挫折、失败固然是个人成长过程中不可避免的,但对不同的人有不同的意义。经常体验挫折和失败的人,会将其扩大化和严重化,不能正确对待挫折得失,缺乏自尊情感和自我接纳;此外,缺乏成功的体验,也会使个人自信心不足,自我投入的水平低。

不同的归因方式也会影响个人的自我认识,将个人的失败归于运气、机遇等不可控的外在客观因素的人会趋于自我保护和防御,缺乏正视现实和挫折的勇气,不利于自我认识和反省。将个人失败归于自身能力、水平等自身内在因素,易于丧失自信、自尊,导致自我萎缩性行为。大学生都有过不同的成败体验,在一个才智竞争激烈的集体环境中,这种体验更易影响个人。对挫折缺乏心理承受力和正确的认识归因的人,往往经不起挫折,对失败产生恐惧,从而自卑、自弃,出现自损性行为,无法建立稳固的自我心理防线。同样,由于大学生以往的成功经历相对较多,对新环境中将会遭遇的挫折、失落缺乏应有的心理准备和承受力，常会导致更多的自我冲突。由此可见，对成败的认识和归因方式是影响自我认识的一个重要因素。

5. 心理和人格弱点

大学生正处于青年末期向成年期过渡的转变期,心理上相对处于从尚不成熟趋向成熟的发展阶段。尚不成熟的心理水平使一些难以克服的心理障碍和人格弱点成为影响大学生自我认识的又一重要因素。大学生有限的认识水平对大学生自我认识有很大的影响，这主要表现在思维的敏捷性、批判性增强，但缺乏理性、深刻性、客观性、全面性，因而往往自我认识狭隘或自我评价过高，目空一切或自我估计过低、妄自菲薄，时而在自我的巅峰陶醉,时而在自我的低谷徘徊。

心理承受力差也是影响大学生自我认识的重要因素。大学生自我期望值高,勇于进取和创新，但由于心理承受力不够,对挫折的承受力不足,一旦遇到失败,往往不能正确认识。自我认识的防线脆弱，易产生自我否定性行为。性格上的缺陷也是影响自我认识的关键因素，自卑、内向型性格缺点往往是导致自我萎缩、情感匮乏、自我接纳水平低的重要心理因素。

以上心理、行为弱点是因人而异的,它们是青年特定发展阶段的心理反映,这些不足会影响个人的自我发展。影响大学生自我认识的因素是多层次、多角度且多变化的：自我所面对的客观环境和自身的心理特点，促使非我因素和自我因素交互作用,共同影响着大学生自我认识的发展。由于自身的不足和环境的复杂多变,以及心理应激源的增多,自我认识发展中会出现很多问题，只有深入了解这些因素,才能正确认识大学生的自我认识和心理状况,才能为大学生的健康发展提供有益的帮助和有效的作为。

（二）自我认识的方法

1. 通过自我观察认识自己

要认识自己，我们必须要做一个有心人，经常反省自己在日常生活中的点滴表现，总结自己的特征，找出自己的优点和缺点。自我观察是我们教育自己、自我提高的重要途径。自我观察主要包括三个方面：

（1）自身外表和体质状况的观察，包括外貌、风度和健康状况等方面的观察;

（2）自我形象的观察，主要是对自己在所生活的集体中的位置和作用、公共生活中的举止表现以及社会适应能力等的观察;

（3）自己的精神世界的观察，包括对自己的政治态度、道德水平、智力水平、能力、性格、兴趣、爱好、特长等方面的观察。

2. 通过他人了解自己

大文豪苏轼写道:“不识庐山真面目，只缘身在此山中。”认识自己有时候的确比较难。俗话说：当局者迷，旁观者清，周围的人对我们的态度和评价能帮助我们认识自己、了解自己。我们要尊重他人的态度与评价，冷静地分析，既不能盲从，也不能忽视。

三、完善自我的方法

案例

期末考试周来临，小李给自己制订了严格的作息时间，每天复习多长时间，休息几小时，都做了详细的计划。以小李平时的成绩，考入全年级前几名问题不大。但她是一个上进心很强、自我要求超高的孩子，她希望自己能取得更优异的成绩，于是给自己制定了一个很高的目标：每门考试要在98分以上。她觉得，只要自己付出足够努力，就能实现愿望。

小李规定自己要在晚上11点睡觉，每天必须保证8小时的睡眠。但开始复习后，她发现晚上11点经常睡不了觉，即使躺下了，脑子里还在盘算那些题目、知识点，常常辗转反侧，难以入眠。有时，一天睡不够3小时。

看到自己的计划被打破，小李变得很焦虑，每天躺下后，她都要求自己尽快睡着，可是越这么想，越是睡不着。她开始变得对寝室里一点声响和光亮都很敏感，睡眠质量越来越差，她的精神状态也一天不如一天，成绩也一落千丈。为此小李曾去过多家医院，寻求医生的治疗帮助，但是效果甚微。夜里翻来覆去睡不着的时候她就想起很多生活中不好的事情，时常心情低落，偷偷哭泣。这样的状况持续了一个多月，小李实在无法忍受，在辅导员的陪同下找到心理老师。

排除了生理因素的影响，出现该问题的主要起因是小李面对自己制定的种种目标但无法完成而形成了强烈的矛盾冲突，这种冲突在压力大时就以强迫思维的方式表现出来。心理学认为，强迫观念是指在相当长的时间里，思维固定在某一件事情上或是碰到什么思考什么，“脑子总是不闲着”。其实痛苦并非来自思考本身，而是小李非想不可，又极力要控制自己别想它，老是自己跟自己作对，还一直伴随着紧张和焦虑。这种焦虑状态反映了小李自我定位与自我目标的不协调，现实自我与理想自我的不统一，也就是自我效能感出现了问题。自我效能感是个体对自己是否有能力为完成某一行为所进行的推测与判断，是个体对自己面对生活中的挑战能否采取适应性行为的知觉或信念。一个相信自己能处理好各种事情的人，在生活中会更积极、更主动，这种“能做什么”的认识反映了个体对环境的控制感。自我效能感是以自信的眼光看待个体处理生活中各种压力的能力，而小李在目前的状态中，亟待提升自我效能感。

如何提升自我效能感呢?

案例

小王在和辅导员老师谈话后写给老师如下这封感谢信：

改变自己的命运

在幼年的时期，我在兄弟姐妹中各方面表现都是最差的，我总觉得父亲看不起自己，经常忽视我的存在，用轻视的眼神看我。所以我从幼年就逐渐产生了自卑心理，不敢和别人说话，老是担心别人比自己强，怕看不起自己，尤其是和女生说话时，总是感觉紧张、脸红，担心自己说错话。

高中时，由于学习成绩差，心理受过打击。高三时，因为父亲的工作调动，我跟随他来到外省上学，我本身就比较自闭，再加上对新环境很不适应，还要高考，所以状态很不好。父亲因为我学习状态不好，那一年对我的态度也非常差，由此高考就失利了。这之后我又补习了两年，压力非常大，夜里经常做噩梦，白天精神不振，一直以来都是低着头走路。后来考上大学了，父亲也没有对此表现出满意。

考上大学那年暑假，我们家里还发生了令人苦恼的事情，我的妹妹突然离家出走了，这给我也带来了很大的伤害。

上大学后，我对自己所学专业非常不喜欢，学习成绩差，在学习上刚建立起来的自信，一下子又掉到了自卑的低谷。在大一时和一个女生交往，两个人性格不合，经常闹矛盾。这时就出现了上课注意力不集中，记忆力差，晚上经常做梦，白天大脑昏沉沉等种种不适的情况。生活中一些很琐碎的事情也使我经常心烦发脾气，基本不和人交往。大二时就和女朋友分手了，心情更加郁闷，见了熟人苦笑一下就算打招呼了。学习成绩越来越差，自卑感越来越重。

但是自己还是想改变这种状况的，我想改变我的性格，改变我的命运，我想拥有一个美好的未来。我找到了心理老师。她是我的恩人，是她救了我，是她帮助我改变这一切的。她是一个平易近人的人，耐心地听完我的诉说。之后她认真细致地进行分析，解开了我心中很多结。

她给我布置作业：让我每天锻炼身体，教我抬头挺胸，每天想办法和别人交流……在一年中，每次遇到问题，她总是耐心地帮我做心理辅导。一年过去了，在老师的帮助下，我对自己状况的调整总算成功了。

我现在给人的印象是：很活泼，性格开朗，幽默，人际交往面很广，与人交往没有了自卑感，而且比较自信。上课时注意力集中了，很少想一些琐碎的事情。我经常打篮球、打羽毛球、跑步，给人感觉很阳光，很健康，对自己的未来比较乐观。

小王在面对环境中的挑战时，能够采取适应性的行为，当自己无法调整时能够寻求心理帮助，在心理老师的专业指导和帮助下小王的心态发生了变化，自我效能感得到了提升，生活也变得更加美好。

1. 不断给自己设立比较容易完成的目标和任务，在不断的小成功中提升自己的自我效能感。例如运动员跑马拉松时，就是把整个行程分为一个个小段，我们可以把跑完整个马拉松看做一次大的成功，各小段看做一个个的小成功，这些比较短的路程比较容易完成，所以运动员可以在不断的小成功中提高自己的自我效能感，提升自信。另外，在设立目标的时候不能设立遥不可及的目标，这样容易反复失败，反复的失败会降低自我效能感，只有反复的成功才会提升自我效能感。

2. 找到合适的比较对象，在比较中发现自己的长处，以此提高自我效能感。有些人常与比自己优秀很多的人比较，貌似“人往高处走”，实际上这样容易使自己只关注缺点和不足。找到合适的比较对象可以帮助自己更好地认识自我，取长补短，从而提升自我效能感。

3. 深入分析自己之前成功和失败的原因，在进行归因的过程中提高自我效能感。自卑和自责的人在对成功与失败的归因分析中会存在一些思维定势，如果把失败都归于自己能力差就会出现自责心态。实际上，任何成功与失败产生的原因都是多元的，如与自己的能力、努力程度有关，也与机遇、环境、任务的难易程度有关，不能简单归于某一因素。合理客观的归因方式对自我效能感的提高是有意义的。

4. 发现自己的特长和优势，在不断得到肯定中提升自我效能感。

此外还可以尝试以下方法提高自信：

1. 每天说句“我行”、“我能行”

说“我行”、“我能行”的时候一定要用心去说，要么选一个比较空旷的地方，喊上几声，要么暗自在心里念上几遍。默念时要果断，要反复念，特别是在遇到困难时更要默念。只要坚持默念，特别是在早晨起床后反复默念九次，在晚上临睡前默念九次，就会通过自我的积极暗示心理，逐渐树立信心，拥有心理力量。

2. 多想开心的事

在我们的生活中，肯定有很多让自己开心的事情，开心的事一般来说就是自己做得很成功的事情，这是自己信心的源泉，也是自己力量的源泉。多回忆一下这样的事情，能够帮助你正确估价自己的力量。

3. 面带微笑

笑是快乐的表现。笑能使人产生信心和力量；笑能使人心情舒畅，振奋精神；笑能使人忘记忧愁，摆脱烦恼。没有信心的人，常常愁眉苦脸，无精打采，眼神呆板；雄心勃勃的人眼睛炯炯有神，满面春风。

4. 挺胸抬头

人的姿势与人的内心体验是相适应的，姿势可以与内心的体验相互促进。一个人越有信心、越有力量，越是昂首挺胸，成功的人、得意的人、获得胜利的人显得意气风发。一个人越脆弱、越自卑就越无精打采、垂头丧气。学会自然的昂首挺胸就会逐步树立信心、增强信心。

5. 主动与人交往

在与人微笑的问候中，双方都会感到人间的温暖、人间的真情，这种温暖和真情会使人充满力量，使人增添信心。

6. 欣赏振奋人心的音乐

我们都有这样的情绪体验，当听到雄壮激昂的《义勇军进行曲》时，往往因受到激励而斗志昂扬；当听到低沉、悲壮的哀乐时，往往会有悲痛、怀念之情涌上心头。当受到挫折的时候，情绪低沉的时候，缺乏信心的时候，选择慷慨激昂的音乐来欣赏，能帮助我们振奋精神。

拓展阅读

1. 心理活动：三个我

目的：协助个体作自我反省、促进协调整合自我。

操作：

（1）请预备三张纸，首先在第一张纸上描述“理想的我”，时间约为10分钟。然后将写好的第一张纸搁置一旁，暂时不准再看。接着照此类推，在第二张和第三张纸上分别描述“别人眼中的我”和“真正的我”，每次描述时间为10分钟。

（2）完成后，对三张纸上的三个“我”作出检核，主要看看三个“我”是否协调和谐。若否，则差异何在，并尝试找出原因。请留意另外一个重点：“理想的我”和“真正的我”是否协调一致。透过此重点，你可以发现两者之间的差异，甚至矛盾之点，同时，也会发觉自己对人生的一些深层感受和渴求。

（3）团体分享。请感受最深的同学分享自己的体会。

2. 自卑心理测量

下面这份量表，有助于了解自己是否存在明显的自卑感及造成自卑的主要根源。本测验共15个问题，每个问题有A、B、C三种选择，请你在与自己情况较符合的答案上打“√”。

（1）你的身高与周围人相比如何？

A 较矮　　B 差不多　　C 较高

（2）早晨，你照镜子时的第一个念头是什么？

A 再漂亮一点就好了　　B 想精心打扮一下　　C 别无他想，毫不在意

（3）看到最近拍的照片你有何想法？

A 不称心　　B 拍得很好　　C 还算可以

（4）如果能够重生，下列三种选哪个好？

A 做女人够受的，做男人好

B 做男人太辛苦了，做女人好

C 什么都行，男女都一样

（5）你是否想过五年或十年后会有什么使自己极为不安的事？

A 多次想过　　B 不曾想过　　C 偶尔想过

（6）你受周围人的欢迎和爱戴吗？

A 常有　　B 没有过　　C 偶尔有

（7）你被别人起过绰号吗？

A 常有　　B 没有过　　C 偶尔有

（8）老师批过的考卷发下来了，同学要看你的考卷怎么办？

A 把分数折起来让他们看不到

B 让他们看

C 将考卷藏起来

（9）体育运动后，有过自己“反正不行”的想法吗？

A 常有　　B 没有　　C 偶尔有

（10）你有过在某件事上决不差于他人的自信吗？

A 一两次

B 从来没有过

C 在某些方面自己有这种自信，但对不是特殊之事并不介意

（11）如果你所喜欢的异性同学与其他人更亲近，你怎么办？

A 灰心丧气，以后竭力避开那位异性

B 跟那位同学公开或暗地里展开竞争

C 毫不在乎，一如往常

（12）寂寞时或碰到讨厌之事你怎么办？

A 陷入深深的烦恼中　B 吃喝玩乐时就忘却了　C 向朋友或父母诉说

（13）当被别人称作“不知趣的人”或者“蠢东西”时，你怎么办？

A 我回敬他：“笨蛋，没教养的！”

B 心中感到不好受而流泪

C 不在乎

（14）如果碰巧听到有人正在说你所要好的同学的坏话，你怎么办？

A 断然反驳：“根本没有那种事！”

B 担心会不会真有那回事

C 不管闲事，认为别人是别人，我是我

（15）如果你的专业课不管怎样努力学习，结果都输给你的竞争对手，你怎么办？

A 尽管如此还是继续挑战，今后加劲干

B 感到不行只好认输

C 从其他学科上竞争取胜

答案记分表

答案题号	A	B	C
1	5	3	1
2	5	3	1
3	5	1	3
4	5	1	3
5	5	1	3
6	1	5	3
7	5	1	3
8	3	1	5
9	5	1	3
10	1	5	3
11	5	1	3
12	5	3	1
13	3	5	1
14	1	5	3
15	3	5	1

请把15题的得分加起来计算出总得分，与下面的总体评价标准对照，看看自己属于哪个类型，再阅读有关四种自卑类型的说明。

类型	Ⅰ	Ⅱ	Ⅲ	Ⅳ
得分/分	15~29	30~44	45~60	61~75

类型Ⅰ：环境变化造成自卑

你平时没有自卑感，是个乐天派，并且很自信。你对自己的才能、外表、风度充满自信和骄傲，极少有自卑感。如果你抱有自卑感的话，那是环境起了变化的缘故，譬如你进了出类拔萃的人物相聚一堂的学校或其他场所而未能充分体现你个人价值时，才引起自卑。

类型Ⅱ：动机与期望过高引起自卑

你有过高的追求，有动机过强、期望值过高的缺点。你不满足于现状，想出人头地，以至于去追求不切实际的目标。也可以说，你过分地计较长短、得失、胜负，追求虚荣，当目标无法实现时则往往陷入自卑而难以自拔。

类型Ⅲ：过早断定不行造成自卑

你在干事情之前就贸然断定自己不行，自认为不如别人。这主要是你不了解周围人的真实情况，不清楚使你焦虑的事情的本来面目。当你搞清楚后，会恍然大悟："怎么，竟是这么回事？！"随之则坦然自如。你的自卑感主要是你的无知造成的，症结在于自认为不行就心灰意冷。

类型Ⅳ：性格怯懦造成自卑

用消极悲观的眼光看待事物，也与你的自卑有关。症结在于对自身的体魄和外貌缺乏自信，仅是看到不足与不利之处，因而遇事退缩胆怯。不管与人交往还是学习功课，懦弱导致你自酿苦酒。

自卑可以分成上述四种类型，但造成自卑的往往不是某一个方面的原因，而可能是两方面或多方面的原因，不过，其中必有一两个原因是主要的。一般来说，自卑心理的产生都经过这样一个过程：由于某种原因（或某些原因）使你在某一（或某几）方面遇到挫折，于是你的自尊心受到压抑和打击，你承受不住这种打击而使得自尊心"内化"，不再追求进取与表现自己。几次的循环重复，使你的自卑感加强，进而泛化，最终导致自卑心理的形成。

3. 自我效能测验

请仔细阅读下面的描述，根据四个选项，选出最符合你情况的一项。

A 完全正确　　B 多数正确　　C 尚算正确　　D 完全不正确

（1）如果我尽力去做的话，我总是能够解决问题的。

（2）即使别人反对我，我仍有办法取得我所要的。

（3）对我来说，坚持理想和达成目标是轻而易举的。

（4）我自信能有效地应付任何突如其来的事情。

（5）以我的才智，我定能应付意料之外的情况。

（6）如果我付出必要的努力，我一定能解决大多数的难题。

（7）我能冷静地面对困难，因为我相信自己处理问题的能力。

（8）面对一个难题时，我通常能找到几个解决办法。

（9）有麻烦的时候，我通常能想到一些应付的方法。

（10）无论什么事情在我身上发生，我都能够应付自如。

计分方法：

完全不正确1分，尚算正确2分，多数正确3分，完全正确4分。

分数越高，说明你的自信心越强。

1~10：你的自信心很弱，甚至有点自卑，建议经常鼓励自己，相信自己能行，正确对待自己的优点和缺点，学会欣赏自己。

11~20：你的自信心偏弱，有时候会感到信心不足，找出自己的优点，承认它们，欣赏自己。

21~30：你的自信心较强。

31~40：你的自信心非常强。

4. 人格发展理论

艾里克森（E.H.Erikson,1902）是美国著名的精神病医师，新精神分析派的代表人物。他认为，人的自我意识发展持续一生，他把自我意识的发展过程分为8个阶段。该理论为不同年龄段的教育提供了理论依据和教育内容，任何年龄段的教育失误，都会给一个人的终身发展造成障碍。

艾里克森认为，人格是一种独立的力量，是一种心理过程，是人的过去经验和现代经验的综合体，能够把人的内部发展和社会发展综合起来，人格发展的每个阶段都与自我认识有着莫大的关系。具体见下表：

艾里克森的人格发展阶段和相应的品质

年龄段/岁	社会转变期的心理冲突	获得的相应品质	
		积极的	消极的
婴儿期（0~1.5）	信任感—怀疑感	希望、信任	恐惧、不信任
儿童期（1.5~3）	自主感—羞怯感	意志（自制力）	自我怀疑
学龄初期（3~5）	主动感—内疚感	自主和价值感	无价值感
学龄期（6~12）	勤奋感—自卑感	能力、勤奋	无能
青春期（12~18）	自我同一—角色混乱	忠诚、自信	不确定感
成年早期（18~25）	亲密感—孤独感	爱和友谊	泛爱（杂乱）
成年期（25~65）	生育感—自我专注	关心他人和创新	自私自利
成熟期（65以上）	自我调整—绝望感	智慧	绝望和无意义感

本章知识点

1. 自我概念的含义
2. 自我概念的形成与发展
3. 自我效能感

本章思考题

1. 请对自我进行分析，阐述自我生理、心理、社会等方面的特征。
2. 自尊是个体对自己评价的一种结果，试分析自己的自尊水平。
3. 试分析自己的自我效能感，并解释其产生的原因。

参考文献

[1] 郭念锋.国家职业资格培训教程：心理咨询师（基础知识）.北京:民族出版社,2012.

[2] 金盛华.沟通人生：心理交往学.济南：山东教育出版社,1992.

[3] 金盛华.当代社会心理学导论.北京：北京师范大学出版社,1995.

第三章　人格发展与心理健康

任何人对我们的理解胜于我们自己对自己的理解。

——瑞士心理学家卡尔·荣格

人格像每一种有生命的物体一样，随着成长而发生变化。

——美国心理学家阿尔伯特

人格是个体身上最具色彩的闪光点，人与人的不同正是因为人格的不同。有些人性情温和，有些人冲动急躁，有些人自私自利，有些人公而忘私。即使是同一个人，有时候会表现出单纯善良的一面，有时候又表现出虚伪自私的一面。这些不同之处就是人格在我们心理特征上的具体表现。

人格是一个丰富而复杂的心理成分，它是先天遗传、家庭、教育与社会文化等方面的综合体现。在成长的过程中，遗传基因使得我们在童年时就表现出诸多差异，而岁月的变迁更给我们留下了无数难以磨灭的印记。一个人生理上的成长在二十多岁就几乎停止了，而人格的成长却是持续一生的过程，从婴儿、幼年、少年到青年、中年、老年。人格的成熟意味着个体心理的成熟，人格的魅力展示着个体心灵的完善。

第一节　人格概述

一、什么是人格

（一）人格的含义

人格，又称个性，是一个人全部的特性，是个体为适应环境而形成的比较重要的和相对持久的心理特征的总和。

人格一词，来源于拉丁文Persona，即为面具，原指戏剧表演时演员所戴的面具，代表剧中人物的身份。心理学沿用其含义，将个体经常出现的、相对稳定的各种心理特征的组织结构称为人格。

许多心理学家从不同的角度对人格进行了定义，美国著名人格心理学家奥尔波特（G.W.Allport）统计发现，心理学家关于人格的定义不下50个，在此基础上，他指出："人格是一个人内部决定他特有的行为和思想的心身系统的动力组织。"米歇尔（W.Michelle）则把人格定义为："人格是心理特征的统一，这些特征决定人的外显行为和内隐行为，并使其与别人的行为有稳定的区别。"《简明大不列颠百科全书》中对人格的定义是：每个人所持有的心理—生理性状（或特征）的有机结合，包括遗传的和后天获得的成分，人格使一个人区别于他人，并可在他与环境和社会群体的互动关系中表现出来。

总而言之，人格是一个人在遗传的基础上，为适应环境而不断改造自我，具有与众不同、区别于他人的整体的、稳定的、具有一定倾向性的心理品质或心理特征的总和。

（二）人格的结构

人格结构是一个复杂的系统，包括许多方面，如气质、性格、能力、认知风格、自我调控等。在这里，我们主要介绍狭义的人格结构：气质和性格。

1. 气质

在日常生活中，由人的姿态、长相、穿着、性格、行为等元素结合起来的整体印象，就是气质。而心理学中的气质是不以人的活动目的和内容为转移的、典型的、稳定的动力特征，表现为心理活动的强度、速度、灵活性与指向性等。人的气质差异是先天形成的，受神经系统活动过程的特性所制约。孩子刚出生时，最先表现出来的差异就是气质差异，有的孩子爱哭好动，有的孩子沉稳安静；有的性情急躁，不能等待，而有的则慢条斯理，耐心安详。这些不同的气质差异正是先天遗传决定的，很难改变。

气质类型是指一类人身上共有的或相似的心理活动特征有规律的结合。根据个体对外界刺激的感受性、耐受性、敏捷性、可塑性等不同特征的结合，可以形成多样性的气质类型。一般认为典型的气质类型分为多血质、胆汁质、黏液质和抑郁质。具体表现如下：

（1）多血质。活泼好动，反应迅速，动作敏捷，思维灵活，但往往不求甚解，注意力易转移，情绪不稳定，感情外露且体验不深，易适应环境，喜欢交往，做事粗枝大叶，具有外倾性。

（2）胆汁质。精力旺盛，反应迅速，智力活动具有极大灵活性，直率热情，表里如一，情绪体验强烈，易冲动，有顽强拼劲和果敢性，但缺乏耐心，整个心理活动笼罩着迅速而突发的色彩，具有外倾性。

（3）黏液质。安静沉稳，喜欢沉思，反应缓慢，灵活性不足，比较刻板，注意力稳定，不易习惯新环境、新工作，情绪不易外露，善于忍耐，坚韧执拗，具有内倾性。

（4）抑郁质。敏锐稳重，情感体验深刻、持久、少外露，行动缓慢，胆小、孤僻、不善交往，遇困难或挫折易畏缩，有较强敏感性，容易体察到一般人不易觉察的事件，具有内倾性。

丹麦漫画家皮特斯特鲁普的漫画《一顶帽子》生动地描述了四种典型气质类型的人对同一事件的不同反应（如图3–1）。

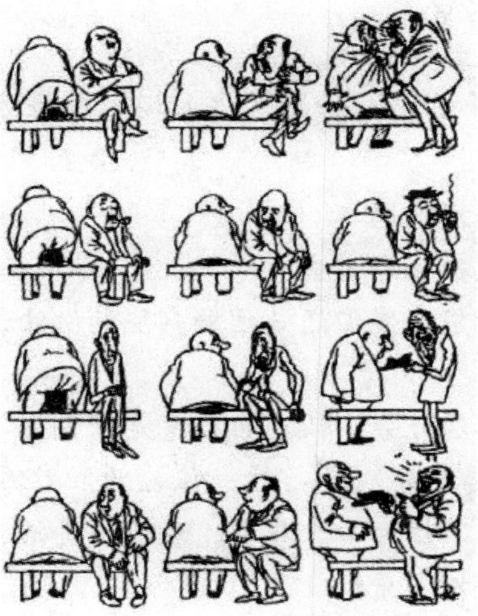

胆汁质

黏液质

抑郁质

多血质

图3–1　四种典型气质类型对同一事件的反应

旁白：1. 你干什么呢？把我的帽子都压坏了！

2. 帽子被他压坏了，咳。

3. 你看看，把我的帽子压坏了，呜呜。

4. 哈哈，你看看我的帽子，被压成这个形状了，像一个小鸟，哈哈。

人与人的气质特征差异很大，单纯属于某种典型气质的人很少见，大多数人属于不同气质类型的混合型，或近似于某种类型，或介于某些类型之间。气质并无好坏之分，但每种气质都有有利或不利于心理健康的一面。例如，多血质的人情绪丰富，容易适应新环境，但注意力不稳定，兴趣容易转移。抑郁质的人工作中耐受力较差，易感到疲劳，但情感比较细腻，做事审慎。气质不同的人在说话、走路、与别人交流、学习、工作、休息以及怎样表现自己的痛苦与快乐，怎样对不同事件作出反应等方面都会有所不同。了解这一点，对于同学间加深理解，融洽相处很有好处。大学生大都有这样的体会，彼此摸透了脾气，自然就增加了谅解，不再因别人说话急躁而不愿与之打交道，不再因别人不那么热情而感到不快，从而减少在人际关系方面的苦恼。

案例[①]

地点：某剧场门口。

时间：演出开始10分钟后。

人物：查票员和四位迟到的观众。

情节：剧场规定演出开始10分钟后不许入场。四位迟到者面对相同的规定表现则各不相同。

第一位：大吵大嚷，怒发冲冠。

第二位：软硬兼施，找机会溜进去。

第三位：不吵不嚷，虽然遗憾但还是理解剧院的做法，并自我安慰"好戏都在后头"。

第四位：垂头丧气，委屈万分，认为自己总是很倒霉。

这四位迟到者的气质类型分别是：第一位应为胆汁质型，他具有脾气急躁、易冲动的典型特征。第二位为多血质型，表现出灵活、反应快的特征。第三位为黏液质型。第四位为抑郁质型。

2. 性格

性格起源于希腊语，意为雕刻的痕迹或戳记的痕迹。性格是指人们在生活中形成的对现实稳定的态度以及与之相应的习惯化了的行为方式，是一个人比较稳定的、独特的心理特征。性格表现了人们对现实和周围世界的态度，并表现在他的行为举止中。例如，"不温不火"反映了一个人温和的性格特点，"拖拖拉拉"反映了一个人拖延的性格。性格更多地受到后天条件的影响。

由于性格结构的复杂性，在心理学的研究中至今还没有大家公认的性格类型划分的原则与标准。下面是几种代表性的观点：

（1）以心理机能优势分类

这是英国的培因（A.Bain）和法国的李波特（T.Ribot）提出的分类法。他们根据理智、情绪、意志三种心理机能在人的性格中所占优势不同，将人的性格分为理智型、情绪型、意志型。理智型的人通常以理智来评价周围发生的一

① 摘自：叶奕乾，何存道，梁宁建. 普通心理学. 上海：华东师范大学出版社，2011。

切，并以理智支配和控制自己的行动，处世冷静；情绪型的人通常用情绪来评估一切，言谈举止易受情绪左右，这类人最大的特点是不能三思而后行；意志型的人行动目标明确，主动、积极、果敢、坚定，有较强的自制力。除了这三种典型的类型外，还有一些混合类型，如理智—意志型，在生活中大多数人是混合型。

（2）以心理活动的倾向分类

这是瑞士心理学家荣格（C.G.Jung）的观点。荣格根据一个人的力比多的活动方向来划分性格类型。力比多指个人内在的、本能的力量，力比多活动的方向可以指向内部世界，也可以指向外部世界。前者属于内倾型，其特点是处世谨慎，深思熟虑，交际面窄，适应环境能力差；后者为外倾型，其特点是心理活动倾向于外部，活泼开朗，活动能力强，容易适应环境的变化。

（3）以个体独立性程度分类

美国心理学家威特金（H.A.Witkin）等人根据场的理论，将人的性格分成场依存型和场独立型。前者也称顺从型，后者又称独立型。场依存型者，倾向于以外在参照物作为信息加工的依据，他们易受环境或附加物的干扰，常不加批评地接受别人的意见，应激能力差；场独立型的人不易受外来事物的干扰，习惯于更多地利用内在参照即自己的认识，他们具有独立判断事物、发现问题、解决问题的能力，而且应激能力强。可见这两种人是按两种对立的认知方式工作的。

（4）以人的社会生活方式分类

德国心理学家斯普兰格（E.Spranger）从文化社会学的观点出发，根据人认为哪种生活方式最有价值，把人的性格分为六种类型，即经济型、理论型、审美型、宗教型、权力型、社会型。

经济型的人：一切以经济观点为中心，以追求财富、获取利益为个人生活目的。实业家多属此类型。

理论型的人：以探求事物本质为生活的最大价值，但解决实际问题时常无能为力。哲学家、理论家多属此类型。

审美型的人：以感受事物美为人生最高价值，他们的生活目的是追求自我实现和自我满足，不大关心现实生活。艺术家多属此类型。

宗教型的人：把信仰宗教作为生活的最高价值，相信超自然力量，坚信永存生命，以爱人、爱物为行为标准。神学家是此类人的典型代表。

权力型的人：以获得权力为生活的目的，并有强烈的权力意识与权力支配欲，以掌握权力为最高价值。领袖人物多属于此类型。

社会型的人：重视社会价值，以爱社会和关心他人为自我实现的目标，并有志于从事社会公益事业。文教卫生、社会慈善等职业活动家多属此类型。

现实生活中，往往是多种类型的特点集中在某个人身上，但常以一种类型特点为主。

（5）A、B 、C型性格

20世纪50年代，美国心理学家弗雷德曼和罗斯曼根据人们在时间匆忙感、紧迫感和好胜心等方面的特点，将人们的人格划分为A、B、C型三种。

他们发现许多冠心病人都表现出一些典型而共同的特点，如：雄心勃勃、争强好胜，醉心于工作但是缺乏耐心，容易产生敌意情绪，常有时间紧迫感等等。他们把这类人的行为表现称为A型行为类型（TABP），而相对缺乏这类特点的行为称为B型行为（TBBP）。心理学家发现，A型性格的人对自己期望过高，好胜心强，竞争压力大，导致在心理和生理上负担都十分沉重。长期处于紧张压力下，极易导致高血压、心脏病、心肌梗死，甚至猝死。统计表明，85%的心血管疾病与A型性格有关。心脏病患者中A型性格达98%。

A型性格的特点是：性格急躁，没有耐心；争强好胜，求胜心切，追求成就，有很强的事业心；动作敏捷；时间观念强；情绪容易波动；对人有戒心；缺少运动。

B型性格的特点是：性情随和，不喜欢与人争斗；生活方式悠闲自在，不争名利，对成败得失看得较淡，不太在意成就的大小，对工作生活较容易满足；工作生活从容不迫，有条不紊；时间观念不是特别强。

C型性格的特点是：不表现愤怒，把愤怒藏在心里加以控制，在行为上表现与别人过分合作，原谅一些不该原谅的行为；生活和工作中没有主意和目标；不确定性多；对别人过分耐心；尽量回避各种冲突，不表现负面情绪。

C型性格的人由于其孤僻离群，人际交往少，感情交流少，经常处于抑郁心理状态，容易患癌症、精神病、胃溃疡及各种疼痛症。

二、人格的基本特征

人格是人的认识过程、情感过程和意志过程等特征的综合反映，每个人的人格虽有不同，但也表现出一些共同的特征。

（一）整体性

人格的整体性是指构成心理的各种成分不是相互独立的，也不是机械地组合在一起，而是错综复杂地相互联系、交互作用，构成个体心理面貌的完整性，对人的心理活动和行为进行调节。一个正常的人总是能及时地、正确地认识和评价自己，能及时地调整心理世界中的各种矛盾，调整人格中的各种冲突，使人的心理和行为保持和谐一致。如果没有这种一致性，人们就会长期处于动机对立、价值观的斗争中，人的心理活动就会出现无序状态，这就是一种人格分裂现象。例如，电影《美丽心灵》《三面夏娃》就很好地诠释了个体人格分裂的表现。心理的完整性是人格健康的表征。

（二）稳定性

人格的稳定性是指个体的人格特征具有跨时间的持续性和跨情景的一致性。人们常说“三岁看大，七岁看老”，在人生的不同时期，人格大致保持一致。在不同的情境下，同一个人的人格特征在一定程度上会保持不变。例如，一个内向的人，在不同的场合都会表现出不爱讲话、不爱交往的行为倾向。但是人格的稳定性是相对的，人格特征也是可以变化的，因此人格具有可塑性的特征。例如，一个很温和的人，偶尔会因为急躁而发脾气，当他从原来宽松的环境中来到一个快节奏的、充满压力的环境中时，他就会变成一个急躁的人，会经常发脾气，这就是人格的变化。

（三）独特性

人格的独特性是指每个人都有与他人不同的人格特征。正如德国哲学家莱布尼兹所说，世界上没有两片完全相同的绿叶。世界上也没有两个人格完全相同的人。即使是同卵双胞胎，遗传物质相同，但个体对信息的接收、理解也不同，在人格上仍存在差异。“人心不同，各如其面”，“一母生九子，九子九条心”，在日常生活中，我们随时随地都可以观察到每个人因其各自不同的需要、爱好、价值观、能力和气质，表现出独特的行为。

（四）社会性

人格的社会性是指社会化把人变成社会的成员，人格是社会的人所特有的。社会化是个人在与他人的交往中掌握社会经验和行为规范，获得自我成长的过程。人格既是社会化的内容，也是社会化的结果。人格是个体的自然性和社会性的综合。人格是在社会交往中体现出来的，脱离社会的人格则是异常的。如曾报道的“狼孩”，他们与社会交往的机会被剥夺了，即使进行后天的教育，也不可能达到正常人的智力水平，社会适应性仍然较差。

三、影响人格发展的因素

影响个体人格形成与发展的因素，概括起来主要有五个方面：一是遗传，二是社会文化，三是家庭环境，四是学校教育，五是个人主观因素。

（一）遗传因素

俗语说：“龙生龙，凤生凤，老鼠生儿会打洞。”遗传是人格不可缺少的影响因素，个体自出生之日起，就带着不同的遗传基因。遗传决定论的代表人物霍尔（G.S.Hall）曾说过“一两遗传胜过一吨教育”。通常在智力、气质这些与生物因素相关较大的特质上，遗传因素的作用较重要，而在价值观、信念、性格等与社会因素关系密切的特质上，后天环境的作用可能更重要。人格的发展是遗传与环境两种因素交互作用的结果。

（二）社会文化因素

每个人都处在特定的社会文化环境中，文化对人格的影响极为重要。社会文化塑造了社会成员的人格特征，使社会成员的人格结构朝着相似性的方向发展。不同文化影响着子女的教养方式，通过子女教养方式影响儿童的早期经验，可以对后来的人格形成产生影响。例如，美国人类学家克利福德·格尔茨（Clifford Geertz）对印度尼西亚群岛中加瓦岛上的加瓦人调查研究，发现加瓦人有突出的羞耻特征，这与母亲的培养有关，如母亲对儿童说："在陌生人面前吵闹，你难道不觉得羞耻吗？""如果没穿衣服在门口被人看见，你会觉得羞耻。""如果你向人借了钱，却无法还清，你会觉得羞耻。"小孩在父亲出现时，被期待表现出羞耻。因此，羞耻成为加瓦人文化塑成特有的人格表现。

（三）家庭环境因素

家庭被称为"制造人类性格的工厂"。许多心理学家都认为，从出生到五、六岁是人性格形成的最主要的阶段。在这个阶段中，绝大多数儿童在家庭中生活，在父母爱抚下长大。父母按照自己的意愿和方式教育孩子，使他们逐渐形成了父母认可的某些人格特征。孩子会有意无意地模仿父母为人处世的态度和行为，从而影响其人格的形成。心理学家对父母的教育态度与方式对子女性格的影响进行了研究，其结果表明，在父母不同的教育态度与方式下成长的儿童，其性格特点有明显的差异，如表3–1所示。

表3–1　父母的教育态度对子女性格的影响

父母教育态度与方式	子女性格
支配型的	依赖性、服从、消极、缺乏独立性
溺爱型的	任性、骄傲、利己主义，缺乏独立精神、情绪不稳定
过于保护的	缺乏社会性、任性、依赖、被动、胆怯、沉默的
过于严厉的	顽固、冷酷、残忍、独立的、缺乏自信心、盲从、不诚实
民主的	独立的、协作的、社交的、亲切的、天真、有毅力、大胆、机灵
忽视的	嫉妒、情绪不安、创造力差，甚至有厌世轻生的情绪
父母意见分歧的	易生气的、警惕性高、两面讨好、投机取巧、好说谎

（四）学校教育因素

学校生活是孩子迈出家庭、走向社会的第一步。教师的人格特征、行为模式与思维方式对学生人格的发展会产生巨大的影响。研究表明，教师下列品质对学生影响较大：精神振作或沮丧，兴趣广泛或狭窄，性格暴躁或恬静，情绪高涨或低沉，意志坚强或懦弱，果断或犹豫不决，生活有条理或杂乱无章。教师和学生之间的关系也会影响学生人格的发展。梅伊（A.May）在研究学生诚实这个特征时，发现喜欢老师的学生说谎少，容易形成诚实的性格，不喜欢老师的学生则经常撒谎。

（五）个人主观因素

布特曼（Bultmann）曾说过："每个人都是他自己个性的工程师。"个人接受到社会刺激，将其转化为个体的需要和动机，推动其行动。个体会根据自己看到、听到的信息不断形成自己特有的理想、信念和世界观，个体已有的理想、信念和世界观等对接受社会影响有决定性的作用。

四、人格理论

人格心理学家对人格的认识不断发展和深入，对人格研究影响最大的理论是：特质理论、精神分析理论、行为主义理论和人本主义理论。

（一）特质理论

人格的特质理论把人格分为不同的类型和特质，认为特质是人格的有效组成元素，是决定个体行为的基本特征。代表人物有奥尔波特、卡特尔、艾森克等。

奥尔波特把特质作为一种人格测量的单元。他认为特质可以分为个人特质和共同特质。个人特质又分为首要特质、中心特质、次要特质。首要特质是一个人最典型、最有概括性的特质；中心特质是构成个体独特性的几个重要特质，每个人身上有5~10个中心特质；次要特质是个体的一些不太重要的特质，在一般情况下并不表现出来，往往只在特殊的情况下才表现出来。

卡特尔用因素分析的方法对人格特质进行了分析，提出了基于人格特质理论的理论模型。该模型分成四层，即个别特质和共同特质、表面特质和根源特质、体质特质和环境特质，以及动力特质、能力特质和气质特质。他提出了16种相互独立作用的根源特质，编制了"卡特尔16种人格因素调查表"。他认为每个人身上都具备这16种特质，只是在不同的人身上有表现程度的差异，因此可以对人格进行量化分析。

艾森克依据因素分析法提出了人格的"三因素模型"。这三个因素是：

① 外倾性，表现为内、外倾向的差异；② 神经质，表现为情绪稳定性上的差异；③ 精神质，表现为孤独、冷酷、敌视、怪异等负面人格特征。这三个因素不同程度的表现构成了千姿百态的人格特点。艾森克依据这一模型编制了艾森克人格问卷，这个量表在人格评价中得到了广泛的应用。

（二）精神分析理论

精神分析的人格理论以弗洛伊德的理论为代表，认为人格结构由本我、自我、超我三部分组成。本我是指原始的自己，包含生存所需的基本欲望、冲动和生命力。本我是一切心理能量之源，本我按快乐原则行事，它不理会社会道德外在的行为规范，它唯一的要求是获得快乐，避免痛苦。本我的目标是求得个体的生存，它是无意识的，不被个体所觉察。自我，即是指"自己"，是自己可意识到的执行思考、感觉、判断或记忆的部分，自我使寻求"本我"冲动得以满足，而同时保护整个机体不受伤害，它遵循的是"现实原则"，为本我服务。超我，是人格结构中代表理想的部分，它是个体在成长过程中通过内化道德规范、文化环境的价值观念而形成的，主要是监督、管束自己的行为。超我的特点是追求完美，所以它与本我一样是非现实的，超我大部分也是无意识的，要求自我按社会可接受的方式去满足本我，它遵循的是"道德原则"。

（三）行为主义理论

行为主义认为人格是个体在长期对环境刺激做出反应的过程中所形成的一种稳定的行为方式。该理论以华生和斯金纳为代表。华生认为，人格是一种系统化的行为模式，很重视环境对个性的影响作用。华生有一段著名的言论："给我一打健全的婴儿，我可以保证，在其中随机选出一个，训练成为我所选定的任何类型的人物：医生、律师、艺术家、巨商人，或者乞丐、窃贼，不用考虑他的天赋、倾向、能力，祖先的职业与种族。"这一言论生动地反映了他的观点。斯金纳主张采用强化的方式来增强或矫正行为。斯金纳重视榜样在人格教育中的作用。其行为理论被人们广泛应用于行为治疗和行为矫正中。

（四）人本主义理论

人本主义理论关注人性中美好的一面，强调积极乐观、健康的人生观。主要代表人物有马斯洛和罗杰斯。马斯洛提出了"需要层次理论"，强调自我实现和高峰体验。罗杰斯认为每个人都有最大程度地实现自己各种潜能的倾向，认为自我实现倾向是人类的本性,是人格发展的根本动力。

第二节　大学生常见人格偏差与人格障碍

案例

2004年2月23日，云南省昆明市发生一起4人被杀案件。作案者是云南大学生化学院生物技术专业2000级学生马加爵。案件发生的导火索是马加爵和舍友在一次打牌中发生争吵，对舍友怀恨在心。马加爵不能正确处理人际关系，因琐事与同学积怨，即产生报复杀人的恶念。经过周密的策划和准备，先后将4名同学残忍杀害。昆明市中级人民法院以故意杀人罪判处马加爵死刑。

马加爵的人格是有缺陷、有障碍的，即病态的人格和扭曲的性格。其性格表现为：

1. 表面朴实却敏感多疑，极度自卑。他具有严重的自卑情结。他觉得自己家族里几个兄弟姐妹，人人都比他强。在信里他写道："虽然是大学生，我却绝对不能与十哥相比，心里很沉重"；在学校里，他也觉得很沉重，"读书读到哪年才能出头。很多人比我老练，让我很自卑"。不仅如此，马加爵的自卑还表现在他从不愿意和别人提及他的家庭，每当说起这个话题他总是会借故躲开。

2. 渴望温暖、友爱，却不被人接纳，缺乏安全感。性格孤僻的马加爵有两个特点：一是他平时把头发故意剪得很短，这样看起来比较凶悍。二就是爱在夜深人静的时候上网浏览并下载武侠小说。

3. 面对现实的差异无法适应，社会公平感严重缺失，仇视社会。"公平"是马加爵不解的心结。由于家庭的贫困，马加爵对穿着没有什么讲究，在同学中间他是穿得最寒碜的几个人之一，一件深蓝色的上衣他穿了3年。在食堂吃饭他专挑最便宜的菜。他经常认为社会存在极大的不公平。事实上，当今社会生活中我们每个人都会遇到各种各样的现实差异，比如，经济上的贫富差异、地域上的城乡差异、文化上的传统与现代、城市与乡村、虚拟与现实及中西文化差异等。现实的差异会给人们带来一种较大的心理反差。

马加爵性格自卑、内向、孤僻，来自经济、就业和人际关系等方面的压力过大，于是他用杀人的方式来补偿自己的自卑等心理。马加爵可能有混合型人格障碍，属于分裂型和攻击型，前者特征是对人冷漠、言语表达怪异而可笑，在人际交往方面存在明显缺陷等；后者特征是具有攻击性、脾气暴躁易发火等。

一、人格障碍及其分类

（一）人格障碍的含义

人格障碍是指个体的人格特征显著偏离正常，即在个人生活风格和人际关系等方面存在异常的行为模式，这种行为模式明显偏离社会文化背景和一般人的认知方式，对社会功能和职业功能造成影响，使个体对环境适应不良，个体对此感到痛苦，但难以纠正。

人格障碍一般源于童年时期，并影响一生中的大部分时间。

人格障碍种类较多，表现各异，但各种类型都有一些共同特点：① 一般成型于青春期：人格障碍的特征往往从儿童期初露端倪，但由于这时人格的可塑性较大，一般到青春期才变得显著。② 他们都有紊乱不定的心理特点和难以相处的人际关系，这是各类人格障碍最主要的行为特征。③ 他们多表现为偏执、怀疑他人、被动或主动地侵犯他人等，给他人造成极大的麻烦甚至带来祸害。④ 他们认为自己对别人无任何责任，如对不道德的行为无罪恶感，伤害别人不后悔，并对自己的所作所为都能做出自以为是的辩护。⑤ 他们走到哪里，就把自己的猜疑、仇视和固有的看法带到哪里，任何新的环境、新的气氛、新的人际关系都不能改变其行为特点。⑥ 他们的行为后果常伤及别人，危害社会，而他们自己却泰然自若。

人格障碍的形成与先天的遗传因素、成长经历、心理因素、社会环境等因素有关。在成长过程中，不良的家庭教育，不良的伙伴和团体的影响，特别是父母离异、教育方式不当或父母患有精神疾病、人格障碍及刑事犯罪等，儿童可能较早出现人格异常。

（二）人格障碍的类型

在中国精神疾病的分类标准中，人格障碍分为九种类型，即偏执型人格障碍、分裂型人格障碍、反社会型人格障碍、冲动型人格障碍、表演型人格障碍、强迫型人格障碍、焦虑型人格障碍、依赖性人格障碍以及其他类型人格障碍。各类人格障碍在大学生中均有发生，并占有一定的比例。

1. 偏执型人格障碍

偏执型人格障碍以猜疑和偏执为主要特点，很难接受周围人的意见，容易与人发生争执。他们经常表现出固执、敏感多疑、过分警觉、心胸狭窄、好嫉妒等。往往自我评价过高，把自己看得很重要，倾向推诿客观，拒绝接受批评，对挫折和失败过分敏感，如受到质疑则会争论、诡辩，甚至冲动攻击。对他人有强烈的戒心，给人感觉不通情达理，难以接近。

2. 分裂型人格障碍

分裂型人格障碍以观念、外貌和行为奇特,人际关系有明显缺陷、情感冷淡为主要特点。对喜事缺乏愉快感，对人冷淡，对生活缺乏热情和兴趣，孤独怪僻，缺少知音，我行我素，很少与人来往，因此也较少与人发生冲突。

3. 反社会型人格障碍

反社会型人格障碍以漠视他人权利和侵犯他人权利（即行为不符合社会规范）为主要特点。这种人感情冷淡，对人缺乏同情，漠不关心，缺乏正常人之间的爱；易激惹，常发生冲动性行为；即使给别人造成痛苦，也很少感到内疚，缺乏罪恶感；常作出不负责任的行为，甚至是违法乱纪的行为，虽屡受惩罚，也不易接受教训，屡教不改。临床表现的核心是缺乏自我控制能力。

4. 冲动型人格障碍

冲动型人格障碍以行为和情绪具有明显的冲动性为主要特点。发作没有先兆，不考虑后果，不能自控，易与他人发生冲突。发作之后能认识错误，间歇期一般表现正常。

5. 表演型人格障碍

表演型人格障碍以高度的自我中心、过分情感化和用夸张的言语和行为吸引他人注意为主要特点。以行为目的来吸引他人同情和关注。

6. 强迫型人格障碍

强迫型人格障碍以要求严格和完美为主要特点。希望遵循一种他所熟悉的常规，无法适应新的变化。缺乏想象，不会利用时机，做事过分谨慎刻板，事先反复计划，事后反复检查，不厌其烦。犹豫不决、优柔寡断也是其特点之一。

7. 焦虑型人格障碍

焦虑型人格障碍也叫回避型人格障碍，主要表现是怯懦胆怯，有持续和广泛的紧张忧虑感，自卑、缺乏自信，渴望被别人接纳，对批评和排斥过分敏感。在生活中常夸大危险，甚至回避集体活动，与人交往较少，缺乏建立人际关系的勇气。

8. 依赖型人格障碍

依赖型人格障碍的特点是缺乏独立性，感到自己无能和没有精力，缺乏自信，过分依赖别人，缺失主见，过分服从别人的意志。希望别人安排自己的生活，对他人依赖性强。

9. 其他类型人格障碍

其他类型人格障碍包括被动—攻击型人格障碍、边缘型人格障碍、自恋型人格障碍等。

案例：几种常见的人格障碍

（1）偏执型人格障碍

张某，男生，20岁。大一入校之初，辅导员老师指定他担任班长。半学期后他与同学关系不和，被撤掉班长之职。于是，该生就疑心是某同学在老师那里告他的状，认为自己受到了排挤，对撤换班长一事耿耿于怀，愤愤不平，认为同学与老师对他不公平，心里经常指责他们，埋怨他们。后来他经常与同学、老师为此事发生冲突，还状告到学院书记那里，并要求恢复班长之职。大家都耐心解释、劝告他，但他总是不等别人把话说完就急于申辩，始终把大家对他的好言相劝理解为恶意。长此以往，他与同学老师的关系日益恶化，直到大学毕业，他仍然不能从中吸取教训。

本案例中的学生以猜疑和偏执为主要特点，在与人相处中表现为固执、敏感、多疑等特征，经诊断为偏执型人格障碍。偏执型人格障碍一旦形成，就具有稳定性，想要彻底矫治几乎不太可能，任何治疗方法都是收效甚微的。其原因是患者与医生不好好配合，用不信任的眼光看待医生，怀疑医生，拒绝与医生合作，导致治疗效果不佳。

（2）分裂型人格障碍

周某内向、腼腆，大一刚入校时，成绩优异，拿过全年级的一等奖学金，平时在班里也比较活跃。最近的2个多月里，小周突然经常失眠，严重时彻夜未眠。上课时注意力不能集中，神情恍惚，说话颠三倒四，词不达意。走在路上，她对好友神秘地说有人要跟踪她，想害她，并说电视、网络上有很多关于她的内容，她的隐私被公之于众了。后来她就不去上课了，一个人在街上闲逛，很晚回到宿舍，经常不顾宿舍同学在休息突然大声唱歌，时常自言自语，不知在说什么。有时候会对着镜子不停地梳头，做一些怪动作。同学们都觉得小周不正常，向辅导员老师反映了她的情况。学校通知家长带她去医院进行检查，被诊断为“精神分裂症”，并住院治疗。

正常情况下，人的精神活动的各个部分是完整而协调一致的。但是，精神分裂症患者的精神活动则完全脱离了现实，常人无法完全理解其言行。小周的情感与心理活动不协调，与其周围的环境也不和谐。她的行为脱离了社会，使他人无法理解。精神分裂症是现代社会巨大压力下的产物，不仅会给患者带来痛苦与折磨，还会危害到患者的家庭及身边的亲戚朋友，影响其正常的生活与工作。对于精神分裂症患者，应当做到早发现早治疗。

（3）反社会型人格障碍

余某，18岁，生活在浙江省开化县某乡村。一天，余某偷拿了大伯家的碟片被发现，大伯要求其归还。余某把一部分碟片扔进了大伯家门口的水塘中，大伯责骂并殴打了余某，余某不时还嘴，后恼羞成怒，拿刀刺向大伯，之后逃离现场。随后大伯被人送往医院，经抢救无效死亡。据村里人反映，余某小学毕业后即辍学，一直在家游手好闲，由父母养着，村民称他为“懒汉”，他还经常欺负老人和小孩,村里没人喜欢他。

这种人格障碍常在童年时期就有表现，如任性、逃学、离家出走、持续说谎与偷窃等，还有破坏学校规章制度、破坏公物等不良习惯。家庭破裂、儿童被父母抛弃或受到忽视，从小缺乏父母在生活上和情感上的照顾和爱护，是反社会型人格形成和发展的主要因素。一旦形成难以扭转，需在青少年时期加强引导来预防。

（4）表演型人格障碍

小艾，女，20岁，大二学生。从小娇生惯养，动不动就使小性子，自幼喜欢在热闹场合表现自己，以此博得大人的夸奖。上大学后，学习成绩不错，总是有意无意标榜自己。在爱情方面，吹嘘帅哥们是如何欣赏她、追求她，而她又是如何刁难他们，大放厥词，为了引人注意，甚至不顾个人尊严。性格喜怒无常，高兴时嘻嘻哈哈，劲头十足，稍不顺心就大吵大闹，弄得人际关系十分紧张。有一次，正当她瞎吹时，有人用话语刺激了她一下，她顿时觉得自己并非魅力超群，立刻萎靡不振，非常难过。然而难过归难过，以后她依然我行我素。

表演型人格障碍是一种过分情感化和用夸张的言行吸引他人注意为主要特点的人格障碍。这类人感情多变，容易受别人的暗示影响，希望周围的人表扬和敬佩自己，爱出风头，喜欢参加各种人多的活动，常以外貌和言行的戏剧化来引人注意。在生活中常感情用事，用自己的好恶来判断事物，喜欢幻想，言行与事实往往相差甚远。

（5）依赖型人格障碍

曹某，男，28岁，在一家公司做会计工作，平时工作认真负责，工作成绩突出，受到同事们的好评。最近，他遇到一件烦心事，部门升迁，他本来非常有希望升任部门主管，但是同事们对他的评价是能力有余，独立性太差，依赖性太强，无法胜任这一领导职务。研究生毕业3年的他无论在工作上还是生活上都不够成熟，同事们对他的评价是“一个没长大的孩子”。他的父母从小就对他照顾得无微不至，凡事都帮他安排得井井有条，不用他操一点心。从读书到参加工作，父母的决策往往就是他的决定，他已经习惯了父母替他安排的一切。他知道这样不好，但是又不能改变。直到这次升职失败，他才意识到这会影响到他在别人心目中的形象和将来自己职业生涯的发展。

曹某这种依赖型人格，主要表现为缺乏自信，过分看重别人对自己的评价，有强烈的从众心理，甚至盲目模仿或容易受暗示。其形成原因是幼年时期父母过分溺爱，从小到大父母保护他、照顾他、满足他的一切需要，在他心中父母是万能的，他必须依赖他们。这类人缺乏稳定的价值系统，缺乏独立性，依附于父母、配偶、长辈或者强者，难以做出决定和选择，需要别人作出示范和指导。如果失去了这种依靠，就容易感到焦虑抑郁，显得左右为难，犹豫不决。

（6）强迫型人格障碍

李某，男，17岁，高三学生，再过几个月就要参加高考。李某在家看见什么东西都觉得不干净，一天到晚想打扫房间或整理书包。在学校也一样，只要看到校园哪里脏，他就千方百计将它擦掉，哪怕忙到半夜，也必须弄干净才罢休。有时睡到半夜想起哪里脏，马上起来打扫干净然后再入睡。他总是不断地洗手，感觉手上不干净，好像沾满污垢，一旦念头出现，就抑制不住地想去洗。常常老师在前面讲课，他偷偷地从后门溜出去洗手，洗到自己满意才返回教室。李某是省重点中学学生，成绩一直在年级前三名，老师对他考取省状元很有信心。可李某现在这样，不仅无法考试，连安静半小时都难以做到。

强迫型人格追求严格和完美，容易把冲突理智化，具有强烈的自制心理和自控行为。这类人在平时有不安全感，对自我过分克制，过分注意自己的行为是否正确，举止是否适当，因此表现得特别死板，缺乏灵活性。责任感特别强，往往用十全十美的高标准要求自己，同时又墨守成规。他们的情感以焦虑、紧张、悔恨居多，轻松、愉快、满意较少。

（7）被动—攻击型人格障碍

王某，24岁，大学本科毕业，在一家公司从事会计工作。王某从小孤僻、内向，办事拖拉，没有时间观念。在家里，母亲让他洗衣服，他回答得好好的，但会拖延很长时间也不去做，母亲提醒他，他又满口答应，但仍然拖拉到猴年马月。他还会选择性地遗忘很多事情。工作中经常出错，领导批评他，他虽然不服气，但是什么也不说，依然我行我素。按照他的智商和能力，明明可以做好的事情，他就是做不好，还给自己找出很多客观理由，不承认自己是故意的。他从不与人大吵大闹，但是与周围的人很难进行沟通。

被动—攻击型人格障碍的主要特点是：用消极的、恶劣的、隐蔽的方式发泄自己的不满情绪，以此来“攻击”令他不满意的人或事。从上述被动—攻击的种种行为表现中可以看出，该类型的人不能用恰当的、有益的方式表达自己不愉快的情感体验。尽管他们知道该如何与别人沟通，但是极不愿意去做。明明有很多不满和怨恨的情绪，却又不愿坦坦荡荡、大大方方地表达出来，而是采取将事情越弄越糟的“宣泄”方式获得某些心理平衡。这种性格倾向不但容易导致别人以压迫的方式和自己交流，而且会给别人和自己的工作生活带来意想不到的麻烦。

（8）边缘型人格障碍

夏某，女，大三学生，23岁。夏某在幼年和青少年时期经历过很多不幸事件，身体和精神都受到很大的伤害，在校期间经常生病且噩梦缠身，并且情绪起伏很大，常常感到孤独、空虚、痛苦、烦躁和怨恨，难以控制愤怒和冲动行为，经常与人发生激烈的争吵和冲突，事后又后悔和自责，感到活着没有意义，尝试过自杀。每次在情绪失控之后，夏某都会找心理咨询师倾诉，但并不固定选择某位咨询师，发泄完之后感觉好一些，就不再来了，但过一段时间又不行了，就再来求助。夏某谈到，在她很小的时候，父亲经常会暴打她和母亲，并且情绪很容易失控，还常闹自杀。

边缘型人格障碍是精神科常见人格障碍，主要以情绪、人际关系、自我形象、行为的不稳定，并且伴随多种冲动行为为特征，是一种复杂又严重的精神障碍。他们很难调节自己的情绪，情绪经常处于一种起伏不定的状态。他们扭曲对自己的印象，常常觉得自己毫无价值、认为自己很坏。边缘型人格障碍的病患在渴望得到爱的同时，其愤怒、冲动、起伏不定和频繁波动的情绪又会将别人推开。

边缘型人格障碍的典型特征有学者描述为“稳定的不稳定”，往往表现为治疗上的不依从，治疗难度很大。

（9）自恋型人格障碍

凤姐，原名罗玉凤，大专文凭，1.46米，是家乐福超市一名收银员。自2010年以来因一系列雷人言论在网络上走红。凤姐自称“9岁博览群书，20岁达到顶峰。我现在都是看社会人文类的书，例如《知音》《故事会》……往前推三百年，往后推三百年，总共六百年没有人超过我。”凤姐多次在网上征男友，条件是“必须为清华北大硕士、经济学毕业或者精通经济学、必须具备国际视野、身高1.76~1.83米，越帅越好、东部沿海户籍、无生育史、年龄在25~28岁”，“奥巴马才符合我的征婚标准”。凤姐为征婚曾多次整容，上了不少电视节目，各种雷言囧语层出不穷。

自恋型人格障碍的基本特征是对自我价值感的夸大和缺乏对他人的公感性。认为自己比周围的人都完美，也强迫别人认可自己，无根据地夸大自己的成就和才干，认为自己的想法是独特的。凤姐是典型的自恋型人格障碍。她要求过度的赞美，夸大自己的成就和天赋，认为自己无所不能，被无限制的成功、权力、才气、美丽或理想爱情的幻想所迷惑，表现出高傲自大的态度，缺乏共情的能力。凤姐的家庭背景、长相、学识和自身能力与她个人的追求向往是有差距的，她通过招致大众的鄙视和嘲笑达到了出名的目的。通过一些节目访谈可以看出，她是一个内心极度自卑的女孩，正是她内心与行为的巨大反差引起了观众的兴趣。凤姐能走红，是凤姐和大众的一种相互满足。

二、大学生常见的人格偏差及矫正

人格发展偏差是介于健康人格与人格障碍之间的一种人格状态，表现为人格发展的不良倾向。人格发展偏差是大多数人或多或少都会有的，人的高级神经系统类型决定了人的气质类型，各种气质类型的人在人格上会有其特定的倾向性。如抑郁质的人更容易形成抑郁、自卑、孤僻、固执、多疑等人格偏差，胆汁质的人更容易形成冲动、狂躁、攻击性等人格偏差。

每个人的成长环境、受教育的方式不同，对人生观、价值观、道德观的理解也存在很大差异，因而具体到每个人身上的人格也是不同的。大学生的心理发展还没有完全成熟，人格上出现偏差也是在所难免。充分了解自己的个性，找出缺陷并进行调适，有助于大学生们今后更好地适应社会。

大学生中常见的人格发展偏差有焦虑、自卑、害羞、怯懦、嫉妒、退缩、褊狭、虚荣、懒惰、自我中心等，这些都是不健康的心理因素。它们不仅影响活动效率、妨碍正常的人际关系，同时还会给人蒙上消极、阴暗的色彩。

（一）焦虑

焦虑是个体主观上预料将会有某种不良后果产生或模糊威胁出现时的一种不安感，并伴有忧虑、烦恼、害怕、紧张等情绪体验。目前社会竞争越来越激烈，每个人都有可能处于一定的焦虑状态，适度的焦虑对于一个人的身心健康是有益的，但如果高度焦虑，又未能得到及时有效的调节，则易于发生心理失衡。

案例

小郭从小刻苦学习，品学兼优，父母对他要求非常严格。进入大学以后，他发现学习的内容较难，而且教学进度很快，老师每节课讲的内容很多，学起来很吃力。第一次期末考试有两门课不及格，为此他心情十分沉重。此后，小郭经常感到心慌、焦躁不安、头痛，难以入睡，加上室友之间的相互干扰，他更无法入睡。第二次期末考试来临之际，他更加紧张，越紧张睡眠质量越差，白天疲乏无力，注意力难以集中，也难以静心复习。

焦虑的情绪体验几乎每个人都经历过，每当感到学习、工作和生活中的压力大或处于对自身不满的状态时，都会产生焦虑情绪。在心理学中，焦虑情绪被划分为状态焦虑和特质焦虑。考试焦虑是大学生常见的一种状态焦虑，即在考试之前，尤其是在重大的考试前会出现焦虑情绪。社交焦虑也是一种常见的状态焦虑，即在人多的场合，或者与权威人士交谈时表现出的焦虑情绪，表现为说话结巴，表情紧张，词不达意。对于状态焦虑，可以通过放松训练、熟悉环境、增加经验等方法予以缓解。特质焦虑是来源于个体内在的、天生的气质或人格类型的焦虑，相对稳定，矫正起来也比较困难。

（二）自卑

自卑是对自己不满、鄙视、否定的情感。

案例

小白是某“985”大学的大一学生。自从进入大学以后，她发现身边的同学能言善辩，能歌善舞，自己却没有任何特长和才艺，她感到很惭愧。小白来自偏远的农村，家庭贫寒，吃穿拮据，每当与同学的目光接触时她就感到特别不自然，因此她总是独来独往，不愿和人多交往。班级组织集体活动，她很少参加，经常一个人待在宿舍。

自卑容易产生压抑、孤独的情感。这种情感一经形成，具有扩散性和感染性，会影响人的学习、交往、工作、生活的各个方面。在日常生活中，有一些人总会因为一些小事谴责自己，或者因为自卑而对别人、对自己做出极端的行为，这是一种过度自卑的表现。这种自卑对个体的发展和身心健康会产生不良的影响。

心理学家阿德勒在《自卑与超越》一书中提到，不管有无器官上的缺陷，儿童的自卑感总是一种普遍存在的事实。因为儿童的一举一动受到成年人的控制，他们依赖成年人而生活。当儿童的这种自卑感在以后的生活中继续存在下去，便会形成“自卑情结”。这说明每个人都有不同程度的自卑感，因为每个人都希望自己所处的地位能够得到改进。自卑心理其实是一种普遍存在的心理现象，我们在看到自己不足的同时，也要能善于发现自己的优势，时常给自己积极的自我暗示，就能够越来越乐观和自信。

（三）害羞

害羞在大学生中并不少见，如不敢在公众场合发表意见，害怕与陌生人打交道，路上见到异性同学会手足无措，见到老师会难为情，说话感到紧张等。害羞是一个人自我防御心理过强的结果，害羞的人表现为过于胆小被动，过于谨小慎微，过于关注自己，自信心不足。他们特别注意自己在别人心目中的形象，总觉得自己时时处在众目睽睽之下，于是敏感拘束，一句话要反复琢磨多次，一件事总要左思右想，为此搞得神经紧张，坐立不安。

害羞之心人皆有之，但过分的害羞，不该害羞时害羞，尤其当害羞成了一种习惯，则是有害的，它会导致压抑、孤独、焦虑等不良心理状态，影响人际交往。克服害羞可以尝试以下方法：

1. 对自己做一个具体分析，找到自己的所长和所短，扬长避短，多看自己的长处以增强信心。

2. 放下思想包袱。事实上每个人都有怕羞的心理，只是有些人善于调节而已。金无足赤，人无完人，一个人说错话、办错事没有什么可怕，也不必难为情，错了改正就是了。

3. 不要太在意别人的议论。不要把别人的话放在心上，只要自己看准的就大胆去做。

4. 有意识地锻炼自己。要敢于说第一句话，敢于迈第一步。不断地去尝试，你会发现自己不仅有能力把事情干好，而且有潜力把事情干得更好。

（四）怯懦

怯懦主要表现为缺乏勇气和信心，害怕可能面临的困难和挫折，在挫折、困难面前常常知难而退，甚至不战而败。性格懦弱的人害怕面对冲突、害怕别人不高兴、害怕伤害别人、害怕丢面子，等等。这种人由于“怕”字当头而习惯于委曲求全、忍气吞声，以求得相安无事，因而在人际交往中与鲁莽者正好相反，即言行表现不足。

为了克服怯懦，首先要从观念上强化自己作为一个人的权利和尊严，交往中的忍让和妥协要有限度，平等和尊重是交往的首要前提；其次是在行动上改变自己。克服怯懦的建议：

1. 迎着对方走上去，不要总是躲避。

2. 身体站直，挺起胸膛与对方讲话。这样会使自我感觉良好，对方也会对你刮目相看，不敢轻视。

3. 讲话时盯住对方的眼睛，如果开始时不易做到，可以先盯着对方的鼻梁。总之，不能低着头。

4. 讲话时声音要洪亮，不要吞吞吐吐。事先演练是加强效果的好办法。

5. 如果对方提高声音试图超过你，你可以突然把声音变轻，这种音量差会给对方造成心理压力，使对方专心听你讲。

6. 保持对话中的沉默间隔，不要急不可待。这样可以有更多的时间思考，也使对方觉察到面对的是一位充满自信的人。

7. 如果一些谦逊的词语，如“我不行”、“对不起”等会助长对方的自负态度，就尽量少用。

8. 学会说“不”，对自己不乐意做的事，如果别人提出要求，要勇敢拒绝。

（五）嫉妒

嫉妒是看见别人某些方面（才华、成就、品质、相貌等）高于自己而产生的一种羡慕，也是不甘心自己无法赶上别人而恼怒的情感以及由此所导致的相应行为。嫉妒者往往不择手段地采取种种方法打击其嫉妒的对象，无论对学习、对工作，还是对集体、对他人都会造成负面影响。嫉妒对嫉妒者本人的身心健康也会产生不良影响。

小A与小B是某高校大一的学生，同在一个宿舍。入学不久，两个人成为形影不离的好朋友。小A活泼开朗，小B性格内向，沉默寡言。小B逐渐觉得自己像一只丑小鸭，而小A却像一位美丽的公主，她心里很不是滋味，她认为小A处处都比自己强，把风头占尽，时常以冷眼对小A。大二时，小A参加学校组织的大学生挑战杯竞赛，得了一等奖，要代表学校参加省级的竞赛。小B得知这一消息先是痛不欲生，妒火中烧，趁小A不在宿舍时将小A的参赛作品撕成碎片，扔在小A的床上。小A发现后，不知道今后怎样和小B相处，更想不通为什么自己要遭受这样的对待。

克服嫉妒心理的方法如下：

第一，停止拿自己与他人比较。比较自己和别人拥有的事物会让你变得更悲哀。更有效的方法是与自己比较，检视自己的成长和经历，评价自己的付出和收获，思考自己的阅历和规划，这将使你变得更积极，情绪更稳定。

第二，培养丰富、洒脱的心态。嫉妒常常来自生活中某一方面的“缺乏”。因为别人得到了你想要的东西，所以你嫉妒。这种“缺乏感”会扰乱你的思想和生活，引起嫉妒的负面情绪。为了摆脱这种局限和破坏的心态，可以让自己洒脱一点，告诉自己，新的机会随时都会有。洒脱的心态能让自己获得内在的情绪自由，并让你更加放松、更加快乐。

（六）退缩

退缩是指在困难面前表现出怯懦与畏难的心理恐惧，选择逃避与后退。主要表现是：在困难面前缺乏勇气和信心，不表明自己的态度，不敢承担责任，不敢冒险，回避困难等。这样的人常常抱怨自身的不幸，却宁愿忍受痛苦而不主动追求成功。

案例

王某，23岁，大学毕业后进了一家公司工作。工作半年后，因为一次工作失误，被单位辞退。被辞退后，王某便不愿再找工作了，每天都待在家里，不是上网就是看书。每次父母问，他便推说自己知识不够用，要在家里自学好了再出去工作。王某很少与父母沟通，总是一个人宅在家里，总觉得这个社会瞧不起自己，因此不愿出去找工作。

克服退缩的办法是：鼓励自己积极应对生活中的挫折，发现自己的优点，变被动为主动。克服退缩需要勇气与毅力。

（七）褊狭

褊狭就是人们常常说的“小心眼”，主要表现为心胸狭窄、耿耿于怀、挑剔、嫉妒。褊狭人格多出现于性格内向者，尤其是女性。褊狭不是与生俱来的，而是后天习得的。

案例

马某，19岁，是中国科技大学少年班物理专业的学生，她申请了包括美国明尼苏达大学（UMN）在内的数所国外大学。当她得知同班女生陈某已被明尼苏达大学接收后，抢先从信箱里窃取了陈某的大学邀请信，并冒名陈某用E-mail与美国校方联系，拒绝了留学邀请，同时推荐了她自己。陈某因为迟迟没有收到明尼苏达大学的正式邀请，于是发信询问美国校方，才发现已被人冒名拒绝了邀请。后经调查发现，马某还窃取了至少3人以上的留学邀请信。随后，马某被学校开除学籍。

马某在中国科技大学BBS上发表的悔过书中写道：“我的心理一度处于狭隘的状态。由于对周围发生的好多事情的极端看法，让我对生活、对人都很失望。我开始怀疑，甚至憎恨周围的人。我在没有考虑严重后果的情况下，用这种很伤害人的行为做了不该做的事。这种报复的心理真的很可怕。我也憎恨自己的这种行为，并为此感到羞耻。”

克服褊狭人格首先要学会宽容，能够容人容事，正确看待生活中出现的矛盾冲突，对事不对人；其次要开阔心胸，拓展视野。

（八）虚荣

虚荣是指过分看重荣誉及他人的赞美，自以为是。虚荣心普遍存在于每一位大学生身上，尤其是女生身上，这是正常的，但一旦过分，则会有害无益。虚荣心往往与自尊心、自卑感紧紧相连。没有自尊心，就没有虚荣心，也就没有自卑感。虚荣心是自尊心与自卑感的混合产物。虚荣心强的人一般性格内向，情感脆弱，自尊敏感，既有些自卑，又担心别人伤害自己的尊严，过分介意别人的评论与批评，与人交往时防御性强，喜欢抬高自己的形象，他们捍卫的是虚假的、脆弱的自我。克服过强的虚荣心，首先要对虚荣心的危害性有明确的认识，其次要正确看待名利，正视自己的优势与不足，扬长避短；再次是树立健康积极的荣誉心，恰当表现自己，不卑不亢，正确对待个人得失与他人评价。

（九）懒惰

懒惰是一种厌倦的情绪，表现为极端懒散、犹豫不决。生气、羞怯、嫉妒等都会引起懒惰，使人无法按照自己的愿望活动。处于懒惰状态的大学生也常因此感到内疚、自责、后悔，但又觉得无力自拔，心有余而力不足，这主要是因为他们想得多而做得少，缺乏毅力。百业勤为先，万恶懒为首，生活中无论大事小事，无一不是在勤奋中实现，在懒惰中荒废。要克服懒惰，就要振作精神，自己为自己负责，“起而行之”，从日常小事做起，努力做到不给自己找借口，不原谅自己的偷懒，力争今日的事今日毕，多与人交往，多关心外部世界，多参加有益身心的社会活动，而要做到这一切，树立一个坚定而有价值的理想是非常重要的。

（十）自我中心

自我中心是指考虑问题、处理事情都以自我为中心，将自我作为思考问题的出发点与归宿。表现为一切以自己为出发点，目中无人，甚至自私自利，遇到冲突时，认为对的是自己而错的是他人。特别是那些自尊心强、优越感强、自信心强、性格独立的大学生，比较容易陷入自我中心之中。

小张是“90后”，个性十分独立要强，凡事都要求别人认同和配合自己。有一次和室友讨论问题，因为对方和自己意见不一，就破口大骂。自己经常忘带钥匙，有一次进不了寝室门，室友又刚好出去，他心里就很难受，迁怒室友，觉得室友不应该随便乱跑。室友都觉得小张很难相处，小张知道室友的感受，但依然我行我素。

改变自我中心的途径主要有：一是正确估价自己，认识到自己的社会责任，既不妄自菲薄也不夜郎自大，既不自我贬损也不自恋；二是树立正确的人生观与价值观，将自己与他人、自我与社会、个人利益与集体利益统筹考虑，从狭隘的小天地中走出来。三是学会尊重自己、尊重他人，懂得设身处地，换位思考，真诚待人。

第三节　大学生健全人格的培养

一、人格健全的标准

什么是健全人格？概括来说，健全人格的理想标准就是人的生理、心理、道德、社会各要素完美地统一、平衡、协调，使人的才能得以充分的发挥。换言之，健全人格实际上是人格和谐、全面、健康地发展，是现实人格的良好状态，是与社会环境相适应，为其他社会成员所接受而又充分表现个人个性特征的人格模式。目前，对于何为健全人格，没有确切的定义，许多心理学家从不同的角度提出了自己的见解。

奥尔波特认为，健全人格有6个特点：① 自我广延的能力，即有很广的活动范围，有很多朋友和爱好，积极参与各种社会活动；② 与他人热情交往的能力，富有同情心而没有占有欲和嫉妒心，能容忍别人和自己在价值观上的差异；③ 情绪上的安全感和自我认同感，能容忍冲突和挫折，经得起不幸，自己能保持良好的形象和乐观的态度；④ 具有现实性知觉，能实事求是地看待事物，是“明白人”而不是“糊涂人”；⑤ 具有自我客观性，知道自己有什么，缺什么，理解真正的自我和理想的自我之间的差距，也知道别人如何看待自己；⑥ 有一致的人生哲学，能为一定的目标生活，有一种主要的愿望，能为自己的行动产生创造性的推动力。

罗杰斯认为具有健康人格的人是充分起作用的人。充分起作用的人有6个特征：① 能接受一切经验；② 自我与经验和谐一致；③ 个性因素都发挥作用；④ 有自由感；⑤ 具有高创造性；⑥ 与他人和睦相处。

弗兰克（V.E.Frankl）认为具有健康人格的人是超越自我的人。超越自我的人被概括为：在选择自己行动方向上是自由的，自己负责处理自己的生活，不受自己之外的力量支配，缔造适合自己的有意义的生活，有意识地控制自己的生活，能够表现出创造的、体验的态度，超越了对自我的关心。

美国心理学家马斯洛认为，具有最健康人格的人是自我实现的人。所谓“自我实现”就是个人的潜能得以实现，所有的能力得到了运用。马斯洛从“自我实现者”身上归纳出15种特点：① 良好的现实知觉；② 对人、对己、对大自然表现出最大的认可；③ 自发、单纯和自然；④ 以问题为中心，不是以自我为中心；⑤ 有独处和自立的需要；⑥ 不受环境和文化的支配；⑦ 对生活经验有永不衰退的欣赏力；⑧ 神秘或高峰体验；⑨ 关心社会；⑩ 深刻的人际关系；⑪ 深厚的民主性格；⑫ 明确的伦理道德标准；⑬ 富有哲理的幽默感；⑭ 富有创造性；⑮ 不受现存文化规范的束缚。

现在大多认同的健康人格的特征为：① 对现实的更有效的洞察力和更适宜的关系；② 对于自我、他人以及人性的客观现实的高度接受；③ 思想、感情以及行为具有更大的自发性；④ 以问题为中心；⑤ 高度的自主性；⑥ 离群独处的需要；⑦ 欣赏的时时常新；⑧ 更多的神秘体验；⑨ 宽厚的社会感情；⑩ 深挚而精粹的私人关系；⑪ 民主的性格；⑫ 强烈的道德感；⑬ 寓于哲理的善意的幽默感；⑭ 更富有创造性。

大学生正处在发展自我意识，形成独立人格的重要阶段，大学生人格的状态不仅影响自身的发展，也关系到国家建设人格培养的质量，关系到社会的和谐稳定。综合国内外各位学者的相关标准，我们认为大学生健康人格的标准主要包括以下几点：① 和谐的人际关系；② 良好的社会适应能力；③ 正确的自我意识；④ 乐观向上的生活态度；⑤ 良好的情绪调控能力；⑥ 积极向上的人生观、价值观；⑦ 快乐心态。

二、大学生健全人格的塑造

人生在世，总会不断完善自我，努力追求理想的自我。追求自我完善主要有以下方法：

1. 正确地认识自我。正确地认识自己，认识到“尺有所短，寸有所长”。首先，认清自己的气质类型，充分发扬气质的积极面；其次，了解自己的性格特点，塑造良好的性格；最后，通过他人的评价与比较或通过实践活动认识自己。

2. 接受自己的与众不同。要想保持心灵平和，就要安然接受我们所不能改变的事物。积极地悦纳自我，就是要平静而理智地对待自己的长短优劣、得失成败。

3. 保持开朗的心境。建立积极、健康的情绪状态，保持开朗的心境，学会控制和调节自己的情绪，不盲目冲动，不消极低沉，始终保持乐观的生活态度。

4. 加强自我调控，培养意志品质。加强意志磨炼，做事有目标，自觉主动地控制自己的行为，培养经受挫折的耐受力和克服困难的毅力。

5. 乐于交往，建立良好的社会支持体系。个体通过人际交往能够更加客观充分地认识自己，发现、学习他人的优点，纠正自己的不足。人际交往有助于个体建立良好的社会支持体系，能够给予个体及时的帮助和支持，以免心理冲突的加剧和危机的发生。

三、正确看待人格完善

人格完善的目标就是达到健全的人格。健全人格是一种理想化的人格模式，人的一生都在追求和发展健全人格。具有健全人格的人一定是心理健康者，是人的本性得以充分发挥的表现。但实际上，没有任何一个个体能获得健全人格，人们可能会有遗传上的缺陷或不足，个人追求欲望不同，最终难以发展成为健全人格，大多数人只能成为正常人格。因此，当我们将自己与健全人格的标准进行对照时，既不要因为达不到而伤心难过，也不要因为健全人格的标准无人达到而放弃对人格完善的要求。在不断追求完善自我的道路上不要过分苛责自己，要正确看待自己人格中的闪光点和不足。合理地利用自己的人格优点，接纳缺点，充分发挥自己的特长，尽可能做最好的自己。

拓展阅读

1. 多重人格

试想一下，如果你身边有一个人，有17个名字、17种不同的装扮、17种不同的发式、17种不同的声调和面孔、17种不同的性格、17种不同的生活，你会有怎样的感觉？你一定会感到非常惊异和迷惑。你首先的反应可能是不信，这太超乎我们的想象了，这能是真的吗？

纪实体心理分析小说《人格裂变的姑娘》中的女主角西碧尔经常失去记忆，每当失去记忆时她就变成了一个化身，前后多达17个化身。每个化身都有不同的姓名、年龄、性格、爱好和处世态度，她们都在特定的需要中随时现身。西碧尔本人干不出来的事就由化身替她来干。心理学上把这种一个人具有多种人格的现象，称做“多重人格”。

其实每个人都会有多重性格，有时候很聪明智慧，沉着冷静；有时候又很冲动、易怒；有时候很勇敢，敢于承担和面对；有时候又很懦弱，胆小；有时候会羡慕或者嫉妒，甚至期望成为异性；有时候又会为自己创造一个理想的化身，等等。

2. 心理测试：A、B型性格判断

说明：本测试共25个题目，请对每一个题目做出判断。如果该题目反映的内容符合你的情况，请回答“是”，否则回答“否”。

（1）你说话时会刻意加重关键字的语气吗？

（2）你吃饭和走路都很急促吗？

（3）你认为孩子自幼就该养成与人竞争的习惯吗？

（4）当别人慢条斯理做事时你会感到不耐烦吗？

（5）当别人向你解说事情时你会催他赶快说完吗？

（6）在公交车上挤车或餐馆排队时你会被激怒吗？

（7）聆听别人谈话时你会一直想你自己的问题吗？

（8）你会一边吃饭一边写笔记或一边开车一边刮胡子吗？

（9）你会在休假之前赶完预定的一切工作吗？

（10）与别人闲谈时你总是提到自己关心的事吗？

（11）让你停下工作休息一会儿时你会觉得浪费了时间吗？

（12）你是否全心投入工作而无暇欣赏周围的美景？

（13）你是否宁可务实而不愿从事创新或改革的事？

（14）你是否尝试在有限的时间内做出更多的事？

（15）与别人有约时你是否绝对守时？

（16）表达意见时你是否握紧拳头以加强语气？

（17）你是否有信心再提升你的工作绩效？

（18）你是否觉得有些事等着你立刻去完成？

（19）你是否对自己的工作效率一直不满意？

（20）你是否觉得与人竞争时非赢不可？

（21）你是否经常打断别人的话？

（22）看见别人迟到时你是否会生气？

（23）用餐时你是否一吃完就立刻离席？

（24）你是否经常有匆匆忙忙的感觉？

（25）你是否对自己近来的表现不满意？

记分说明：如果你有一半以上的题目回答“是”，那么你就有A型倾向了，回答“是”的越多，倾向越明显；反之则是B型倾向（A、B型人格特点见本章第一节相关介绍）。

3. 心理剧本：《徘徊》（编剧：王宁、王爽）

故事梗概：

在贫困家庭长大的张晓琪，自幼饱受贫困带来的不幸，同时还要忍受父亲对母亲的家庭暴力，这样环境下长大的张晓琪自卑，不爱说话，脾气暴躁，常常没缘由跟人打架。通过自己的努力她考取了重点大学的专升本，刚开学没多久就与身边的同学打架，对老师无理，经常突然地暴躁，很少与同学交流。一次听到舍友露露议论她打架的事情，她便与露露争执，后来竟然妄图将其推下阳台，后来在老师和同学的劝阻下她的内心开始徘徊。

人物介绍：

张晓琪：深受家庭暴力影响，亲情缺失，很少与人交往，容易狂躁。

李老师：大学英语老师，经常帮助张晓琪，张晓琪对其有师生恋情结。

露露：张晓琪舍友，家庭条件优越，高冷，说话刻薄。

刘欣：张晓琪同班同学，性格外向，乐于助人。

宋小雨：洗衣服时唱歌被张晓琪打的同宿舍楼外班同学。

故事结构：

序幕：两个时空下，张晓琪的独白，交代她的家庭背景和身边朋友老师的情况，以及自己对周围生活的态度。

第一场：英语课上，很多学生旷课，老师不悦。课堂上李老师请学生朗读课文，张晓琪朗读之后，老师指出她发音上应该注意避免乡音，她顿时大怒，斥责李老师歧视农村人，并愤然离开教室。

第二场：在水房里洗衣服的时候，一个素不相识的女生，因为边听MP3边唱歌，声音有些大，唱得不好听，张晓琪突然端起一盆水泼向人家，舍友露露路过好心劝阻，竟差点被泼。

第三场：露露和同班同学刘欣在议论张晓琪向同楼女生泼水和英语课的事情，张晓琪上自习回来，听到她们的谈话后与其争执，愤怒之下弄坏了露露的心爱之物，遭到了露露的冷嘲热讽，触到了张晓琪的心理底线，张晓琪情绪爆发，争执间将露露推向阳台。李老师得到消息，赶到宿舍劝阻，结果张晓琪想到自己喜欢的李老师在课堂上纠正自己口音问题而更加恼怒。李老师的劝阻，露露的恐惧，张晓琪的心理扭曲交织在一起。

尾声：两个时空下，张晓琪自己出现在舞台上，面对眼前的种种，耳边是每个人讲话的面孔，仿佛都在嘲笑自己。张晓琪一方面对自己所做的事情反悔，一方面又走不出自己的阴影，始终左右徘徊。

序　幕

舞台布景：舞台右后角落，张晓琪开始独白，父母在舞台左后，露露、刘欣在左前，李老师在右前。

画外音：人生的错误在于生活的积累，一旦一个人开始和自己的背景、遭遇及经历较劲，那么这个人将会作出反常的举动。不要逼得太紧，也不要放得太松。我们都在生活的怪圈里面徘徊。下面请欣赏心理剧《徘徊》。

张晓琪在右后方（面对观众）：我叫张晓琪，专升本大一学生，来自贫困的农村。我从来不知道趾高气扬地走在人群中是什么感觉，如果我保持穷人惯有的自卑会被可怜地当作弱者，得到所谓善意的同情，可是我不服，我会控制不住发疯似的去反抗，反抗生活、命运和自己，所以他们叫我疯子。

张晓琪（走向父母方向）：这是我的父母。（母亲开始摔东西，父亲拉住母亲甩耳光，锅碗瓢盆配乐）。瞧，他们又在为这个月多花了几十块的生活费而大打出手，贫穷让他们失去了原本为人父母的模样，这样的争吵也充斥着我的童年。（父母静止）

张晓琪走到露露方向，露露在向刘欣炫耀自己的项链，刘欣问：这么漂亮的项链好贵吧？

露露轻描淡写地说：不贵，差不多二十多万吧。刘欣表情惊讶。（两人静止）

张晓琪说：这就是有钱人的生活，从来与我无关，就连幻想也是那么奢侈。为什么，为什么我没有成为有钱人的资格，我不甘心。

张晓琪走到李老师身边，李老师开始看书：这就是我们的老师，他博学多才，让人尊敬，他教我们知识道理，却从未教我面对贫穷。

我渴望被别人认可，但是，为什么，为什么一直都是这样把我逼在生活洪流的边缘，我一失足，就会死亡。

第　一　场

舞台布景：四张课桌椅，英语书三本。

人物：张晓琪、露露、宋小雨、刘欣。

（张晓琪出场，坐在第一排，拿出镜子在收拾头发，抹口红，出神地望着李老师要上场的方向。）

（上课铃响，李老师抱着课本上场。）

李老师叹了口气失落地问张晓琪：晓琪，他们又不来了？

张晓琪暗暗高兴，但又很抱歉地说道：李老师，他们应该马上就到吧……

李老师无奈道：好吧！

（同学们懒散地上场，坐在座位上。）

李老师耸耸肩说：好，不等了，上课吧。今天咱们讲第七单元“Face the fact”面对现实，这个主题特别适合现在生活在象牙塔里的你们。

（大家缓缓地掏出课本，露露拿出手机开始玩，其他人似有似无地看着课本，张晓琪盯着老师若有所思。）

李老师：上次课已经让大家预习了，那么我找个同学来读前两个自然段。露露，你读吧。

露露放下手里的手机说：老师，我课本丢了，没有预习，让她读吧（指指张晓琪）她读英语最标准了。（班上同学哄笑起来）

李老师有些不悦：好，那张晓琪读吧。

张晓琪突然回过神：老师，我没预习完……

李老师有些不耐烦了，但还是带着鼓励的语气说：没事，读吧。

张晓琪紧张地、磕磕巴巴地读着课文，伴着乡音：Face the fact. I felt a certain indis……a certain indisposition to face reality .When I was young……

李老师打断，语气不太好：上次跟你说让你听听VOA和BBC，你听了吗？都一个学期了，怎么读着这么简单的课文还是这样？

张晓琪连忙解释道：老师，是这个词忘记怎么读了，我最近每天都跟读半个小时BBC……

李老师：不是这个单词的问题，是你的口音。你的根本问题还是有一点你们老家的那种乡音……不是（李老师在极力地挽回自己刚才的口误，同学们哄堂大笑。）

张晓琪的脸刷地红了，有些委屈又有些生气，以质问的语气问李老师，情急之中说了土话：老师你啥意思？

（大家这下笑得更厉害了。）

李老师赶忙解释：不是那个意思，只是说你的口音问题有些严重，可能你们那边的老师也都这么教的，你没觉得有什么问题，但是你来我的课堂我有义务把你的乡音矫正过来。

张晓琪更生气了，带着哭腔：我们农村学校就是这样教的，我觉得非常好，不需要你矫正，你就是歧视农村人。

（张晓琪拿着课本跑下场，其他同学瞠目，老师也很尴尬，画面静止。）

张晓琪走近李老师，看着眼前的李老师，想走近，但是又退回来，然后再上步，又退回来，反复几次，来到李老师面前。

张晓琪：你，是我来到学校认识的第一位老师，我相信你，我渴望得到你的认可，我在乎你的看法。李老师，我……我错了。

张晓琪瞬间情绪大变，有些暴躁：我凭什么给你道歉？凭什么？你身为一个老师，在众人面前竟然嘲笑我，我说话难听，我有方言，怎么了，怎么了！你就是一个伪君子，伪善的脸藏着嘲笑别人的真面目。

张晓琪瞬间又安静下来：我……我（用手触摸着李老师，李老师还是在忙碌着）我疯了吗？为什么我会左右徘徊。（跑到舞台右侧）

第　二　场

舞台布景：两张桌子做水房水池，盆三个，牙刷，手套。

（张晓琪拖着疲惫的身子端着盆和洗漱用品上场，走到水池旁，开始刷牙。）

（宋小雨哼着歌听着MP3，端着一盆衣服上场，在另一个水池放下盆，接水，开始洗衣服。宋小雨边洗衣服边唱歌，这会儿唱着《死了都要爱》，跟着MP3的节奏，声音越来越大，并且完全跑调，十分刺耳。）

张晓琪转身对宋小雨说：同学，你声音小点儿。

宋小雨没有听到，张晓琪瞪了她一眼：神经病。

宋小雨还是没有听到，这时唱到高潮部分，更起劲了：不淋漓尽致不痛快，许多奇迹，我们相信……还会存在……

张晓琪突然十分愤怒，接了一盆水，直接向宋小雨泼去，然后盯着她。（露露正好端盆上场看到，露露怔住了。）

宋小雨被这突如其来的水吓了一跳，大喊：你神经病啊！？

张晓琪听到宋小雨这样骂她更是来劲，冲上去扯着人家的头发也破口大骂：你才神经病！

露露冲上去拦着张晓琪并对她大喊：张晓琪，你干吗呢？

宋小雨冲露露喊:你同学神经病吧，我洗着衣服她突然泼我一身水……

张晓琪冲露露喊：不关你的事儿，你走开，再拦着连你一块儿泼。

（画面静止）露露面向观众，独白：又打架了，这已经不是第一次了，好像全世界都欠她似的，大家的关心也被她拒之门外，她就是个疯子。

露露摇摇头，叹气下场。

舞台动起来。宋小雨累了，也端着盆跑了，边跑边骂：这是哪个班的神经病……

张晓琪也累了，瘫坐在地上，低声啜泣，随即抬起头镇定地说：我为什么要哭？

说完站起来，照了照镜子，整理一下凌乱的头发，端着盆下场。

第　三　场

舞台布景：舞台上类似宿舍布局一样摆四张桌椅，露露桌上放着项链和娃娃。右边是阳台。

刘欣对露露说：哎，露露我发现你最近皮肤好很多啊，有了爱情的滋润就是不一样啊……

露露一边对着镜子抹脸，装作不在意地说：什么呀，这是我男朋友从韩国给我带的BB霜，效果超赞的，你试试。

刘欣接过BB霜，在脸上抹了点，叫道：呀，是挺自然挺水润的。

露露边收拾桌面的东西，边兴奋地比划着：哎，刘欣我跟你说啊，张晓琪是我这一辈子见过最奇葩的人。

刘欣好奇地打听：到底是怎么回事儿啊，我听说你们在水房打架了？

露露大笑：哈哈，怎么可能？！是咱们这层一个女生在洗衣服，张晓琪也不知道是听人家唱歌不好听，还是看人家不顺眼，端了盆水就泼人家一身，那女生也很厉害，俩人打起来了，我正好去洗脸，想着一个班的还劝她来着，她竟然说要连我一块儿泼。

（张晓琪抱着书上场，走到宿舍门口，听到里边有人在议论自己就停了下来，趴在门口听着。）

刘欣不解道：为什么啊？张晓琪平时就这样吗？是脑子有问题吗？

露露放下手中的镜子，说道：谁知道她是不是有神经病呢。不过上次我就听别人说她在厕所听到人家关门声音有点大，便冲上去拽着人家一顿打。

刘欣大惊：呀，那我以后得注意点啦，我经常这样。

露露笑道：对啊，张晓琪可是六亲不认的……哎，她好像对咱们英语老师有意思啊，每次都化妆去上英语课。

刘欣更惊奇道：真的假的？英语老师？她还化妆，她买得起化妆品吗?!

露露说道：谁知道呢，她这个穷鬼……

（哐的一声，张晓琪使劲推开了宿舍门，走进宿舍，把书重重地放在桌子上，有些气愤地坐在椅子上。）

刘欣碰了一下露露，跟她使眼色，小声跟露露说：不知道她听到没有。

露露：管她呢。

刘欣咳嗽一声，突然看到露露桌上的项链，拿起来：露露，男朋友给买的？真漂亮……

露露炫耀道：怎么样？ Tiffany的……

刘欣有些忐忑但还是满脸羡慕道：天呐，露露，你这个男朋友真有钱。

露露小心地把项链放盒子里：还可以吧。

张晓琪突然冲她俩说：你们说谁神经病？谁六亲不认？谁喜欢英语老师？

露露不甘示弱：说谁谁自己心里清楚！走，刘欣，去你们宿舍玩儿去……（拉着刘欣要出门）

张晓琪大声道：在背后说人坏话，要不要脸。别以为自己长得好看就天天一副高冷的样子，早就看你不顺眼了……

露露停下来：我长得好，怎么，你嫉妒？

刘欣：露露，晓琪，你们不要吵了，都是一个宿舍的，伤和气。

张晓琪一脸怒气：哼，你少来了，你们这种人就爱搬弄是非，来我们宿舍说这说那，明天就传播出去了，你也不是啥好东西。

刘欣脸色变尴尬：你，你，你真的有病吧……

露露拽过刘欣在身后，冲张晓琪喊道：你有气冲我来，别见谁咬谁……（拉着刘欣）：走，不理她。

张晓琪十分愤怒，变得有些暴躁，拿着身边的布娃娃开始往地上摔，嘴里骂骂咧咧地：你们才是神经病。

话音刚落，啪的一声，露露的项链掉在了地上，声音是那么的清脆，整个世界安静了下来。

露露立马冲上去捡起项链，脸色变了，指着张晓琪说：张晓琪，你故意的吧。（又仔细检查项链）

这时张晓琪意识到自己做了错事，情绪平息了很多，走上前去：露露，对不起，我不是故意的……

刘欣在旁边说：露露，你别生气，估计能修……

露露眼圈变红了，接着吼道：你有病啊！有病去看医生行不行？（带着哭腔）

张晓琪小声道歉：对不起，露露，我没能控制好自己，等我有钱就去看心理医生。

露露：你已经不是一次两次这样了，你是爱打架吗？打人你很开心吗？你爸妈天天教你打架摔东西吗？

张晓琪仿佛被刺痛了神经：我，我只是控制不住自己的情绪而已……

露露：你这种人还是别来学校了，简直是颗定时炸弹。

张晓琪有些愤怒：露露，你别说话太难听了，是你们先说我坏话，我才不小心弄坏你的项链……

露露打断：是不小心吗？我看你就是嫉妒，家里穷，买不起，又找不到男朋友，就你还喜欢李老师……

张晓琪站在原地，浑身发抖。

刘欣连忙打断：露露，不要说了……

露露说：怎么了，敢做就敢让人说，就她，也不照照镜子……

张晓琪突然像疯了一样，冲上前去，一把拽住露露衣服把她推向身后的阳台。刘欣连忙喊住：张晓琪，那是阳台……露露突然失去了刚才的傲气，有些害怕，身后是阳台，她不敢乱动，身子开始颤抖：你，你要干吗？

张晓琪没有说话，也没有放手。

刘欣上前要拉张晓琪，张晓琪喊道：再拉我就把她推下去，你试试。

刘欣安慰张晓琪：晓琪，大家都是同学，有什么不能慢慢说的，你消消气，露露没有恶意的。

张晓琪不理刘欣。

刘欣看张晓琪这时已经接近疯狂，急忙掏出电话，拨通了李老师的电话，慌慌张张地说：李老师，您快来，张晓琪又打架了，疯了似的把露露推到阳台上了。她听您的，您过来吧……

李老师：好，你先稳住她，我马上过去。

刘欣：嗯，4栋218，您快点吧。

李老师：好！

刘欣走上前去安慰露露：露露别害怕。

露露小声嘟哝着：刘欣，救我，我害怕。

刘欣冲张晓琪说：张晓琪，我已经叫李老师来了。

（画外音：这一刻我发现我竟控制不住自己的情绪，也许是露露的话深深地伤害了我，我要惩罚她，对，她才是恶毒的人，我在惩罚她。）

这时，李老师急匆匆地冲进来，刘欣大喊：李老师，快！张晓琪疯了……

李老师喝住张晓琪：张晓琪，你冷静点，有话咱们坐下来说，不要伤害别人。

张晓琪看到李老师立马怔住了，没有了刚才的戾气，开始有些不知所措。

李老师见张晓琪有些放松，就慢慢对她说：你先放开露露，外边很冷，进来宿舍。

张晓琪把露露推向宿舍里边，李老师和刘欣赶紧扶起露露，问：没事儿吧。

露露说：吓死我了。

张晓琪怔怔地站在那里，突然开始低声啜泣：我不想伤害任何人，是你们逼我的，你们看不起我，你们为什么要这么对我。

李老师慢慢走过去，轻声说：没有人看不起你，大家都想帮你呀。

张晓琪冷笑道：帮我？呵，你们只是把我当作一个笑话而已。

我渴望被别人认可，但是，为什么，为什么一直都是这样把我逼在生活洪流的边缘，我一失足，就会死亡。我在乎你们的感受，我想融入你们，可是你们谁都不想接纳我。我的童年带给我什么你们不会懂，一味地同情和怜悯就是帮助吗？

我生活在四周都是围墙的世界，我走不出去，你们也走不进来。

尾　声

（跟序幕同样的站位，张晓琪蹲在舞台前）李老师：作为一位老师，我想教好每一位学生。我想帮助这样的学生，但是碰到她的心理问题，她这样一味抵触我也不知道该怎么处理。

露露：我们也想走近她，可是她却把我们拒之千里之外。

母亲：哪有父母不心疼孩子，可是我们也得生活啊……

4. 心理知识小视频：《5分钟告诉你什么是边缘型人格障碍》

5. 推荐书籍：（美）陆可铎著，马第尼斯绘：《你很特别》，中央广播电视大学出版社2010年版。

网址：2010.5.1.http://group.mtime.com/picture_book/discussion/1420182/

本章知识点

1. 人格、气质、性格
2. A型性格特点
3. 人格障碍

本章思考题

1. 如何理解人格？请分析自己的人格特征。
2. 人格障碍的类型有哪些？
3. 如何形成良好的人格品质？

参考文献

[1] 叶奕乾，何存道，梁宁建.普通心理学.上海：华东师范大学出版社，2011.

[2] 李梅，黄丽.大学生心理健康十二讲.北京：北京师范大学出版社，2012.

[3] 姚斌.大学生心理健康与自我发展.北京：北京师范大学出版社，2014.

第四章　大学生学习心理学

案例

上大学前一直以为大学校园是一个温馨而美丽的地方，高考前老师们也总说上大学以后我们就自由了，我们可以在这里过自己想过的幸福生活，再也不用每天埋头苦学。但是上大学以后才发现这些都是假的，每周有十几门课程要学，老师一堂课讲几十页，还有很多内容都不是教材上的，下课就走人，有很多不明白的地方也没有老师讲解，没人提醒我们上课，也没人指导我们自习。马上就要考试了，我都不知道怎么复习这么多内容，以前在中学时我每学期都能考进前三名，但是现在我完全没有信心，我很担心大学第一学期就会挂科。

第一节　如何理解学习

联合国教科文组织曾发表一篇名为《学习——财富蕴涵其中》的报告中指出：21世纪教育的四大目标应该是Learning to know（学会求知），Learning to do（学会做事），Learning to co-operate（学会合作），Learning to be（学会生存与发展）。学习是伴随我们一生的事业，那么大学时期的学习是什么样子呢？我们会通过学习收获什么呢？以及在学习的过程中可能会面临什么困难呢？

一、学习心理概述

（一）学习的含义

从广义上来说，学习是指人和动物在生活中通过实践训练而获得的由经验引起的相对持久的适应性的心理变化。

从狭义上来说，学习特指人类的学习，也就是人类通过阅读、听讲、研究、观察、实践等获得知识或技能的过程，是一种使个体可以得到持续变化（包括知识和技能的学习，方法与过程的学习，情感与价值的改善和升华）的行为方式。

由此，我们可以理解：

首先，学习是一种参与性过程，并不是一蹴而就的，它需要本人参与阅读、听讲及实践等学习过程，是在以往知识经验的基础上建立起来的；其次，学习的结果会引发持续性的变化，也就是要理解某个知识点或是掌握某种技能；再次，学习的范围很广泛，不仅仅是指知识和技能的学习，也包括态度、情感和社会规范的学习。

本杰明·布鲁姆曾提出学习包括以下三个范畴：① 认知学习，诸如回忆、计算、讨论、分析和问题解决等；② 技能学习，包括跳舞、游泳、滑雪、开车、骑自行车等；③ 情感能力，如喜欢某事物或某人，爱、感激、恐惧、憎恨、崇拜，这些都是可以通过学习掌握的。

有关学习的定义和内涵，不同的人有不同的看法，笔者认为学习可以分别从“学”和“习”两个层面解释，“学”可以理解为“学而时习之”，“习”可以理解为“温故而知新”，也就是说学习是一个习得新知识，通过不断地复习巩固获得新体验的过程。

学习是人类共同的主题，从某种程度上说人类文明通过学习得以发展和传承，而学习本身也是理解人类文明的一种代码，学习能够帮助我们更好地认识过去、现在和未来的自己，学习知识和成长本身才是学习最重要的收获。

（二）学习过程

学习究竟是怎么发生的呢？我们是如何掌握学习的内容并将它们运用到实践当中去的？了解学习发生的过程有助于我们选择更高效的学习方法。

美国心理学家罗伯特·加涅曾提出过一个信息加工模式来解释人类的学习过程，这个理论把人类对知识和技能的学习看做是信息在人脑中的流程，我们从环境中获得的信息通过一系列复杂的大脑加工存储于我们的大脑中，并在适当的时候展现出来。简单来说，环境中的一些新颖的信息会吸引我们的注意力，接着我们会从环境中接收这些新的信息（如课堂上所学习的新知识）。这些信息进入我们的大脑并产生神经信息，我们可能会将这个信息与以往知识储备库中的信息进行比较和加工，在这个基础上将新的信息储存于我们的记忆库中，如果加工得当，这些信息可能会长久地保存于我们的记忆库中，变为我们自身的知识。由此，日后再遇到类似的场景时，我们就可以从大脑信息库中提取出这个信息，将它运用到现实生活中。如果这个信息能够很好地匹配当时的场景，它就会进一步被认证并再次加工后存储于我们的大脑中。学习的加工过程大致可以以图4–1进行概括。

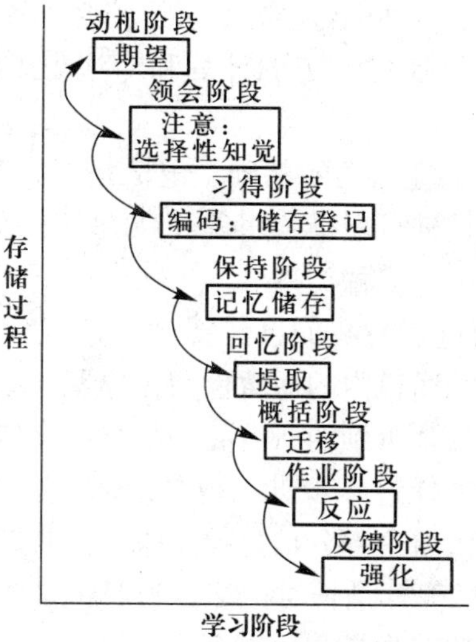

图4–1　学习的加工过程

（三）影响学习的因素

总的来说，我们的学习可能受到智力因素和非智力因素的影响。

1. 影响学习的智力因素

影响学习的智力因素包括注意力、观察力、记忆力和思维力等。

（1）注意力是学习开始的门户。《普通心理学》中定义注意（attention）是指心理活动对一定对象的指向和集中。它有两个基本特征，一个是指向性，是指心理活动有选择地反映一些现象而离开其余对象。注意的指向性表现在当老师讲课的时候，教室内外可能会出现一些干扰，诸如他人的谈话和窗外的风景等，而我们会选择性地将注意集中于老师讲述的内容上。二是集中性，是指心理活动停留在被选择对象上的强度或紧张度。注意的集中性表现在当我们选择性地将注意投注于老师讲述的内容时，我们的其他感觉如视觉、听觉、意识和思维等都集中在我们选择注意的事物上面，并且会忽视其他干扰。

注意自始至终贯穿于整个心理过程，只有先注意到一个事物，才有可能进一步去观察、记忆和思考。“‘注意’是我们心灵的唯一门户，意识中的一切，必然都要经过它才能进来。”

（2）观察力是学习的有力助手。观察力指大脑对事物的观察能力，如通过观察发现新奇的事物，并在观察的过程中对事物产生新的认识。

喜欢看侦探小说的同学可能会发现，当福尔摩斯和华生一起破案的时候，福尔摩斯总是能根据场景立即分辨出对方的职业和案发当时的情况，这就是福尔摩斯高超的观察力。敏锐的观察力能够为我们在学习和人际交往中提供更多有用的信息。虽然每个人先天的观察能力略有差异，但是这种能力可以通过培养得到提升，通过一定的计划和专注力可以帮助我们发现事物的本质。

（3）记忆力是高级心理活动的基础。记忆是人脑对经历过的事物的识记、保持、再现或再认，它是进行思维、想象等高级心理活动的基础，它包括瞬时记忆、短时记忆和长时记忆三种类型。

在前面讲述学习的过程时我们已经提到了这三种记忆。瞬时记忆是作用于人脑的刺激信息在感觉通道内的短暂保留，停留时间非常短，一般在0.25~2秒。我们眼睛看到的、耳朵听到的所有刺激信息都会进入我们的瞬时记忆。然而只有被注意到的内容才能进一步进入短时记忆，这些信息大约能被保存1分钟左右，经过复述和加工后这部分信息接下来进入长时记忆。能够在头脑里保存时间超过1分钟的记忆都算是长时记忆，长时记忆的存储量非常大，这些经过加工和编码的信息能够较为长久地保存。可以说我们平时说到的记忆主要是指长时记忆。

简单地说，我们在进入教室后看到听到的内容都会进入瞬时记忆，其中老师上课讲述的内容由于我们的注意指向进入到短时记忆，我们在大脑中对这部分内容进行理解和消化后将它们进一步存储为长时记忆。

（4）思维力是创造力的开始。思维是我们借助语言、表象或动作实现的，对客观事物的概括和间接的认识，它帮助我们解释事物的本质特征和内部联系，是在大量信息的基础上和记忆的作用下进行推理的结果。

思维力中很重要的一部分就是创造力。创造力指根据一定的目的和任务，开展能动的思维活动，产生新认识、创造新事物的能力。创造力能带给我们意料之外的机遇，当大家都紧盯某一事物的正面价值时，有人却关注与此相关的侧面价值，并从中挖掘出独特的机会。创造力和智商有一定的关系，但并不是说智商高的人创造力就更好，研究表明，从小学生到大学生的群体中，年龄越大两者的相关性越小，如果智商在110以上，智商和创造力就没什么明显相关了。

案例

我跟阿华是发小，我们两个人的父母是当年的大学同学，我们从小一起长大，因此经常被父母拿来比较。中学的时候我们成绩差不多，父母却老是让我向阿华学习，觉得我不够努力。上大学前我们一起参加了一次智商测试，我的智商测试结果比他还要高3分，我心里暗暗想上大学一定要超过他，以后再也不让父母拿来比较了。但是没想到大学的学习和中学完全不一样，我参加了很多社团活动，常常忙到很晚才睡觉，白天上课的时候就特别困，尤其是前两节课，经常不小心就睡着了，就算忍着没睡也根本听不进去老师在讲什么。上学期考试成绩公布的时候，我有一门挂科了，而阿华竟然拿了奖学金！为这事我都要被我妈念叨死了。

除了智力因素外，学习还受到动机、兴趣、意志力、情绪和环境等非智力因素的影响，下面进行简要介绍。

2. 影响学习的非智力因素

（1）动机是学习的力量来源。动机是由目标或对象引导、激发和维持个体活动的一种内在心理过程或内部动力，它是一种内部心理过程，而不是心理活动的结果。

动机是构成人类大部分行为的基础，只有有了这份内在动力，我们才有愿望向一个方向努力，并在遇到困难和挫折的时候支撑着我们坚持下去。每个人每个阶段的学习动机都不尽相同，我们可能因为不同的动机做同一件事，或者以相同的动机来完成不同的事情。在幼儿园和小学阶段我们可能为了博得父母和老师的肯定而学习，中学阶段我们可能为了考一所好大学而学习，这些都是学习的外在动机。上大学后，缺少了这些外部动机的激励，很多同学也找不到学习的内在动机，因此觉得大学的学习是一件没有意义或很困难的事情。

（2）兴趣是学习最好的老师。兴趣是人对事物的一种认识倾向，个体在从事感兴趣的活动时会产生积极的情绪体验，从而对个体认知活动产生巨大推动力。兴趣是个体学习的重要内在动机。

我们从小就听说“兴趣是最好的老师”，但是事实上，有兴趣并不代表就能学好知识。兴趣能为我们指引一个方向，但是在走向目标的过程中会遇到各种各样的困难和挑战，兴趣很容易在这些波折中消失殆尽。因此，兴趣固然重要，但比兴趣更重要的是坚持下去的意志。相比于在简单了解的基础上对学科产生的兴趣，知识的神奇力量本身更具吸引力，即使没有学习自己心爱的专业也没有关系，随着知识的累积和时间的沉淀，你会发现所有的学科都是有意思的，人类的求知欲会指引我们。

案例

我从小就对生物学感兴趣，小时候其他同龄孩子在玩游戏的时候我就自己在花园里观察小动物和昆虫。中学的时候我的生物成绩也不错，我最大的目标就是考进A大学生物系。现在我终于实现了这个目标，可是这一年"高深"的本科专业学习让我觉得离自己的梦想越来越遥远了，我已经不知道当初自己为什么要做这个选择了。今年我们就要选择进实验室了，我该怎么办?

（3）意志是学习成功的基础。加州大学伯克利分校教授艾伦·肯恩菲尔德曾说过：成功就是当别人用30秒的时间去放弃的时候，你却可以拥有韧劲、持久力和意志力。意志是对行为有意识的支配和调节，通过克服困难实现预定目标的内在心理过程。成功其实很简单，有时候只不过是再坚持一下。

我们在学习的各个阶段都需要意志，如在考试复习的时候，需要运用意志克服外在环境的干扰和引诱，集中注意力，坚持不懈，才能获得优异的成绩。

意志通过认知、评价和决策三个阶段发挥作用：在认知阶段我们首先要了解事物是什么，即它的外在特征和内部规律；评价阶段我们根据上一阶段的了解对事物做出有何用及有何价值的评论；决策阶段我们根据上两个阶段的结论决定实施何种行为。

西方的调查研究显示，虽然西方人的智商高于东方人，但是东方人却更"聪明"——哈佛大学20%的在校生，美国加州大学伯克利分校45%的在校生是亚洲人和亚裔美国人。不仅如此，虽然亚裔美国人只占美国总人口的2%，但是在2008年的西屋科学竞赛中，5位冠军都是亚洲人。东方人的韧劲和吃苦耐劳是世界闻名的，对学习抱有坚定的信念，努力终有回报。

（4）情绪是学习的调节器。情绪和情感是人类对客观事物的态度、体验及相应的行为反应，它是以个体的愿望为中介的一种心理活动。

情绪是人类共有的特质，虽然我们常常会混淆西方人的面孔，但是我们却很少混淆他们的表情。达尔文在《人类和动物的情绪表情》中曾提出，高兴、恐惧、愤怒、悲伤等面部表情是人类天生的、固有的，能够为全人类所理解。

情绪也会对我们的生理机制造成影响，我们的身体会对一系列情绪状态做出自动反应，如紧张的时候会心跳加快、手心出汗、注意力难以集中，悲伤的时候会感觉心跳频率变慢、全身乏力等。早年的心理学研究发现，相较于在羊群中生活的羊羔，拴在狼附近的羊羔长期处于极度惊恐的状态下，短期内就会因恐惧焦虑而死去。不仅动物如此，人类的行为也会极大地受到情绪的影响，紧张和焦虑的状态下我们很难集中精力去学习，如果长期处于这种不安的状态，可能会导致机体免疫力下降。此外，即使面对同样的事情，我们每个人的情绪反应也是不同的，有人可能觉得没什么大不了，有人却会受到沉重的打击，每个人的情绪易感性是不同的，了解并学习接纳自己的情绪能帮助我们更好地应对学习中的困难。

（5）环境是学习的保障。学习环境是影响学习的重要因素，它包括学校学习环境、家庭学习环境和社会学习环境。学校学习环境通常指的是教室、师资、教学手段、学风校风等；家庭学习环境是指家庭为学习提供的基础条件，如安静舒适的房间、和睦的家庭关系等；社会学习环境是指影响学生树立正确的人生观、世界观和学习目的的社会氛围。

我们可以尽可能选择适宜的学习环境，比如完成作业或考试复习的时候，自习教室可能比宿舍能更好地让我们集中注意力，专注于学习；而研讨或完成共同课题时，舒适开放的空间能鼓励我们畅所欲言、集思广益。网络学习也是目前非常重要的学习环境之一，如何更好地从网络上提取有效信息是值得思考的问题。

总的来说，个体生理和心理的发展和成熟是学习的前提，大脑的成熟发育和心智的成熟让我们能够专注于学习内容并收获知识；反过来说学习也会对我们的认知发展、心理发展和社会发展造成影响，经常思考能帮助我们保持大脑的活跃度，丰富的知识储备能够让我们更加自信，让我们更顺畅地进行人际交往。

二、大学生学习的特点

步入大学后大家可能会发现，不论自身状态还是大学课程都与中学时不太相同。大学阶段的学习已经不再是简单地学习基础知识，而是更侧重于精细、深入的专业知识学习，更重要的是如何运用所学的知识、经验和技能更好地发挥潜能去解决问题，取得成就，承担和履行社会责任和义务，同时也要深入地探索和了解自我，最终获得自我的全面发展，并对人类社会做出贡献。

（一）大脑的认知功能处于发展的鼎盛期

在人的一生中，大学阶段的青春年华可以说是人生最美好的时期，从生理上来说，大学生已经完全脱离青少年的稚嫩步入生理发育成熟的阶段，我们的大脑也已经做好了学习新知识的准备。在观察力方面，比起中学时代，大学生更能发挥自己的主动性、多维性和持久性的特点，既能把握学习对象的全貌，也能深入细致地学习和考察，观察力的精细性和概括性也明显提高。记忆力方面，虽然机械记忆的能力有所下降，但是大学阶段是人生中逻辑记忆能力发展的高峰时期，记忆容量也很大。想象力方面，想象中的合理成分和创造性成分明显增加，想象更具有实际功用。思维发展方面，大学阶段的思维能力更具有辩证性、相对性和实用性的特点，个体可以脱离实际感知、表象和经验，从纯粹的假设出发，通过推理得到结论。有研究表明，人的感知记忆能力从25岁开始逐渐衰退，因此可以说，大学阶段是我们大脑认知功能发展的鼎盛时期。

（二）自我探索和人生探索的欲望强烈

除了生理方面的发展，心理方面大学生也面临着和中学阶段不同的考验。有些同学在中学时期以高考作为学习目标，但进入大学后对自己的专业不是很了解，一时难以确定自己的学习目标。也有些同学根据自身的目标而在学习方面有所侧重，比如想要考研的同学会更注重专业理论的学习，想要毕业后工作的同学可能更侧重于知识应用和人际交往方面的发展。大学阶段除了繁重的学业任务，还会不可避免地面临其他方面的挑战，这些问题都会对大学生的学习造成影响：如新同学和新舍友的人际关系；从精神上脱离了父母却还没有完全从经济上脱离，如何建立新的适宜的父母子女关系；身体已经成熟发育，如何与异性相处以及恋爱关系如何发展；社会文化的要求、期待和压力；对自我的探索和了解，树立自己的人生观和价值观，以及建立相应的职业规划和人际脉络，等等。应对这些挑战也是大学时期重要的学习内容，可以帮助大学生充分了解自己，调整自己与他人及环境的关系，更好地适应大学生活。

案例

我来自西部一个小镇的农民家庭，父母都比较传统，认为考入好大学比什么都重要。我学习一直很认真，平时成绩也还不错，但是高考那天因为重感冒考试失常，没有考上理想的大学。父母原本打算让我复读一年的，但是我实在不想再忍受高三压抑的环境了，因此自作主张来这所学校报到。父亲知道以后差点把我暴打一顿，被母亲劝住了，但是从此以后再也不肯跟我说话了，有事情都让我妈转告。虽然父亲一直比较严厉，但是我和他们的感情都很好，现在这种局面令我非常难受，每天我都在想我是不是做错了，上课的时候也很难集中精神，没什么心思继续学习下去，考虑要不要退学重新复读。

（三）学习内容与学习方法不断调整

大学学习的内容与中学大不相同，学习课程大大增多，难度也相应提高，需要学习许多非常专业的知识，知识结构也更为丰富和完善。学习的目的更侧重于专业培养和能力培养，而不再只是死记硬背或者题海战术。从培养方式上来讲，大学阶段每堂课的信息量和难度都很大，主要以提纲式教学为主，只讲授重难点内容、有争议的问题和学科发展的趋势。教师的专业背景和教学风格也各不相同，很多老师上课进教室下课出教室，基本没有课外与同学们解答或交流的时间。因此，大学最主要的学习方法是自学，需要同学们认真做好课前预习和课后复习，尽可能地提高课堂上有限时间的效率。此外，移动学习和网络学习是科技进步带来的趋势，利用移动设备和网络更有效地学习也是需要掌握的技能。基于上述种种差异，大学生们需要及时调整自己对于学习的认识，改进和探索出新的适合自己的学习方法，尽快适应大学的学习。

可以说大学的学习环境既轻松自由又压力重重。中学时期为了实现高考目标许多同学夜以继日、挑灯夜读，付出全部的时间和精力，已经身心俱疲，进入大学后认为应该歇一歇了，加之大学里没有老师像中学一样一直催着自己学习，因此松懈了下来。我们认为，虽然大学在升学方面的压力比中学时代要小，但是大学是人们进入社会前的缓冲阶段，需要大学生学习的内容并不少。在这宝贵的四年时间里，学会倾听自己的内心，遵从自己的意志，学习有意义的知识，扩展自己的知识面，增加自己的内涵，学习人际交往和工作技能等都是大学生需要学习的内容。

第二节　学习心理问题及潜能开发

一、常见学习心理问题

（一）学习动机不适

其实很多时候学习问题本身并不是学习方面的问题，而是如何开始学习的问题。很多人都会有这样的感觉，想要开始坐下来认真学习是要经过一番内心挣扎的，但是一旦真的开始学习，并不会出现什么学习问题。那么是什么促使我们开始学习呢？这就不得不再次提到动机了。

案例

小丽学习成绩从小就很优异，在班上一直名列前茅。刚上大学时她很有雄心壮志，一心想在大学有出色表现，但是不久以后小丽就感到有些失望和气愤。大一的课程大都是基础课程，教材乏善可陈，老师上课也很枯燥无聊，还有不少同学逃课，教室里的同学也大都在低头玩手机。她感到很无奈，不确定当初为什么会选择这个专业了，心中感到很郁闷空虚，没有了学习的热情，无所事事。

这可能是很多同学都会面临的问题。上大学以前老师和家人都会过于理想化地描绘大学生活，以至于上了大学后很多同学产生了心理落差：大学的校园既不美丽也不安逸，教室和设备陈旧，老师也不全是风度翩翩、才华横溢，课程也枯燥无聊。大学的基础课程确实和中学有很多不同，理论性很强、趣味性很少，但它们却是该门学科的基础，只有把基础打牢了，才能游刃有余地继续未来更专业化的学习。进入大学阶段后，学习不仅仅是为了考高分、求毕业这样简单的外部动机，更重要的是发现知识本身的力量，了解自己真正的兴趣所在。学习发现某一学科的兴趣点，根据自身的特点灵活地运用这一兴趣点，成功的喜悦会强化对这一学科的兴趣。组建一个学习小组也是不错的方法，和小伙伴一起学习，可以共同探讨不明白的地方，缺乏学习动力的时候还可以互相鼓励。

除了学习动机不强外，有些同学可能会遇到学习动机过强的问题，这让他们精神过于紧绷，过于争强好胜且难以满足。心理学家理查德·E.尼斯贝特（Richard E. Nisbett）曾提出，东方人比西方人更“努力”学习，学习更“好”的部分原因是东方人不只是为了自己，还为了家人、社会和国家而学习。东方人更注重集体的关联性，倾向于通过社会关系来定位自己。相比较而言，西方人在学习时，会通过成功、赞赏等正面行为获得动力，而东方人则是通过责备、失败等负面的反馈获得动力。这也就在一定程度上解释了为什么一些同学觉得学习是一件很有压力的事情，学不好则是对不起辛勤付出的父母家人，比不上其他同学是一件丢脸的事情。这种与关系联结的模式可能让我们充满学习动力，甚至有时会动机过强。有关动机与效率的研究发现，动机不足或动机过强都会对学习或工作效率造成影响，事实上，任务难度一般、中等强度的动机最有利于学习（图4–2）。

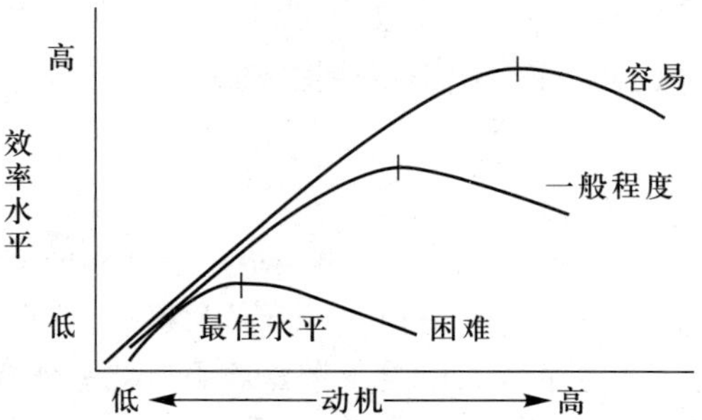

图4–2　学习动机与学习效率的关系

综上所述，虽然我们平时并没有给予动机过多的关注，但它确实是影响我们学习效果的重要因素，如本节开头提及的，可能一旦开始静下心来学习，一切学习问题都不存在了。因此，花一点时间了解和挖掘一下自己的学习动机——我是为什么而学习？我真正感兴趣的是什么？也许可以帮助自己根据不同的学科内容和难度调整学习动机，更好地适应大学学习。很多时候我们并不是因为热爱学习才努力学习的，而是因为学习是帮助我们达成目标和实现理想的一种基本手段。

案例

学生张某从小就被父母催着赶着去学习，以至于有段时间觉得读书不好是件很对不起父母的事情，但是他不爱学习，上课经常走神，回过神来发现已经听不懂老师在讲什么了。后来他遇到了现在的女友阿梅，阿梅是个很漂亮也很优秀的女孩，为了能够让自己足够强大与她相配，也希望能够给她提供更好的生活，张某捡起了曾经落下的功课，并且还辅修了第二专业。这个过程真的非常困难和痛苦，张某无数次想过放弃，但是为了女友他都坚持下来了。现在两人均顺利保送到北大读研，他们对未来充满了希望。有时候，我们需要给自己的目标寻找动力源。

（二）考试焦虑

焦虑是一种缺乏明显客观原因的内心不安或者无根据的恐惧，是人们面对挑战、困难或危险时会出现的一种正常的情绪反应，通常情况下与即将来临的或可能造成的威胁或危险有关。

不少同学都有过考试焦虑的体验，尤其是大考前难免会惴惴不安，这是很正常的现象。焦虑情绪也不止出现在考场上，生活中各种应激事件都会引发焦虑情绪，一定程度的焦虑情绪可以提高我们的反应速度和灵活度，能帮助我们更有效地应对问题，提防疏漏，并激励我们向着更远的目标前进。在心理学上存在一个“消极偏见效应”，相对于积极乐观的表情，人们更先注意到消极的表情（恐惧、威胁），人类对于负性的情绪会更敏感。从进化心理学角度来说，这对人类的生存是很有意义的，在缺乏保护的原始时代，能最先辨别危险的人有更大的存活几率。虽然一定的焦虑是有益处的，但是如果焦虑程度过高，带来了不好的感受，甚至对生活造成了一定负面影响，那就需要采用一些方法把焦虑克制在一定范围内，让它发挥其应有的作用。

面对焦虑有一个基本的办法，就是试着跳出这种困扰的情绪，以一个客观的角度问自己：“这次考试我真的没准备好吗？如果我没考好，最坏的结果是什么？我能采取什么有效措施解决这个困境？”有可能你一个学期都认认真真地听课并完成作业，只是被考前的焦虑击中，平时的努力或许不能保证你拿到优秀，但是至少可以保证及格，结果还不算太坏。如果平时落下了不少功课，也不妨思索一下，如果现在开始努力准备考试，最好能得到什么成绩？如果这次考试不能及格，通过假期认真复习，开学的补考总能渡过难关。准备考试期间，还有什么资源可以帮助自己提高成绩？当焦虑情绪袭上心头，你可能暂时会大脑一片空白，焦躁不安，这都是很正常的现象，不妨闭上眼睛，深呼吸，或者在桌子上趴一会儿，尽量自在地与焦虑相处一会儿，慢慢你就会平静下来，而且随着时间的推移你会和自己的情绪融洽相处。

案例

小黎在高考失利后进入了一所不太满意的大学。大学第一学期他学习很努力，想要弥补失望，但是考前一周得了重感冒，考英语听力的时候耳机又坏了，因此大一第一学期的成绩非常不理想。小黎总结了经验，第二学期的考试开始前一个半月便制订了复习计划，每天都会复习之前所学的内容，这样不仅使自己更安心，而且在听课时也理解得更深刻。考试前两周小黎非常担心自己再次考不好，甚至又得了感冒。他听从了师兄的意见，开始每天早上跑步，并大量补充维生素C，终于在考试前一周恢复健康。这一学期的考试小黎获得了一等奖学金。

需要指出的一点是，面对同一件事每个人的感受是不同的，有些同学可能基本不会受到情绪的困扰，有些同学却很容易感到焦虑。面对焦虑情绪，有些同学可能更倾向于先解决问题，情绪随之自然化解，而有些同学却更倾向于先调节情绪，然后再解决问题。每个人都有不同的解决问题的方法，重要的是了解自己的感受和反应，找出适合自己的方法。网上可以找到有关肌肉放松及瑜伽冥想等缓解焦虑的方式，大家可以根据自己的情况进行选择。

总之，焦虑是一种很平常的情绪，每个人都有自己的应对方法，但是总的来说，掌握牢固的知识才是克服考试焦虑的根本途径，平时的努力和充分准备、恰当的预期和自我评价能够帮助我们更好地完成大学学业。

（三）记忆力差

前面我们已经简单介绍了知识存储的过程以及记忆力的三种类型，虽然平时我们说的记忆力好是指存储在长时记忆力的信息能被快速有效地提取，但是一个外在的知识要被我们装进长时记忆里需要经过记忆的几道工序。首先我们需要给予被记忆的内容足够的关注，也就是说上课的时候只有认真聆听老师讲的内容，这些内容才能进入短时记忆。短时记忆的容量很有限，只有5~9个单元，也就是说如果第一次看见一串手机号码，你可能只能记住前5位数，为了要背下这个号码，你需要把它们拆成两个单元来记。如果你能把连续的几个数字组合成一个你熟悉的或有意义的组合，然后再进一步把这个号码拆分成若干个单元，你就可以更好地记住这组数字。这种方法在我们平时完成熟记或背诵任务的时候比较有帮助，将需要记住的内容根据自己的记忆存储单元的大小进行切割，并尽可能地和头脑里已存储的其他信息进行联结，能够更好地完成记忆任务。

人的记忆能力从生理上讲是十分惊人的，理论上来说，我们的大脑可以存储10^{15}bit的信息，也就是将全世界图书馆的信息都装进大脑也没有问题。但是这些进入短时记忆的单元信息存储的时间并不长，一旦我们不再关注它们，它们就会消失得无影无踪，这就是我们需要复习的原因。

有关记忆的遗忘规律心理学家曾做过系统的研究，艾宾浩斯记忆曲线揭示遗忘的规律是“先快后慢”，也就是在学习新知识的一天后如果不复习，大脑中只留下所学知识的25%左右（图4–3）。因此，每天晚上自习时对当天的学习内容进行复习，每次预习下节课内容时也对上节课内容进行简单的回顾，对于保持我们的学习记忆是大有好处的。

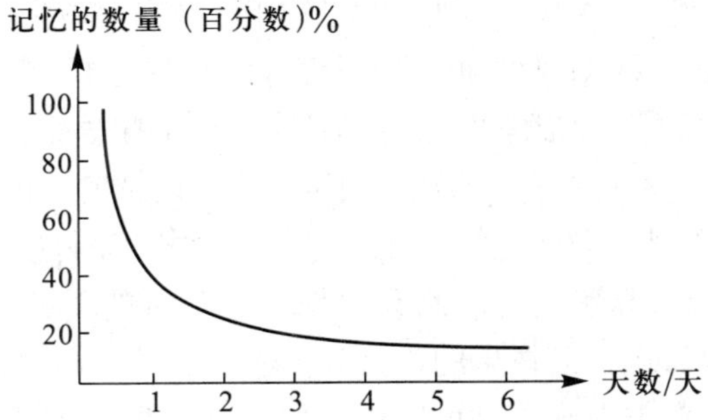

图4–3　艾宾浩斯记忆曲线

需要指出的是，每个人的记忆容量和记忆方式存在很大区别，也许有人对数字更敏感，有人对单词更敏感，有人喜欢通过制作结构图来记忆，而有人喜欢一边漫步一边记忆。如果能够花一点时间了解适合自己的记忆方式，可以更好地提高记忆效果。此外，大脑充足的休息和健康良好的饮食习惯都是保证高效记忆的前提。

（四）意志不够坚定

案例

星期日小王还在图书馆复习功课，因为下周二要进行本学期最后一门期末考试。小王不是很喜欢高数，听课经常有种听天书的感觉，因此复习起来也觉得很困难，不懂的地方太多了。这时手机震动了一下，小王拿起手机，看到学生会的同伴在讨论今天去哪里聚餐和看电影。有的学院今天就结束了所有的考试，所以大家决定出去庆祝一下。小王有点坐立不安了，再低头看了一眼高数教材，瞬间就觉得两眼发直，脑袋发僵。很久没和这些伙伴聚会了，老大请客更是绝无仅有的机会。小王有点心动，再次低头看了一眼教材，发现一早上才复习了十几页。不行，高数必须得过，不然补考更麻烦。小王咬了咬牙，狠了狠心，坚定地关掉手机，再次埋头高数的海洋。

人类区别于动物非常重要的一个特征就是意志力，动物的行为可以说是完全受本能驱使的，而人则可以在超越动物本能的基础上控制自己的行为、进行决断，获得更高层次的精神上的满足。

心理学家沃尔特·米歇尔曾进行过一个有关意志力的实验：数十名儿童被聚集到一个只有一张桌子的小房间里，桌子上的托盘里放着饼干，研究人员告诉这些孩子可以现在吃掉一片饼干，或者等到研究人员回来他/她会得到两片饼干。大多数孩子坚持不到3分钟就忍不住吃掉了饼干，只有1/3的孩子等到15分钟后研究人员回来时得到了两片饼干。20年后研究者再次对这些当年参加实验的孩子进行调查，发现那些凭借意志力等到最后的孩子不论是在学业、人际关系等方面都比其他孩子更优秀。大家似乎普遍认为决定一个人成绩的最重要因素是智商，但事实上，即使是最聪明的孩子也需要强大的意志力才能获得成功。

意志力并不意味着完全的克制和隐忍，过艰苦的生活，而是具备理性分析的能力，客观地认识目前付出的代价和未来的收获，由此放弃眼前的诱惑以谋求更大的利益。意志力确实是可以培养的，而且并不是很难。如上文中小王的案例，不妨在面对诱惑的时候理智客观地分析一下目前的处境和未来的回报，以及顺从眼前诱惑需要付出的代价，每当动摇的时候可以用未来的回报激励自己，用付出的代价来鞭策自己。此外，降低环境中的诱惑因素也是很重要的，比如专心写作业的时候切断网络，看书的时候找一个安静的自习教室，每当自己成功完成一项任务的时候可以给自己一些小奖励，和朋友聚餐或者看场电影，你会发现取得一次成功后，后面的成功来得越来越顺利轻松，而且不必背负罪恶感和内疚感。此外，研究发现长期坚持中等运动量的锻炼不但可以促进思维敏捷度和认知能力，还可以培养意志力。那么，约起小伙伴去跑步吧。

虽然坚定的努力并不意味着就可以做好一切事，但是努力对于能否成功起到非常大的作用，而且你会在这个过程中变得更加专注和自信。

二、学习潜能开发

前文说到人类的大脑从理论上讲具有巨大的存储空间，是由大约140亿个具有5000万种不同类型的神经细胞构成的，其中存在着100~500亿个信息连接键（也叫突触）。可以说我们的大脑给我们提供了足够的成为“天才”的基础条件，只是对于大部分人来说，90%的大脑长期处于休眠状态，即使是世界上最聪明的人爱因斯坦也只开发了30%。因此，有句话说得好：“以大多数人努力程度之低，根本轮不到拼天赋。”

想要开发学习潜能首先需要明确几个问题：① 你的学习能力如何？② 过往的学习方法中哪些让你成功和高效？③ 你的兴趣所在，你渴望学习和得到哪方面的知识？大概来说，你需要对自己的兴趣、方向以及适合自己的学习方法有一定的了解。下面的一些小方法也许能帮助你更好地提高学习效率。

（一）专心

我们可能经常在自习教室看见插着耳机听歌的同学或者一边玩手机一边翻书的同学，而2010年《应用认知心理学杂志》的调查显示：一边学习一边听音乐的同学相比专注学习的同学在回忆任务中的得分要低得多。还有很多同学会带着笔记本电脑去上课，虽然能更方便记笔记和查阅资料，但事实上调查显示：在一节75分钟的课堂上，带电脑的同学至少有17分钟是花在课堂外的，25%的人会玩游戏，43%的人用来上网，68%的人收发信息，81%的人检查邮箱。虽然听音乐、发消息、玩游戏等确实能减少一些学习的压力，但是它们也分散了学习的注意力。

前面已经讲了为了将我们学的新知识尽可能久地存储在大脑里，有一个很重要的前提条件就是要保证它们能够进入你的大脑，这就需要你调动充足的注意力资源来关注和吸收它们。人类的注意力资源是非常有限的，当你聚精会神关注某项活动时，大脑皮层会出现一个兴奋中心，大脑的全部能量都集中在这个中心上，因此，此时的学习效率非常高。但是如果一边学习一边还做着其他事情，大脑皮层同时出现两个或多个兴奋中心，有限的大脑能量就会被分散，甚至有可能相互干扰。也就是说，学习的时候听音乐你可能需要去感受音符、节律，还要理解歌词的意义，有时还会跟着轻哼起来，再低头看书时已经完全不记得刚才看到哪里了。专注不仅是一个保持学习高效的状态，同时也是一种幸福的体验。心理学教授米哈里·契克森米哈发现，当人们全身心投入某件事情，忘记了时空和自己的时候，也是他们感觉最为愉快和满足的时候。

为了尽可能保持较高的学习效率，建议学习的时候只专心做这一件事情，你可以选择一个相对安静、干扰较少的环境。开始学习前可以做一个简单的放松练习，清空一下大脑；在学习的过程中可以交替学习不同的学科，比如学习高数一个小时后再学习一个小时的英语，让大脑的不同区域交替运作。

（二）学习策略

保证学习最有效的方法之一就是制订学习计划，确立符合实际的学习时间，避免在最后一刻手忙脚乱。心理学调查发现，如果将20张单词卡片分成五组，每次记忆四张并复习八次，学生对这些单词的回忆率可以达到68%；而如果将20张单词卡片一次性记住，并且复习八次，回忆率只有54%。因此相对于考前的临时抱佛脚和填鸭式学习，将学期任务均匀地分配在每个阶段，并且及时复习，可能会更扎实地掌握知识。

如果在上课前能预习就更好了，这样在听课的时候你就能更有重点地关注预习时不明白的问题。学习的时候最好记一点笔记并用不同的颜色标记出重点，这样在复习的时候你就可以根据自己标注的重点有针对性地展开复习，也可以在原有笔记的基础上进行二次整理，建立新的笔记，这样就能更系统地掌握知识框架。当天的学习内容在24小时内进行复习更符合记忆规律。

大学的学业要求每一小时的课堂内容需要相对应的两个小时的自学时间（包括预习、复习、完成作业和拓展阅读等），如果能够充分地利用课堂有效时间，提高听课效率，可以相对减少一些课外的学习时间。尽可能地把每天的学习时间安排在相同的时间段里，比如每天晚上6点半至10点，并且在周一到周五规律性地自习，这样能更好地培养学习习惯。还可以充分利用课间的时间，这个时间里你可以回顾上节课的重点、整理笔记或是预习下节课的内容，这样可以更快地进入上课状态。但是也不必执著于暂时解决不了的问题，可以把问题记录下来，找到合适的机会询问老师或其他同学，或者换个时间尝试用不同的思路来解决这个问题。

（三）时间管理

时间管理是提升学习效率、保证计划按时完成的重要手段，在进行时间规划之前，需要有比较明确的长期目标和短期目标。可以通过清单的方式把你今年的学习计划罗列出来，再逐步将学习任务分配到每个月、每一周和每一天。比如如果打算6月份参加大学英语四级考试，那么在制订全年计划的时候就可以将听力、阅读、综合（完型）、写作、翻译这五个部分的复习计划分别安排到1月到5月的时间里，在6月时将这几个模块整合起来进行全套的模拟题训练。接下来再将每个月的任务具体分配到每周和每天的计划里，比如每个月需要完成至少10套听力训练，那么每周至少有两天要完成一套听力练习，根据课程情况将四级听力复习安排在课程较少的两天里。除此之外，可能也需要制订一个单词复习计划，根据总的四级词汇量和所剩余的复习时间就可以大概计算出每天需要背诵的词汇量，在此基础上根据艾宾浩斯记忆曲线可以制订相应的复习词汇量。你也可以直接使用单词记忆软件，节省自己计算的工作量，只要能够坚持执行计划，相信通过四级考试不在话下。

准备一个方便携带的本子当做你的计划簿，长期计划可以通过清单的方式罗列在计划簿的首页，接下来需要制订详细的每周计划和每日计划。你需要在下一周开始之前详细地记录下来下周需要完成的事项，这里也包括一些非学习性的计划，比如一场足球赛、阅读30页的参考书等。每周的计划都不一样，因此在一周开始之前需要对计划进行更新和完善，最好每周都能够用一页新纸来制订计划，并且随时根据当日的内容进行添加。每日的计划会更详细一些，需要具体到活动开始和结束的时间，比如早上6：30—7：30早操、跑步，7：30—8：00吃早饭，8：00—8：30背诵50个单词，9：00—10：00完成高数作业。清晰地将这些计划罗列出来，并随身携带你的计划簿，每完成一项任务就把它们划去，这不仅是为了帮助你更好地执行计划，更重要的是兑现对自己的承诺。参考一下清华某学霸的一周计划表（表4-1），可能会对你有所启发，你可以根据自己的喜好用不同的颜色标注不同的内容。

为了更好地安排时间计划，你可能需要对要完成的任务进行分类：A类任务是最重要和最紧急的事情，没有完成你会感到压力很大，需要收拾残局，比如隔天上课就要提交的作业。如果将这类任务排在学习时间段前面并且尽早完成它们，就能够更轻松地进行其他的任务。B类任务是一些很重要但不是特别紧急的事情，比如下周一上课要交的一份报告，你还有一周的时间来完成它，但是它可能会花不少时间，所以需要把这个任务切割成小块分配在每一天的学习时间段里。C类任务是一些不重要但紧急的任务，比如临时被安排的一项工作，可能对你来说不是特别有意义，但是很突然很紧急，你可能需要先花一点时间来做心理调适，平复自己的心情后再稳步开展工作。D类是一些不重要也不紧急的事情，比如打游戏或者看电视剧，每天有一定的休息时间是很必要的，但是要尽可能地保证其他三类任务按计划完成。

根据任务的类型将它们填进不同的时间段里，每天结束之前要制订新一天的学习计划。对照当天的学习情况修改学习计划也很重要，比如你原本计划8：00—8：30背单词，结果发现半个小时并不能背完计划的单词量，在修改第二天的计划时可以将计划时间改为8：00—9：00。每周的计划也是如此，再开始新一周的计划之前需要花点时间来回顾一下上周计划的完成情况。留一点灵活机动的时间很重要，一开始不能完全按照计划完成任务是很正常的事情，你需要花一些时间来了解自己的学习效率，因此制订计划时最好留出一些机动时间，帮助自己整理当天没有完成的事情或者应对突发事件。

表4-1　清华某学霸一周计划表

第　周 计划	周一	周二	周三	周四	周五	周六	周日
06:30–07:00	起床、锻炼、早饭	起床、早饭	起床、早饭	起床、早饭	起床、早饭	班级组织春游	起床、早饭
07:00–07:55	预习几何代数2、微积分3	CET6，除了听力	复习微积分2，微积分3	微积分2，努力钻研	复习、整理、打课件		大学物理自习
第一节	几何代数2 6C101	CET6，除了听力	微积分3，一教101	微积分2	大学物理三教2302		大学物理自习
第二节	微积分3 一教101	CET6，除了听力	大学物理　三教2302	微积分2，11:10吃饭	程设 四教4203		大学物理自习，读《飘》
11:30–13:30	午饭13:10，系馆王老师谈话	填写第二天计划，睡觉	填写第二天计划，睡觉	填写第二天计划，睡觉	填写第二天计划，睡觉	填写第二天计划，睡觉	填写第二天计划，睡觉
第三节	复习几何代数2，完成作业	电磁学407	英语高级口语6B204	班会新水329、买练习册	自习		准备思源，英语presen
第四节	复习微积分3，完成作业	CET6，除了听力	自习！自习！	微积分3习题集4306	程设上机 东楼9–224		思源笔试：15:30–17:30
第五节	微积分3习题	CET6，除了听力	晚饭，自习	晚饭，自习大学物理	晚饭，自习大学物理	zj园尹老师谈话	晚饭，自习
第六节	第六节	CET6，除了听力	第六节	第六节	第六节	第六节	第六节
20:00–22:00	系统复习大学物理书作业、习题	数学物理	校会文化部例会	自习大学物理（静心）	自习到9：30回去跳绳	自习微积分2，英语	听CNN英语

续表

第　周 计划	周一	周二	周三	周四	周五	周六	周日
22:00－22:30	听CNN英语	听CNN英语	听CNN英语	听CNN英语	听CNN英语	社工：文化部(信息简报，会议记录)，自习	
22:30－23:00	读《飘》，背单词，社工	Khan	自习，坚决完成任务	自习，平心静气	自习，用电脑社工，sleeping	社工(女排photos 今日photos，女生节)	
01:00以后	sleeping	sleeping	sleeping	sleeping	sleeping	准备思源，英语presen	sleeping
计划完成情况	高效	加油！	高效、专注	微积分2大学物理完成	微积分2大学物理，全部社工	抓紧时间	收尾，规划学习
学习情况	认真对待大学物理	复习微积分2，大学物理	微积分2要钻研	加油！	静心，思考	完成任务	思源加油！
社会情况	思源做毕，微积分3作业	美贺姐姐	例会，发春游稿	给素拓起好名	素拓宣传、校会、宣委	完成任务	我相信我是最棒的！
体育锻炼	不要求	认真上体育课			跳好长绳		跳好长绳
生活状态	昂扬，惜时	积极平和	积极、内敛	积极、平和	积极、平和	加油啊	A
修养品行	礼、德、才	外柔如水内刚似火	知我者，谓我心忧，	为青春喝彩！	多思、少言、必行	A	A
一天总结	come on，let's do our best!	try your best，no matter what happens！	不知我者，谓我何求	加油！ 校会工作	确定目标，矢志不渝！	我要对目标负责！	目标确定，踏实地走好每一步！

（四）提高效率，对抗拖延

计划好6:30起床，早操结束以后到图书馆学习，但是实际情况是起床时间比预计的晚，等到挣扎着爬起来已经7:00多了，紧赶慢赶地跑到图书馆发现已然没有座位。好不容易找到一个自习教室坐下，刷刷微信圈猛然发现时间又过去了一个小时，只剩下两个小时的学习时间了，但是早上明明有四个小时的学习任务要完成啊，一下子就心情恶劣，没有学习的兴趣了，要不然明天再开始好了，明天一定按照计划执行。虽然有很多计划等待执行，却总是无法立即专注到学习任务上去，看看下面的漫画是不是有点熟悉呢（图4–4）？[①]

图4–4　时间都去哪儿了

拖延症似乎成了我们这个时代的代表症状，即使预料到不能完成任务后果会很严重，仍然要把计划一推再推，总是无法按时完成任务，并且随之会产生自责感和负罪感。拖延行为从本质上说可能是我们不喜欢或不感兴趣的事情，因此总是有借口让我们继续拖下去；也有可能是我们要做的事情需要很长时间、很多努力才能看到成果，甚至希望渺茫，因此迟迟不愿开始；或者我们本身效率挺高，但是我们希望完美地执行所有的计划，更理想化地完成任务，因此给自己冠上了拖延症的名头……

改变拖延的行为并不是很难，也并不需要花费很多的意志力，只要循序渐进地坚持正确的方向，总有一天你会在不经意间发现自己成为了当初想成为的那个高效、守时的自己。在开始执行任务之前，请将手机关到静音，屏蔽其他可能干扰到自己的因素。接下来做几个深呼吸，让自己的心慢慢平静下来，并请诚实地对待自己的感受：也许高数作业就是太难了，不只是我不想做高数作业，很多人都不喜欢它，没有必要为此而责难自己，只要我开始努力去完成这份作业，就是一个进步。我们需要的不是放纵，但也绝不是严厉的批评，因此也不必对自己太苛刻，如果真的很难开始学习，譬如刚刚玩

① 作者：丁一晨，图片来源：weibo.com/dingichen

完三个小时的游戏，要重新投身高数的海洋实在是件很糟心的事情。可以试着和自己商谈一下：

“浪费了三个小时玩游戏而没有学习的心情是怎样的？”

“很糟糕，很内疚，但是还是不想开始学习。”

“如果直接就这样睡觉了或者继续玩下去，睡觉前自己的心情怎样？”

“更糟糕了，想到明天还要完成那么多的作业压力很大。”

“那如果现在开始做半个小时的作业呢？”

“可能会好一点，至少今天没有完全荒废掉。”

可以尝试着像这样在头脑里进行一些对话，分析一下拖延下去的后果和尝试一点努力的效果，不需要太费劲地学习，只要能学半个小时甚至10分钟也是进步，多肯定自己的努力。

按照上述方式给自己建立每天的时间计划表，尽可能地按照时间安排来执行，每当你在规定时间内完成一个任务时，可以给自己一点小奖励，比如休息10分钟或者吃块美味的糕点。如果不能按时完成任务，先不要懊悔和责难自己，花一点时间分析一下是什么阻碍了自己按时完成任务，是低估了任务难度或者对自己的要求太苛刻？还是因为心猿意马地玩了半个小时的手机才开始学习？在计划簿上记录下完成任务的时间和导致没有按时完成任务的原因，这样你就可以有针对性地调整明天的时间计划表，比如给难的科目多一点学习时间，或者选择安静的自习教室并且将手机静音后才开始学习。

（五）休息

最好不要连续学四个小时，大脑在疲惫的状态下很难记住信息。比较科学的方法是每学习30~50分钟休息10分钟，然后再继续学习一个小时。但是也不要休息时间过长，如果玩了一个小时的游戏，则很难再回到学习状态。这就需要一点意志力，坚持一段时间你就会养成良好的习惯。此外，最好先开始学你不喜欢的科目，然后再开始简单和轻松的科目，这样你会觉得越学越轻松。

睡眠也是非常重要的休息。大脑的工作能力是非常有限的，长时间连续学习或通宵熬夜学习可能会适得其反。事实上睡觉的时候大脑并没有休息，而是在紧张地整理这一天摄入的信息。长期缺乏睡眠的人大脑活跃程度偏低，记忆能力、语言能力和创造能力等各方面表现都有所降低。“睡眠剥夺”的实验表明，5天不睡觉可能会出现老年痴呆的症状，并会伴随严重的判断力缺失和幻想症状。研究表明只有2%的人每天5~6小时的睡眠就足够，2%的人每天需要多于9小时的睡眠，大部分的人需要保证每天6~8小时的睡眠。不同的睡眠情况可能跟学习绩点也有关系，美国一所高校对本校学生睡眠情况的调查研究发现，夜猫子型选手（傍晚靠咖啡提神，每晚比一般人少睡41分钟）大学四年的平均绩点为2.84，普通同学（早上8:00左右开始学习，晚上10:00左右休息）的平均绩点则为3.18。因此，如非特别紧急的情况，尽量不要熬夜学习，提早规划学习任务，将它们分配到每一天中。更不要熬夜玩游戏，因为我们很难立刻从兴奋中恢复平静，长期睡眠不良也会降低人体的免疫力。

运动也是很有效的休息方式。如果你睡眠充足并且生活规律，但还是感到无缘无故的疲惫和难以集中注意力，那么最好的解决办法就是运动。当然，这里的运动并不是指非常剧烈的运动，每个人根据自身情况选择自己觉得舒适的运动方式和强度，比如散步、慢跑、瑜伽等。运动对大脑和身体都有益处，它能够使大脑获得更多氧气，给大脑丰富的滋养，同时刺激脑源性神经营养因子，促进大脑神经元的生长。运动让我们保持良好心情，研究表明，慢跑可以明显改善压力和抑郁状态，保证每天都有一个好的学习心态。此外，坚持运动也可以帮助培养意志力，可以说运动是一举多得的事情，何乐而不为呢?

每个人的学习方法不尽相同，花一点心思总能找到适合自己的方法。学习是人类的普遍主题，是伴随我们一生的重要课题，学习让我们更好地理解自己和世界，更好地与他人交流并融入社会。获得关注和成功只是学习结果所附带的额外奖励，学习知识和成长本身才是学习最重要的收获。

拓展阅读

1. 学习风格测试

学习风格是指个人在学习过程中的学习偏好，也就是达成有效学习的习惯性反应倾向。

下面有12个问题，每个问题都有A、B、C、D四个答案选项。每一个选项都无所谓对与错，只是反映了你的学习偏好与倾向。请你尽量以近期（两周内）的学习情况为依据，按照每个答案选项与你实际情况相符合的程度，给予相应的打分。

具体的打分方法如下：

① 与你的情况最符合：打4分；② 与你的情况比较符合：打3分；

③ 与你的情况一般符合：打2分；④ 与你的情况基本不符合：打1分。

请注意：打分时不能出现相同的分数。

（1）我在学习过程中：

A 喜欢调动自己的情感体验　　B 喜欢思考

C 喜欢做中学　　D 喜欢看和听

（2）我感觉什么时候学习效果最好：

A 认真聆听并观察的时候　　B 借助逻辑思考的时候

C 相信自己的预感和体验的时候　　D 努力将事情做完的时候

（3）我在学习过程中：

A 喜欢推理　　B 认真负责　　C 安静而沉稳　　D 有强烈的情感反应

（4）我采用什么方式学习：

A 情感体验　　B 实践　　C 观察　　D 思考

（5）我学习的时候：

A 对新的体验、新经历采取开放的态度　　B 会多方位地观察问题

C 喜欢分析事物，将整体分解成各部分　　D 喜欢试验

（6）我在学习的时候：

A 乐于观察　　B 积极活跃　　C 看重直觉　　D 偏重逻辑思维

（7）通过什么途径我会学得最好：

A 观察　　B 人际间互动　　C 合理的理论　　D 有机会试验和实践

（8）我学习的时候：

A 喜欢看到自己的学习成效　　B 喜欢理念和理论

C 倾向行动前做好充足的准备　　D 喜欢全身心投入学习

（9）什么时候我学得最好：

A 依赖观察时　　B 凭借感觉时　　C 自己尝试做时　　D 思考时

（10）我在学习中：

A 是个心静、含蓄的人　　B 是个乐于接受的人

C 是个负责的人　　D 是个理性的人

（11）我学习时：

A 乐于投入其中　　B 喜欢观察

C 喜欢对事情作评价　　D 乐于积极行动

（12）什么时候我可以得到最理想的学习效果：

A 进行思考、分析时　　B 乐于接受、思想开放时

C 认真仔细时　　D 学以致用时

计分与说明：

依据与自己情况的符合程度，在每个题目A、B、C、D四个选项中分别给出分数，所有题目的同一个选项分数相加后得到一个总分（说明：一共有12个题目，12个A选项上分数相加，12个B选项上分数相加，12个C选项上分数相加，12个D选项上分数相加，共得到4个总分。）然后依据4个总分的高低给予排序,就能反映出哪一种学习风格占优势（图4–5）。

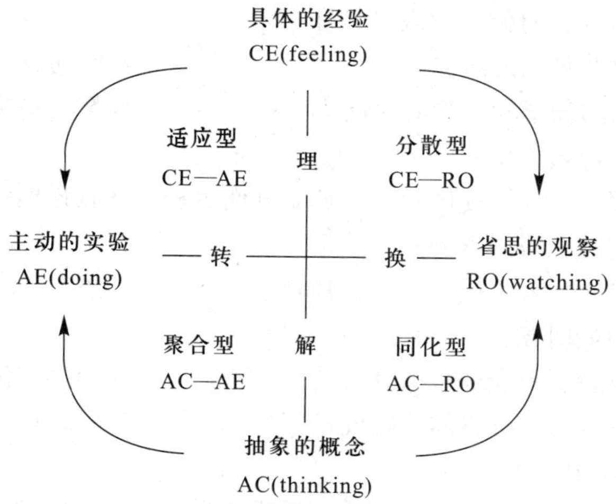

图4–5 Kolb学习风格模型

解释：

总共得到4个总分，分别表示Kolb学习风格模型中的4个阶段：①

具体的经验：以个人的感受获得实际经验。

省思的观察：由不同的观点分析进行价值判断。

抽象的概念：对情况的心智了解取代感受以发展通则、理论来解决问题。

主动的实验：测试理论、凭借流程及用实际方法以影响他人或事件。

以四个阶段尺度为基础，可将学习风格分布至四象限中，即分散型、同化型、聚合型及适应型。每种学习风格的特点如下：

分散型：喜好反思的观察与具体的经验，有较强的想象力和创意，擅长脑力激荡。由于多观察少行动，须以图像或整体观念来帮助学习，喜欢开放式的作业及自我判断的活动，不喜欢同伴互动学习。在人才培养方式上，建议采用内部导师辅导、工作中学习、公开课、MBA或大学课程、多媒体课程等；在培训形式上，建议采用实验、示范、练习、面谈、观摩、小组讨论等。

同化型：喜好反思的观察与抽象的概念，具有运用归纳推理而建立理论架构的能力，能够同化完全不同的发现，从而提出一个完整的解释，偏好确定方向的学习，但较缺少对人、事物实际的价值判断。在人才培养方式上，建议采用公开课、MBA或大学课程、阅读书籍、网上学习或多媒体课程等；在培训形式上，建议采用小组讨论、演讲、文献资料等。

① Kolb学习风格模型是David Kolb 于20世纪80年代提出的，该模型描述了四种不同的学习风格。

聚合型：喜好主动的实验与抽象的概念，擅长解决问题，借由假设和演绎推论的方式来获得知识，相信单一答案、普遍知识及实际的价值，故重视专家式的学习及结构完善的知识。在人才培养方式上，建议采用阅读书籍、网上学习或多媒体课程、MBA或大学课程、工作中学习等；在培训形式上，建议采用演讲、文献资料、小组设计以解决问题。

适应型：喜好主动的实验与具体的经验，喜欢实际地完成计划或任务，以获得新的经验，较喜欢冒险，最常用直觉和错误尝试的方式来处理问题，容易适应新环境，不需要架构或权威，较需要互动学习。在人才培养方式上，建议采用工作中学习、内部导师辅导等；在培训形式上，建议采用小组设计、实验、示范、练习、面谈、观摩等。

2. NBA球星中的学霸们①

NBA一年一度的全明星赛刚刚赛罢，便到了各个学校新学期开课的时间，学习之路上的各位明星继续启程。这些在球场上挥洒自如的职业篮球运动员中，是否也存在着“文武双全”的学霸？

说起NBA中的高学历，你可能立马会想到“J博士”欧文（Julius Erving）。可惜此“博士”非彼博士，Doctor J中的Doctor并不是指他的学历，而仅仅是一个绰号而已。据欧文自己回忆，高中时他和一起打球的小伙伴经常相互起绰号。欧文先开玩笑称别人为“教授”，小伙伴便把“博士”的绰号送还给他。之后这个称谓伴随他进入了ABA和NBA的赛场，最终“J博士”的美名也留在了NBA的历史中。

不过，NBA的球员中的确有拿到过博士学位的球员。两位国际球员姚明和纳什（Steve Nash）分别就拿到过香港大学的名誉社会科学博士学位和维多利亚大学的名誉法学博士学位。然而，相比这两人，下一位的博士学位则更加货真价实一些。4次NBA总冠军、3次总决赛MVP、历史最佳中锋之一的头衔都不足以概括他职业生涯的传奇色彩——他就是“大鲨鱼”沙奎尔·奥尼尔（Shaquille O’Neal）。在2000年拿到路易斯安那州立大学的学士学位、2005年拿到菲尼克斯大学的工商管理硕士学位之后，2012年奥尼尔又被巴里大学（Barry University）正式授予了教育专业博士学位，成为名正言顺的“沙奎尔博士”。看来在篮球、电影、主持等领域之外，奥尼尔还是一名不折不扣的“学霸”。奥尼尔对自己的父母和学校表示了赞誉，并将自己在学术上的成绩归功于父母一直敦促他在教育方面有所钻研。

蒂姆·邓肯也是NBA赛场上学历最高的球员之一。这位历史最佳大前锋

① 文章来源：http://www.guokr.com/article/438032/

之一本科毕业于维克森林大学（Wake Forest University），而在进入职业篮坛后，他又攻下了心理学硕士学位。不知道他在赛场上面对对手时的沉着、冷静、果断，与他的心理学背景有无关系。邓肯曾表示：“我很喜欢安静，因为我热爱思考——我之所以选择学习心理学正是因为这点。我喜欢意识内部的工作方式，喜欢学习人们的思考方式，也对人们如何感受事物、如何对不同事物做出反应，以及你能够做什么诱使他们做出某种反应很感兴趣。”邓肯开玩笑说，如果你看见我，并觉得我表现得很冷淡，那是因为我正忙着倾听内心深处那个不断在折磨我的声音。

另一位有着硕士学历的球员是比尔·布拉德利（Bill Bradley），他曾两度夺得NBA总决赛冠军、取得过奥运会金牌，这位纽约尼克斯队的传奇球员在1965年从普林斯顿大学（Princeton University）历史系毕业被球队选中，然而因获得全球最难申请的奖学金——罗德奖学金（Rhodes Scholarships），布拉德利选择了先前往牛津大学进修一年，获得硕士学位之后才返回球队，开始他的职业生涯。这个高材生退役后还参加过2000年民主党党内总统候选人竞选……

同样是效力过尼克斯队，曾经在纽约掀起过一股“林疯狂”的林书豪（Jeremy Lin）虽然没有硕士学位，但是他的经济学学士学位却是在常青藤名校——哈佛大学读完的。他也成为哈佛大学近60年来首位能够入选NBA的球员，也可谓是不折不扣的“球坛学霸”。

目光转回刚刚结束的2014年全明星赛，东西部的首发名单中都有4位读过大学的选手和1位高中毕业就参加选秀进入篮坛的超级巨星。西部阵容中，克里斯·保罗（Chris Paul）和凯文·杜兰特（Kevin Durant）等人都利用赛季休赛期或是网络学校，继续完成自己的学业。西部首发中因伤未上场的科比·布莱恩特（Kobe Bryant）也开始在波士顿学院上课。

像这样利用赛季间隙或是网校继续深造的球员并不是少数，纳什、文斯·卡特（Vince Carter）、德隆·威廉姆斯等人都是利用可能的时间不断学习、完成学业的。即使是退役后，也仍然有球员会返回校园继续深造。上海交通大学安泰经济与管理学院的学生们，就有可能会在课堂上见到中国篮坛历史上最伟大的中锋之一姚明。生命不息，学习不止。连叱咤全球顶级篮球赛场的球星们都如此努力，我们又怎能轻易懈怠？

3. 心理剧本：《最初的梦想》（编剧：焦艳新，长安大学贠丽萍推荐）

故事梗概：

本剧讲述一个农村单亲家庭的孩子何志成带着梦想进入大学，却从第一名的高峰走向挂科深渊。他变得堕落，成绩日趋下降。最后在父亲和朋友的鼓励下，重拾梦想，以更加坚定的步伐迈向未来！

出场人物：

何志成（主人公）

第五琦、欧帅、陈皓轩（何志成的大学舍友，第五为中国复姓）

杨博文（何志成的老乡）

何志成，一个农村男孩，母亲早逝，是父亲含辛茹苦地把他养大。看着父亲疲惫的身影，他心里暗暗发誓：一定要好好学习，用知识改变命运。他的努力没有白费，终于，他拿到了梦寐以求的大学录取通知书。带着父亲的期望，何志成跨入了大学的殿堂……

何志成来到学校以后，时刻记得父亲的嘱咐，认真努力地学习。作为男子汉，他希望自己能够拿到奖学金，分担父亲肩上的重担，和父亲共同撑起这个家。为此，他经常和好朋友杨博文泡在图书馆，周末也是如此。这是一个周六的傍晚，宿舍里只有第五琦在玩游戏。

第　一　场

时间：学期过了一小半，某周六傍晚。

地点：宿舍。

第五琦（发现何志成回来，拿下耳机，朝何志成说）：哟，今天太阳打哪儿爬上来的？北京时间22：00不是还没到吗？何大才子不在图书馆读书，怎么跑回宿舍来了？

何志成（不理会第五琦的怪腔怪调，只是微微一笑）：有课本忘带了，今天回来看书。

第五琦：我说，你是猴子请来的吧？从开学到现在，天天往图书馆跑，连周末都不出去玩。你看你看（指着自己的电脑），LOL试试吧。哥带你，保证你玩得特别爽。

何志成：不用了，我看完这本书还得写作业呢。

（第五琦觉得无趣，又挂上耳机打起了游戏。）

（此时欧帅抱着篮球进入宿舍，额头上还挂着汗珠。）

欧帅：我说你俩，一个闷着学习，一个闷着玩游戏，生命在于运动懂不懂？别玩了，改天一起打篮球去。（说着摘下第五琦的耳机）

第五琦（头也不回地向欧帅说）：干吗呢？快快，快给我戴上。

欧帅：你这是根本停不下来啊！

第五琦：刚刚嚼了五百公斤炫迈。

欧帅（语重心长）：你这样期末准得挂科。（依言给第五琦戴上耳机）

第五琦（向欧帅）：我挂科？你就不能盼我点好啊？你挂我都不会挂。

（宿舍的门被推开，陈皓轩边打电话边进来）

陈皓轩：那就这么定了哦，嗯，明天不见不散。你先挂嘛！嗯，拜拜（挂掉电话后，拿着手中的电影票向大家展示）哦耶！她答应了，明天我们就要去看电影了哦！（嘚瑟状）

欧帅：难得这么开心，咱们去唱K，给陈皓轩庆祝一下，咋样？

陈皓轩：那真真是极好的……（幸福状）

第五琦：没问题！老规矩，我请客，你掏钱。（对陈皓轩说）你还欠我三块八毛钱呢！

陈皓轩：这你还记得！

第五琦：风萧萧兮易水寒，欠了钱兮你得还。

陈皓轩：行行行，本少爷今儿请客。（对何志成说）才子，赏个脸，一起去玩吧。

何志成（抬起头来）：不了，还是你们一起去吧。我也不是很会唱。

欧帅：我说才子啊，你整天闷葫芦似的只知道学习，无不无聊啊。凑这个机会，一起出去玩玩，多好啊！

何志成不语，依旧只是笑笑。第五琦、欧帅、陈皓轩见此也不再说什么，摇头叹息下。何志成无奈地望着他们离去的背影，站了起来，又默默坐下……心里百感交集，其实他是想去的，只是有太多的束缚，他难以挣脱。

转眼间大二开始了，大一成绩公布。何志成考了年级第一，获得8 000元奖学金。他未曾想到这么容易就取得第一名的成绩，不禁有些飘飘然……

第 二 场

时间：成绩出来后的周六。

地点：宿舍。

第五琦（拿着大一成绩单，仰天长叹）：思修怎么会挂呢？天妒英才啊！

欧帅：纳尼？你居然把思修给挂了？智商余额严重不足啊！

第五琦：这事儿不赖我……58分，随便在哪加两分不就过了吗？唉……农夫山泉有点甜，老师判卷有点严。（向观众，互动）

欧帅：挂科容易，补考不易，且挂且随意吧。

第五琦：那你呢？咋样啊？

欧帅：道高一尺，魔高一丈！运气照顾哥，三科都飘过……

第五琦：你那样也能过？！你呢？陈皓轩？

陈皓轩：哥挂的不是科，是寂寞……

欧帅：他咋了？像霜打的茄子一样，蔫儿不拉几的。

第五琦：哎！还真是，上周刚被挖墙脚了。这不，貌似还挂了一科。

欧帅：还挂科了？（这时看到何志成从外边回来，脸上是明媚的笑容。对他说）何大才子，你回来了？咱们宿舍只有你拿了奖学金，还是一等奖，你得请客呀！

何志成（故作谦虚地一笑）：侥幸而已，题目比较简单，蒙对了好多。

欧帅：不管怎么说，今天你得拿好酒好菜来安慰我们受伤的心灵。

何志成（豪爽地）：没问题，我请客。先吃饭，再唱歌！

欧帅：走吧。阿皓。

陈皓轩：不，你们去吧。我不想去。

欧帅：被挖墙脚有什么大不了的？咱们学土木的，自己给补上。实在不行还有才子呢。

（陈皓轩随大家一起离开，边走边唱《分手快乐》。）

对于舍友以前的生活，何志成并不是不羡慕。他也希望自己能够有更多的时间去玩，去放纵。然而，他不能。可是经过一个学年的学习，他发现更多的努力似乎没有那样大的作用，考前简单复习一下就好了。对自己，他有这份自信。

一个学期在不知不觉中就过去了。在这期间，何志成做了许多以前他想做而不敢做的事情，像欧帅一样旷课看球赛，像陈皓轩一样交了女朋友。现在，也像第五琦一样，正痴迷于最新版的游戏呢。临近期末考试，何志成被老乡杨博文约去图书馆上自习。半晌，何志成才无精打采地走进图书馆。

第　三　场

时间：考前某周末。

地点：图书馆。

杨博文（指着手表,不满地说）：你看看都几点了，怎么才来？

何志成不好意思地笑笑，就趴在桌上睡觉。

杨博文在复习英语四级，何志成睡了一会儿，看似很烦，便拿出一本小说。

杨博文（看到何志成在看小说，有些不满）：都什么时候了，你还有心情看小说，英语复习好了吗？

何志成（满不在乎地）：没事，没事。

杨博文看了何志成一眼，有些无奈，又低头继续学习。何志成收到了一条短信。

何志成（对杨博文说）：晚上欧帅的女朋友要举办生日聚会。我得去准备一下，一起去吧。

杨博文：我不去。你看看你现在，整天不是玩游戏、聚会，就是谈恋爱、逛街。你数数这个学期，你来上了几次自习？

何志成：唉，考前突击一下就行了，我现在就不想学习。

杨博文：不是，你还真去啊？

何志成：你烦不烦呀，你不去我去。

杨博文(生气地说)：行行，我烦。(看着何志成离去的背影，无奈，叹息)怎么成这样了……

时光飞逝，转眼间，大二结束，大三开始了。何志成度过了张扬的大二，换来的却是挂了两科的成绩单。他失望、郁闷、不敢和爸爸说，也不知道自己该怎么改变现状。极度纠结的他以酒浇愁，却找不到让自己内心平静的方法。何志成一天都没有回宿舍，杨博文联系到他的舍友，大家分头寻找。终于，欧帅找到了他，打电话给杨博文……

第 四 场

时间：黄昏。

地点：校园某处小树林。

欧帅（对喝着酒的何志成说）：怎么了，志成？

何志成没有理他，继续喝酒叹气。

欧帅（看到他现在这样，既生气又痛心）：真没出息！

欧帅给杨博文打电话，一会儿杨博文赶到。

杨博文：你怎么跑这里来了，也不接电话！

何志成不语，继续闷头喝酒，已微醉。

杨博文（夺过酒）：别喝了。

何志成（夺回酒）：我的事你别管。

杨博文（急了，一把夺过酒，使劲扔在地上）：不就是上次没考好吗？至于吗？

何志成：你不知道，在考前我完全看不进去！就我这成绩呀，现在在班上都快成倒数了。

杨博文：难道到现在你还不清楚自己错在哪儿吗？你像从前一样，努力学习，好好复习，下次就一定会考好的。

何志成（疑惑）：我还能回到过去吗？（发泄）不！我不愿意回去。从小亲戚们夸我懂事，其实那都是装的！我真的已经很累了，很累……太累了。

杨博文：累，活在这世界上的哪个人不累，但是就是再累我们也必须坚持活下去呀！大学是一个可以创造奇迹的地方，一个可以改变命运的地方。志成，只要你想改变，我们这么多兄弟会陪着你一起去努力，一起改变。好吗？

何志成：我又何尝不想改变？可是我已经陷得太深了。我喜欢喝酒、喜欢和朋友们出去玩，这能让我忘记悲伤、忘记孤独，我，我宁愿这样堕落！

杨博文（生气地抬起手臂，想给他一巴掌，但是下不去手，改推了他一下）：你醒醒吧，不要在自己的世界沉沦下去了，何志成，你已经二十了，你有什么资格在这里堕落。你……（生气，说不出话）你自己好好想想吧！（随即转过身不再说话。而何志成低头不语，这时手机响了，是何爸打来的）

何志成：喂，爸。

何爸：喂，小成啊。我听说北京降温了，注意加衣服啊。

何志成：知道了，爸。

何爸：怎么了？小成，是不是病了？

何志成：没，没有。（哽咽……）

何爸：小成啊，学习别太累了啊。注意休息，要吃好饭，别总省钱，花完了爸再给你寄。喂，小成，小成……

何志成（痛哭）：爸，我错了，我对不起你。

何爸：怎么了？小成。

何志成：我错了，我对不起你。

何爸：没事没事。只要你好好的，注意身体，好好学习，爸就安心了。

杨博文（轻轻拍着何志成的背，缓缓地说）：志成，我们都是男子汉，以后的路必定不是一帆风顺的，要知道（站起，面向观众）当我们走在通往梦想的道路上时，有时会遇到困难、挫折，它们往往给我们当头一棒，让我们措手不及。这时我们会犹豫不前、退缩，甚至选择放弃。在这时，我们想想我们的父母，他们在干什么，他们是不是在为了我们的梦想尽他们最大的努力，而我们又在干什么，我们还有什么资格在这里自甘堕落。（回头，对何志成）志成，坚强起来，承担起一个男人该承担起的责任，我们义不容辞。

欧帅：小成,我们一起努力，为了我们的梦想加油！

陈皓轩：别伤心了，我们不该这样浪费青春，我们一起努力，共同奋斗。

何志成（抬起头，擦干眼泪，看着室友）：嗯，青春因梦想而美丽。

齐：为自己、为父母、为了所有爱我们的人、为了我们的责任、为了我们的未来，一起去奋斗。

在后来的日子里，何志成做回了原来的自己，不再堕落，奋发向上，为了梦想而努力前行。他的舍友们也像突然长大一般，追寻着自己最初的梦想。他们的明天，一定会因梦想而更加美丽……

结语：

在我们追梦的过程中，难免会因为各种原因而失去原来的方向。我们迷茫过、无奈过，但不曾忘记；我们彷徨过、纠结过，但不言放弃。只要我们不忘初衷，铭记最初的梦想，梦想一定会在未来绽放耀眼的光芒！

本章知识点

1. 学习的发生机制和影响因素
2. 学习的意义，学习动机
3. 学习潜能

本章思考题

1. 分析自己的学习特点和学习动机。
2. 设计一份半年的学习计划。
3. 结合自己的实际情况，总结几种开发自己潜能的方法。

参考文献

[1] 彭聃龄.普通心理学.北京：北京师范大学出版社，2004.

[2] 林崇德.发展心理学.北京：人民教育出版社，1995.

[3] 理查德·尼斯贝特.思维版图.北京：中信出版社，2010.

[4] KBS《Homo Academicus》制作团队.怎样才是最好的学习.北京：中信出版社，2014.

[5] Piers Steel. The Nature of Procrastination: A Meta-Analytic and Theoretical Review of Quintessential Self-Regulatory Failure. Psychological Bulletin 2007(1).

[6] Daniel L. Schacter, Daniel T. Gilbert, Daniel M. Wegner. Psychology. Worth Publishers, 2011.

[7] http://www.rasmussen.edu/student-life/blogs/college-life/how-to-study/

第五章　大学生情绪管理

每个人体内都有人所共知的最有助于身体健康的力量，就是良好情绪的力量。

——辛德勒《天天都过好日子》

第一节　情绪概述

一、情绪的特点及类型

（一）情绪的含义

我们在生活中总会产生各种情绪，它让我们心潮起伏，思绪万千。当我们观看一场盛大的晚会时，会感受到兴奋和欢乐；当我们遭遇挑衅和威胁时，会感受到紧张和愤怒；当我们丧失挚爱的亲人时，会感受到悲哀和痛苦；当我们获得荣誉和他人的认可时，会感受到得意和骄傲；当我们身处险境之时，会感受到害怕和恐惧。这里的喜、怒、哀、惧就是情绪，它使我们的生活时而阳光灿烂，时而乌云密布，让我们的生活五味杂陈，有滋有味。

心理学通常认为，情绪是人对客观事物的态度体验以及相应的行为反应。情绪是人的内心世界和外在环境互动的结果，人的需要是否得到满足决定着人产生什么样的情绪及这种情绪体验的强烈程度，当我们的需要被满足时，会产生积极的情绪体验，反之则会产生消极的情绪体验。

情绪由三个要素组成：

1. 主观感受。情绪包括主观意识或称“感觉”。不同的人对同样的事会产生不同的情绪体验。第一次站上10米跳台的新手会感到非常紧张和恐惧，而一个跳水冠军却能够气定神闲，泰然自若。

2. 表情。情绪总会伴随着外部表现即表情。表情包括面部表情、手势姿势和声调语气，如高兴时眉开眼笑，愤怒时摩拳擦掌，痛苦时语调低沉等。表情是我们鉴别他人情绪，和他人进行沟通交流的有效手段。

3. 生理唤醒。情绪涉及大脑、神经系统和荷尔蒙等生理活动的变化。例如，人在害羞时会感到心跳加快、手心出汗；在恐惧和暴怒时会出现心跳加速、血压升高、呼吸频率加快甚至出现呼吸间歇或停顿；痛苦时会出现血管容积缩小等。

（二）情绪的特点

情绪是多种多样的，依据其性质，每一种情绪都能找到与其相对应的另一种情绪，配合成对，情绪的这种特征即为“两极性”。

1. 情绪有肯定与否定的两极。如果外在事物能够满足人们的需要，符合人们的态度和观点，则会产生肯定的情绪体验。这种积极的情绪能够提高人们的活动能力，提高工作的效率，高兴、喜悦、热爱、敬慕等均属于肯定的情绪；反之当人们的需要没有被满足时，则会产生否定的情绪体验。这种消极的情绪会降低人们的活动能力，降低工作效率，例如烦恼、忧愁、憎恨、蔑视等就属于否定的情绪。

2. 情绪有强与弱的两极。同属一类的情绪按其强度不同，可定为不同的等级，形成系列化的情绪阶梯。阶梯的一端为最强，另一端为最弱，两极之间根据强度变化依次排列，例如，喜可以分为很多种，愉快、喜悦、狂喜等。情绪的强度决定于引起情绪的事件对人的意义的大小，也决定于个人动机、原定目标与心理准备状态。

3. 情绪有紧张与轻松的两极。紧张的情绪体验通常与有决定意义的关键时刻和繁重、紧迫的活动进程相联系,也与个体心理的准备状态及其应变能力有关。例如，在完成一件复杂艰巨的任务之后，人们会体验到由紧张到轻松的情绪变化。生活中人们既需要轻松的情绪，也需要紧张的情绪，因为紧张的情绪能够使人集中精力，充分调动人们的心理潜能，从而提高活动效率；而长时间处于轻松的情绪状态则容易使人心情涣散，降低人的活动能力。但是，过分的紧张则会减弱自控力，妨碍活动的正常进行。

4. 情绪有激动与平静的两极。激动的情绪由一些重要的事件引起，为时短暂而强烈，并伴有明显的表情动作，狂喜、暴怒、酷爱、恐惧等均属激动的情绪。比如，楼房突然失火会引起人们恐惧的情绪，兵临城下会引发士兵的紧张情绪。这类极端的情绪可以成为激励人们上进的强大动力，但也容易抑制人的理智分析能力，减弱人的自我控制能力，使行为失去控制。平静的情绪表现为安静、平稳、适度、理智等,这些情绪是人们进行正常学习、生活、工作的必要条件。

（三）情绪的类型

1. 四种基本情绪

关于情绪的分类，我国古代著作《礼记》中提出“七情”说，即喜、怒、哀、惧、爱、恶、慾。《白虎通》中提出了“六情”说，即喜、怒、哀、乐、爱和恶。西方心理学家从生物进化的角度，认为人的情绪可以分为基本的情绪和复合的情绪。基本情绪是人和动物所共有的，是先天的，不学而能的，复合情绪则由基本情绪组合而来。也有心理学家用因素分析的方法，提出人类有11种基本情绪和由此派生出的三类复合情绪。

现代心理学家普遍认为人有四种基本情绪，即快乐、愤怒、恐惧和悲哀。快乐是指人们追求的目标实现时所产生的满足体验。愤怒是指追求目标时受到阻碍，愿望无法实现而产生的情绪体验。恐惧是企图摆脱和逃避某种危险情景而又无力应付时产生的情绪体验。悲哀是指心爱的事物失去时，或理想和愿望破灭时产生的情绪体验。

2. 情绪的状态

情绪状态是指在一定的生活事件影响下，在一段时间内所产生的某种情绪。典型的情绪状态有心境、激情和应激。

（1）心境

心境是一种微弱、平静和持久的情绪状态，也就是大家常说的“心情”。心境具有弥散性，它是我们内心世界的背景色，使我们的心情在一段时间内都渲染上相应的色调。当我们心情舒畅时，仿佛周围的一切都被渲染上美好的色彩，山不再是“眉峰聚”，水也不再是“眼波痕”。但是一件不如意的事情也会让我们很长一段时间忧心忡忡，情绪低落，这些都是心境的表现。

那个晚上月亮太亮了，蜡染一般的天幕上一颗星星都没有，月光将周围的云层晕染成昏黄。

那是她一生之中最亮的月亮。

——小说《致我们终将逝去的青春》

心境与外界的环境和个人的性格有极大的关系。当我们陷入爱河时，会有很长一段时间保持着快乐的心境；当我们考试失败时，也会持续一段时间的郁郁寡欢。同样一句话，对于一个心胸豁达的人来说，往往并不在意，很快就忘记了，但是对于一个心胸狭隘的人来说则会耿耿于怀，很久不能忘记。

心境会影响我们的学习、生活甚至健康。积极良好的心境可以提高学习和工作的效率，帮助我们克服困难，保持身心健康；消极不良的心境则会使人意志消沉，悲观绝望，无法正常工作和交往，甚至导致一些身心疾病。所以，保持积极健康、乐观向上的心境对每个人都有重要意义。

（2）激情

激情是一种爆发强烈而持续时间短暂的情绪状态，它由如疾风骤雨，来得快去得也快，往往是由重大的生活事件引起，生活中的狂喜、狂怒、深重的悲痛和异常的恐惧等都是激情的表现。

激情可以是正性的，与理智和坚强的意志相关，是激励人们积极行动的巨大动力。例如，面对凶残的歹徒，人们奋勇上前拔刀相助就是一种正性的激情表现。激情也可以是负性的，具有很大的破坏性和危害性。在激情的状态下，人们有时会出现“意识狭窄”，难以理智地分析问题和自我控制，往往会一时冲动，酿成苦果。激情有时还会引起强烈的生理变化，使人言语混乱，动作失调，甚至休克。所以，在生活中应该适当地控制激情，努力发挥其积极作用。

（3）应激应激是出乎意料的紧张和危急情况引起的情绪状态。在突如其来的紧张状态下，人们调动各种心理资源以应付紧张的局面。例如，日常生活中突发的火灾、地震，飞机在飞行中的突发状况等，都会使人产生一种特殊紧张的情绪体验，即应激。

人在应激状态下常伴随明显的生理变化。加拿大心理学家塞里（Seley）把整个应激反应过程分为动员、阻抗和衰竭三个阶段：首先是有机体通过自身生理机能的变化和调整做好防御性的准备；其次是借助呼吸、心率变化和血糖增加等调动内在潜能，应对环境变化；最后如果刺激不能及时消除，持续的阻抗使得内在机能受损，防御能力下降，从而导致疾病。

应激的生理反应大致相同，但外部表现可能有很大差异。积极的应激反应表现为沉着冷静、急中生智，全力以赴地排除危险，克服困难；消极的应激反应表现为惊慌失措、一筹莫展，或者发动错误的行为，加剧了事态的严重性。这两种截然不同的行为表现，既同个人的能力和素质有关，也同平时的训练和经验积累有关。如果接受过防火演习和救生训练，遇到类似的突发事故，就能正确及时地逃生和救人。

二、情绪健康的标准

（一）健康情绪的指标

健康的情绪是健全人格的必要条件之一。良好的情绪可以促进人的身心健康，使人精神饱满、思维敏捷、乐观向上，而不良的情绪使人思维沉钝、郁郁寡欢、悲观失望，降低身体的抵抗力。因此，保持情绪健康，做情绪的主人是我们享有健康快乐的人生的必要条件。

心理学家索尔指出情绪健康的八个特点：

（1）独立，不依赖父母；

（2）增强责任感及工作能力，减少与外界接纳的渴望；

（3）去除自卑情结、个人主义及竞争心理；

（4）适度的社会化与教化，能与人合作，并符合个人良心；

（5）成熟的性态度，能组建幸福的家庭；

（6）培养适应能力，避免敌意与攻击；

（7）对现实有正确的了解；

（8）具有弹性和适应力。

（二）健康情绪的特征

案例

小美来自一个北方的小城市，是家里的独女，她开朗活泼，机灵可爱，父母家人对她宠爱有加。小美也没有辜负家人对她的关爱，一直以来，小美都保持着班级第一的好成绩。然而用小美的话来说“我就是太顺了！”考大学那年，小美意外失利，没有发挥出正常水平，与自己心仪的一所北京重点高校失之交臂，调剂之后最终被省里的一所重点大学录取，专业也不是自己特别喜欢的。

小美一度特别悲观失望。对学校失望、对学校所在的城市不喜欢、对同学也不冷不热，最重要的，她对自己失望，仿佛一瞬间，她已经不是以前的自己了。光环被打破，在所有熟悉的人面前，她从公主变成了灰姑娘。她也有一段时间放任自己，不再努力学习，直到大一的期终考试，成绩亮起了两门红灯，小美才一下被惊醒。

“我那时候难过极了，不知道自己怎么会变成这个样子。”好在家人和朋友及时发现了小美的问题，对她进行帮助；而自幼开朗乐观的小美这一次没有让家人失望，她重新分析了自己的现状，决定在哪里跌倒就在哪里爬起来，她树立起考取清华大学硕士研究生的目标，并制定了详细的方案，在小美的积极努力和大家的帮助下，她最终实现了自己的梦想。这时的小美，已经懂得如何把握自己的人生了。

没有谁的人生是一帆风顺的，在生命长河的颠簸中，我们都会遇到风浪，会产生各种情绪反应，健康的情绪并不是没有消极的情绪反应，而是能够较少地受到悲观情绪的浸染，会积极地寻求办法，从不良的情绪中走出来。在这个案例中，小美虽然也经受了消极情绪的困扰，但是，由于她自身性格特点和周围人的帮助，使她有效地从消极的情绪中摆脱出来，重新找回了阳光自信的自己。一般来说，如果对事件能够保持积极的态度，拥有乐观稳定的心境，能够对事件作出恰当的情绪反应，就说明情绪是健康的。那么对大学生来说，健康的情绪有哪些衡量指标呢？

1. 能够合理地表达和宣泄情绪

大学生处于身体和心理发展的黄金时期，精力较为旺盛，加之日常学习、情感、工作压力的影响，容易受到情绪的困扰。健康的情绪不代表没有情绪，所谓“喜怒不形于色”往往对心理造成过大的压力。情绪的产生是必然的，每个人都有情绪，都需要表达，也需要释放和宣泄。情绪成熟的人能够通过语言、神态、行为来准确表达自己的情绪，遇到伤心的事大哭一场会好过默默地埋藏在心底。

2. 情绪反应适度

一定的事件引起相应的情绪，且情绪反应的强度适宜，持续的时间合理则情绪是健康的。比如，在考试中取得好成绩却没有相应的开心体验，当受到别人的夸赞时却表现得很愤怒，则可能存在一定的心理问题。和男友分手了，当时会非常伤心难过，但是经过很长一段时间还是难以释怀，看到前男友有了新的女朋友就感到愤怒、悲伤也是不正常的。

3. 心情乐观愉快

情绪健康的人当然也会有消极的情绪反应，但其积极的情绪反应多于消极的情绪反应，并且消极的情绪反应的强度较弱、持续的时间较短，在消极情绪持续过程中，不会无缘无故地牵涉无关的人和事。情绪健康的人敢于面对现实、承认现实、接受现实，有良好的环境适应能力，能协调和控制情绪，保持良好的心态。

情绪健康的大学生热爱学习、热爱生活，悦纳他人也悦纳自己，给人阳光积极的印象。

第二节　大学生常见情绪问题及原因

一、大学生常见情绪问题

当今社会，就业问题凸显、生活和工作负担过重，人们普遍感到压力很大。身处象牙塔中的大学生也未能幸免，过高的社会期望、严峻的就业压力、沉重的学习负担、复杂的人际关系，给大学生带来诸多情绪困扰。这些情绪问题，有的是短期的，比如考试焦虑，随着考试结束，焦虑自然就会消减。有的是长期的，如人际关系引发的情绪困扰问题，如果一直不能得到有效处理，则会对大学生的心理造成负担，会对大学生就业、情感以及未来的人生发展产生负面影响，长此以往甚至会导致情绪障碍。那么，大学生中常见的情绪问题都有哪些呢？

（一）焦虑

案例

小张找到了我们，他说最近一段时间心情很不好。仔细询问原委之后我们了解到，小张马上要升大四了，眼看着毕业在即，周围的同学有的在认真准备研究生入学考试，有的在准备考公务员，有的正在积极筹划找工作，仿佛所有的人都对自己的未来发展有了很明确的目标。小张却对自己将来何去何从没有清楚的想法。家里人的意见是希望他考公务员，但是小张觉得那不是他想要的生活，他的想法是要么考研究生，要么找工作，由于总是在两者之间徘徊，导致他不能够全力以赴准备，眼看着和同学们越拉越远，小张感到坐立不安，心情很烦躁。

小张正在经历的，是因为未来发展不确定而引发的焦虑问题。焦虑指忧虑、惧怕或不安的心情，是人们预见到即将发生的危险而出现的紧张、不安、焦急、忧郁、恐惧等感受交织成的情绪状态。人们自尊与能力的矛盾引发焦虑，如果个体感受到自身没有能力应付面临的困难，自尊受到了威胁，焦虑的体验就出现了。伴随着焦虑的出现，人们会有一些外在行为变化和躯体内的生理变化。有些人会常常表现出烦躁不安、思维受阻、行为不灵活、动作不敏捷、身体不舒服、失眠、食欲不振等，个体体验到这些变化，又强化其焦虑情绪。

我们每个人都会体验到焦虑，轻度的焦虑也就是我们所说的紧张，当我们意识到威胁和挑战的时候，我们的自尊感会促使我们采取积极行动，促使我们发挥潜能、提高学习主动性和创造性去改变这种不舒服的状态。在一定意义上说，适当的焦虑是个体行为的动力源泉之一，具有积极的作用。只有当焦虑过强，妨碍了人们去做自己想做或者必须做的事，那么这时的焦虑就变成焦虑障碍了。

焦虑可以分为状态焦虑和特质焦虑两大类。状态焦虑是由具体的情境引起的，比如说当众发言、考试、求职面试等，一般时过境迁后，就会从焦虑的状态中恢复过来。特质焦虑是一种慢性的、弥散性的焦虑，往往没有什么具体的原因，但是会让人感到不安、烦躁，这种焦虑跟以往的经历有关，而且容易演化成一种焦虑性的人格特质。

大学生常见的焦虑多为状态焦虑，多由学习、生活、人际交往、就业中的一些情境引起。比如由于对考试紧张、自信心缺乏、希望考出好成绩导致的考试焦虑，又比如在恋爱过程中因恋爱受挫产生的情感焦虑，还有因为担心自己不够漂亮，没有吸引力而引发的自我形象焦虑。也有特质焦虑，主要表现为低自尊、担心别人对自己的看法、怀疑自己的能力等。

（二）抑郁

案例

某日，大二男生小都神色黯淡、步履迟缓地走进心理咨询室，他希望咨询师帮他解决和同学的关系问题。

咨询师观察到，小都头发略长，似乎好久没有清洗，衣着也不是特别整洁。通过小都的诉说咨询师了解到，进入大学后，小都的学习成绩一直都不太好，为了能够考出好成绩，小都加倍努力，放弃了休闲娱乐的时间，但是成绩还是毫无起色。由于长期伏案苦读，加之性格本来就比较内向，小都极少参加学校的集体活动，就连宿舍的一些活动也不太参加。慢慢的，他感到和同学形同陌路，与舍友的关系也越来越疏远。前段时间，宿舍其他同学对他长期不清洗衣物导致宿舍异味提出抗议，小都与舍友间的关系进一步恶化。临近期末考试，他频繁地感到胸闷气短、失眠、燥热，心中烦闷但是又无人诉说，他感到非常沮丧、抑郁，觉得自己怎么努力都不会成功，也不会得到他人的关注和理解，生活了无生趣，甚至想到了死。

抑郁是指人的情绪长期处于沮丧、忧郁、迟钝、思维活动缓慢等状态下的种种症状。对于一些人来说，轻度的抑郁情绪就像感冒一样平常，但是重度的抑郁会像严重的躯体疾病一样，使人丧失正常的生活能力，甚至导致自杀。在抑郁状态下，人会夸张地、长时间地、无缘无故地感到悲伤和沮丧，并且伴随着一系列躯体症状，如疲倦、睡眠障碍、饮食习惯紊乱、嫉妒消极、无价值感等。

按照国际公认的标准，心情低落、苦闷、沮丧至少持续两周，且妨碍学习、生活和社会活动，一般称为抑郁症。其表现为“六无”：

（1）无兴趣（兴趣衰退）；

（2）无希望，对人生持消极、悲观的态度；

（3）无助感，感觉没有人能帮助自己；

（4）无动机，疲劳、沮丧；

（5）无价值，感觉自己于人于己都是没有价值的；

（6）无意义，认为活着没有意义，生不如死。

对于是什么原因导致了抑郁，心理学家还没有充分的解释。一些心理学家致力于研究心境变化的生物学因素，他们对脑化学物质和神经递质进行了研究，特别是5-羟色胺、去甲肾上腺激素和多巴胺的研究取得了一定的进展。例如，研究结果证明碳酸锂这种物质对于治疗抑郁障碍具有较好的效果。另一些研究者从心理学角度寻找病因。精神分析理论就认为，抑郁来源于压抑的愤怒情绪；行为主义理论强调习得性无助的作用；认知心理学家则认为，抑郁来源于长期的自我否定。抑郁与性别有关，整体来讲，女性中有过抑郁体验的人数大约是男性的两倍。抑郁还与季节有关，当秋冬交替之时，随着白天变短，气温变低，一些人会感到郁闷，这与冬天人体内释放出更多的褪黑激素有关，这种激素会调节人体对光线变化的反应，因此，精神医生用光照疗法治疗这种季节性的抑郁，当然如果条件允许，去阳光明媚的热带海岛度假是最好的治疗方法了。

大学生产生抑郁情绪的外部原因主要有考试失败、人际关系破裂、失恋、亲人亡故、重大变故、长期努力得不到回报等。这些负面的生活事件给当事人带来了强烈的心理冲击，使其自信心受到打击，生活陷入混乱。通常，抑郁情绪容易发生在性格内向、孤僻、敏感多疑、长期受挫、不爱交际的大学生身上。

（三）恐惧

案例

小杨是一个清秀的大二女生，她紧张地走进咨询室，很小声很费力地讲述了自己的经历。

小杨来自一个农村家庭，在她很小的时候，父母就外出打工了，由爷爷奶奶抚养她长大。初二的一个晚自习后她独自回家，在村外的黑路上遭到了一个陌生男人的猥亵，但是这件事她没和任何人提起。从此以后，小杨就非常讨厌成年男子，认为他们都非常可恶和恐怖。渐渐地她发现自己难以和异性相处，不敢和他们说话，不敢跟他们有目光上的接触。虽然她极力避免与异性说话和对视，但总是忍不住用余光扫视异性，这让她非常苦恼。特别是上了大学之后，她已经不敢看黑板了，特别是男老师上课的时候，因为一旦注视黑板她就忍不住用余光扫视旁边的男生。小杨痛苦极了，来到心理咨询室寻求帮助。

恐惧是因为受到外界威胁而产生的一种情绪反应，它伴随着逃避的欲望，是一种正常的情绪反应，具有自我保护的作用。例如小孩在遇到陌生人，或者人们在遇到自然界和他人的威胁时所表现出的逃跑行为，都是恐惧情绪自我保护的体现。

然而当一个人的害怕反应超出了合理的限度，即对一般人并不感到害怕的事物表现出很大的恐惧，就是一种病理性的恐惧状态了。在这样的状态下，人会表现出特定的躯体和行为反应，例如不安、出冷汗、颤抖等。并且明明知道这种恐惧是过分的和没有必要的，但是自身难以控制。

在大学生临床心理咨询中，社交恐惧是一种比较常见的心理障碍。有的同学对正常的社会交往表现出明显的焦虑和回避，害怕成为别人注意的中心。一旦在众人面前说话就结结巴巴、面红耳赤，甚至出现心慌气短、浑身发抖等。在这个案例中，小杨就深受社交恐惧的困扰，她自幼缺少父母的关爱和理解，形成了内向、少言、孤独的性格。在青春期又经受来自男子的暴力骚扰，心理受到创伤并压抑在内心，始终没有得到抒解和排遣。后来这种恐惧感又进一步泛化到其他的男性，导致她焦虑紧张、局促不安，严重影响到她的学习和生活。

（四）嫉妒

嫉妒是指他人在某些方面胜过自己而引起的不快甚至是痛苦的情绪体验。西班牙作家塞万提斯说“嫉妒是万恶的根源，美德的蟊贼”。

嫉妒是自尊心的一种异常表现，在大学生中普遍存在。具体表现为当看到他人学识能力、品行荣誉，甚至穿着打扮超过自己时内心产生的不平、痛苦、愤怒等感觉；当别人身陷不幸或处于困境时则幸灾乐祸，甚至落井下石，在人后恶语中伤、诽谤。嫉妒是一种情绪障碍，它扭曲人的心灵，妨碍人与人之间正常真诚的交往。

2013年4月上海复旦大学医学院研究生黄洋遭他人投毒不幸身亡。经警方侦查，犯罪嫌疑人为其宿舍舍友林森浩。2015年1月8日上午，上海市高级人民法院对被告人林森浩故意杀人上诉一案进行公开宣判，林森浩投毒案终审维持原判：因故意杀人罪被判死刑。

该案件在社会引起广泛热议。很多心理学家认为，这与林森浩嫉妒、自卑、敏感、脆弱的性格缺陷，处理人际关系及情绪调节能力低有关。具有这些不良特征的人在生活中容易遭遇挫折，而挫折往往使他产生愤怒、怨恨、敌视等消极情绪体验，并长时间难以排除，当积累到一定程度时，如果受到一点哪怕很小的事情的刺激，他就会情绪发作，导致行为失控而伤害他人。

二、不良情绪产生的原因

判断心理是否健康的标准有很多，其中是否具有不良情绪，是心理健康与否的重要指标之一。一个人心理不健康，主要通过不良情绪体现出来，比如忧郁、易激惹等。不良情绪是指个体对事物的过度的情绪反应，或者持久性的消极情绪，它是导致各种身心疾病的重要原因。为什么人们会产生不良情绪？不良情绪是由什么原因造成的？是单纯地由于事件，还是性格特征所致？

一般认为，人们产生不良情绪是由压力导致的，承压能力的大小直接影响着不良情绪的反应程度。在心理学中，压力是影响人情绪的重要因素，压力来自于压力源，压力源分为三类，即生物性压力源、精神性压力源、社会环境性压力源。

（一）生物性压力源

生物性压力源指躯体创伤或疾病、饥饿、性剥夺、睡眠剥夺、噪声、气温变化等，这些都是通过人的躯体感受对个人情绪产生影响。一般情况下，一个人身体健康，没有病痛折磨的时候，更容易产生良好的情绪。相反，如若身体出现某些疾病，就会影响心情，产生不良情绪。这在不同的人身上体现不同，因为个人对自身状况的关注点不同，也有着不同的承压能力。承压能力强的人，可以承受较大的病痛而乐观面对，而承压能力差的个体，会在轻微躯体不适时，产生严重不良情绪。

纯生物性压力源多指疾病，疾病多持续时间久，对躯体影响大，需要个体和外界付出较大的努力才能改善。心理学中就专门有研究病患心理的分支，比如，很多癌症病人在不知道自己患有癌症的时候，可以照常吃喝，没有多大的不适，一旦知道自己患病，就会立刻身体虚弱，这就是不良情绪带来的躯体反应，不利于身心健康发展。其他的生物性压力源对情绪的影响虽没有疾病折磨明显，但是也有一定的影响，比如经常失眠的个体，就容易心情烦躁，体力不支，无法正常生活。在电视剧《一代枭雄》中，主人公曾经被剥夺睡眠以示惩戒，这就是典型的生物性压力，让人在睡眠剥夺阶段情绪失控或痛苦。

当然，生物性压力源可以单一地起作用，也时常会以外部环境和个体心理差异为中介，加重或减轻不良情绪。比如，如果个体所处的外部环境和社会支持系统对于个体是支持和同情的，那么个体就会减少不良情绪，反之则会加重。还有就是个体由于过分在乎或担心，很小的不适就可能导致严重的不良情绪，而有人因为比较乐观，对于生物性压力源就会起到抑制的作用。

（二）精神性压力源

精神性压力源指阻碍和破坏个体正常精神需求的事件，包括错误的认知结构、个体不良经验、道德冲突、不良个性心理特点等。这其中，错误认知是个体的行为习惯，最容易引发精神性压力源。一般情况下，心理学家认为有三种错误认知最容易导致个体消极的不良情绪的产生，即对自我的消极看法、对世界的消极看法和对未来的消极看法。

由于每个人成长的环境不同，在成长的过程中会逐渐形成相对独立的价值观，这些价值观使人们形成对特定事物独一无二的看法或见解，而这些看法或见解就是直接影响其情绪活动的最基本的判断标准。例如，现在很多年轻女性都很喜欢晒自拍，喜欢晒奢侈品，喜欢晒豪车。在这类女性的生活中，“炫富”好像已经成为一种习惯，通过别人对自己的羡慕来获得巨大的满足感，认为成功的标准就是在金钱上胜过别人。认为金钱上的成功就是绝对的成功，这样的价值观是一种错误的认知结构，受这种认知结构的影响，很可能就会产生一些负性情绪。比如说，当生活比较拮据的时候，这类人就会产生巨大的失落感，认为自己不如人，认为自己一文不值，对自己否定，会情绪低落。更甚者，会用一些违背法律的手段去获取金钱，从而满足自己的虚荣心。从根本上讲，这就是没有真正认定自己的价值所在，认为只有用金钱才能证明自己的价值，这是一种对自我的消极看法。积极向上的人，对自己充满信心的人，自尊心的满足是建立在自我能力的证明上，而不是别人的称赞上。

另外一种容易导致负性情绪的原因即是对未来的消极看法。这种情况最容易发生在毕业季的毕业生中。由于应聘单位招聘人数有限，加之每年毕业人数众多，导致每年都会有很多毕业生在很长一段时间内找不到合适的工作。一次次面试失败，使毕业生的挫败感不断累加，每一次抱着希望去投简历、面试、笔试，最后却失望而归，这样的心理落差会让很多毕业生难以接受。加之在以前的学习中，很少会遭遇重大挫折，没有对抗挫折的免疫力，因此，很多毕业生在找不到工作，特别是在看到周围同学都找到满意工作的时候，便会对未来感到迷茫、失望，认为自己的前途一片黑暗，认为努力学习的结果就是一场空。这样的结果就是，很多毕业生都会出现诸如失眠、焦虑、食欲不振的症状，严重者还可能影响正常的生活，若没有及时进行心理疏导，很可能产生心理问题。

（三）社会环境性压力源

社会环境性压力源包括纯社会性的压力，即社会事件造成的，比如重要人际关系破裂，家庭长期冲突、战争等，以及由于自身躯体和精神状况造成的人际适应问题，比如说人际适应不良，社会支持系统缺失等。

纯社会性的事件是指一系列的生活事件，是一种客观存在的生活环境，有时是不能通过个人努力而避免的。比如，家庭不和谐，父母经常吵架，对于孩子而言，就是社会环境性压力源，这必然会导致孩子在自己的学习生活中受到不良情绪的影响，轻则可能会没有心思学习，苦恼，不愿回家，重则可能出现暴力倾向或者自残行为。再比如，失恋会造成短期的情绪低落，空虚不安，无法正常生活。这些客观事件的发生，不以人的意志为转移，与自身期望值相悖，致使不良情绪滋生。

而由于躯体和精神状况造成的人际关系问题，则是与上述两种压力源交替存在的，是上述两种压力源引发的社会结果，表现为社会人际交往能力下降，常与人发生争执或沉默，或对普通事件有较大的情绪反应。这些个体行为会对社会支持系统造成损害，即父母、爱人、子女、朋友不理解个体的情绪变化原因，对其疏远和责备。在这种情况下，不良情绪就会由于没有畅通的发泄口而升级。因此，在不良情绪产生时，社会支持系统起着媒介的作用，良好的社会支持系统可以减轻不良情绪造成的影响，脆弱的社会支持系统会使人陷入孤立无援的状态，增强不良情绪的体验。

以上三种压力源一般在现实生活中都不是单独出现的，而是重叠或交替出现。虽然产生不良情绪是不可避免的，但是可以通过外部干预，即情绪管理来减轻压力，将压力对生活的影响降至最低。

案例

大学生小苏，在恋爱中与男友发生过性关系，由于生理卫生知识缺乏，导致其患上了轻微的妇科疾病。小苏因此时常感到不安，睡不着觉，吃不下饭，又无法向其他人倾诉，觉得这是一件十分丢人的事，难以启齿，这导致小苏无法专心学习，心情郁闷，时常会有较大的情绪起伏。她向男友倾诉心情，但男友表示这是很常见的事，没有对其表示充分的关心和安慰，因此小苏心中十分纠结，会经常因为其他小事与男友争吵，男友一开始还能够容忍，但是最后不胜其烦，变得冷漠。小苏认为这是男友不爱她的表现，认为是自己的疾病导致的，因而时常哭泣，轻度抑郁。

在此案例中，小苏就是由于身体不适的生物性压力源为起因，又对于婚前性行为有着道德冲突和自我的消极看法，认为自己很丢人，产生了精神性压力；再加上不敢与人声张，导致社会支持力量的缺乏，从而滋生了不良情绪。了解了这一不良情绪产生的原因，就可以逐个进行分析与开导，改善不良情绪。

另外，人们所处的环境也会对人的情绪产生间接影响。在良好的环境中，人们很容易排解由于心境或压力带来的不良情绪，反之则会加强。这里所说的环境，是指一般意义上的自然环境，是一切心境产生的背景。自然环境对人情绪的影响显而易见，比如下雨会让有的人心情郁闷，而广阔的风景，如大海或群山，能够帮助人们放松心情。这就是为什么有“出门散心”一说。同样，肮脏逼仄的环境，会使好心情大打折扣，使人失去耐心和包容心。因此，环境这一间接影响情绪的因素，也是值得注意的。

第三节　如何管理情绪

一、情绪管理概述

（一）情商

从情绪健康的标准看，情绪健康不仅涉及对自我情绪的认识和调节，还包括对他人情绪的感知和应对，这里就涉及“情商”的概念。

“情商”一词，现在被社会心理学家广泛应用，多用于分析对个人成就的影响程度，是情感智商的简称。1990年，彼得·萨洛韦和约翰·迈耶首次提出这一类似概念，命名为情绪智力，认为个体在社会中获得成功，起主要作用的不是智力因素，而是情绪智力，情绪智力对成功的影响占到80%。后来，情绪智力被丹尼尔·戈乐曼解读为情感智商，提出了与“智商”相对的“情商”这一术语，也就是现在所说的EQ。就此，情商对于人们社会行为的影响，开始被社会及心理学界广泛研究关注。1995年，吉布斯发表《EQ因素》一文，提出情商和智商并非是此消彼长的两级，而是具有互补性的两种因素，即高智商并非是影响情商发展的决定因素，而是可以适当地对情商产生影响；低智商也并非会一无所成，可以通过后天的培养提高情商，弥补智商缺陷，最终达到成功。这一理论，为成功心理学提供了更加广阔的研究空间，即智商决定一切的主导思想被质疑，情商的可培育性，为人性的自我完善和健全发展提供了基础。

丹尼尔·戈乐曼认为，情商包括以下五个方面，其一是对自我情绪的认识和识别，能够明确地知道自己的情绪特征及情绪表现；其二是对自我情绪的控制，即将情感表达控制在可被外界接受的范围内；其三是自我情绪的良性转化，即是否能够消弭不良情绪，产生自我激励的良好心境；其四是对他人情绪的鉴别，从而通过准确判断他人情绪来引导自身情绪转变，并在一定程度上影响他人的能力；其五是指人际关系交往的能力。在这五个情商构成中，不难看出，前四项均与情绪管理直接相关，都是对自我情绪或者对他人情绪的识别、管理、转换，唯一没有直接涉及情绪管理的人际关系管理，也是要通过自身的情绪控制和情绪转换，才能发挥出最佳效果的。因此，我们可以认为，情商的高低与情绪管理有着密切的联系，情绪管理能力的提高，对情商的发展和培育有着至关重要的影响，这就为培育情商提供了方向。

一般认为，高情商者能够表现出对自我情绪更好的管理能力、更加敏锐的对他人情绪的识别能力，以及转换自我情绪的能力，这些能力对于工作及学习的效率有着明显的促进作用，尤其是在青少年时期。有研究表明，成绩不合格的初中毕业生中，有80%是由于非智力因素的影响，包括缺乏学习兴趣、自制力差、自信心弱及不良情绪影响等，这些并非是智力低下，而是情商较低的表现。因此，我们可以认为，情商高的人，情绪管理的能力较强，而学会情绪管理，是提高情商的有效方法。

（二）情绪管理的意义

生活中我们总会被各种情绪困扰，难免也会闹情绪，如果不进行很好的情绪控制，放任坏情绪的蔓延，会给我们的生活、人际交往带来负面影响。这里有一则典型案例。

案例

小莲是一个漂亮温柔的女孩，就是有点多愁善感，偶尔会对男朋友发发小脾气，闹闹小意见，但是男朋友都极力忍让，甚至有的时候还觉得她挺可爱的。但是有一次，小莲的男朋友有点难以忍受了。

这一天恰逢六级成绩公布，小莲没有考过，心情非常糟糕。往常遇到这样的情况，小莲都要求男朋友陪她逛街吃东西来宽慰心情，但是今天非常不巧，小莲男朋友的导师突然要开会商量毕业论文的事情。男朋友觉得这个会议非常重要，于是对小莲进行了一番解释，还好言安慰了一会儿，小莲嘴上虽然表示理解，心里却是十二分的不乐意。之后的几天，小莲的男朋友都主动联系她，约她出来，但是小莲总是以各种理由推脱，好像还在生气。后来，小莲的男朋友实在忍受不了她这种脾气，提出了分手。

1. 良好的情绪管理有利于人际关系的和谐

情绪表达的恰当与否会影响到我们的人际关系，在小莲的案例中，由于小莲任意乱发脾气，不注意控制自己的情绪，最终导致男友提出分手，给自己的内心带来很大的创伤。在生活中，人际关系的和谐健康对我们的心理健康具有重要的意义，而一个善于控制自己的情绪、能够尊重他人、理解他人的人自然会收获更多的友谊，也会拥有令人羡慕的人际关系。

2. 良好的情绪管理有利于身体健康

当人处在焦虑、忧愁、悲伤、愤怒时，人的生理活动会受到相应的影响。当这种情绪的变化较为短暂时，不会对人的身体产生太大的影响，但是如果这种消极情绪持续地存在下去，人的内分泌系统就会受到影响，并导致疾病。生理心理学研究发现，心血管、消化系统、泌尿系统、呼吸系统、内分泌系统的不少疾病都与长期的不良情绪有直接关系。

3. 良好的情绪管理有利于提高工作学习效率

良好的情绪可以让人充分发挥自身潜能，积极投入工作，带来更好的创造性。特别是在面对竞争对手的时候，我们更要控制自己情绪的稳定，行动才会周全缜密，在竞争中获胜。

2004年雅典奥运会上，中国射击选手贾占波凭借对手马修·埃蒙斯最后一环脱靶，“捡”得一枚至为宝贵的金牌。4年后马修·埃蒙斯在北京奥运会上几乎又重演了雅典那离奇一幕。2008年8月17日，北京奥运会射击比赛还差一个人的最后一枪就将全部结束。中国选手邱健利用最后一枪逆转乌克兰对手0.1环，1272.5环的成绩足以保证他获得一块银牌。没有完成比赛的马修·埃蒙斯只要最后一枪打出6.7环（步枪射击中的业余水平），就能取得金牌。埃蒙斯举枪、瞄准、击发，竟然鬼使神差地打出了4.4环的成绩。在全场观众不知所措的惊叹中，时光一下子倒转4年，回到了2004年8月22日的雅典马可波罗射击场。当时的射击比赛也进行到了最后一枪，2号靶位的埃蒙斯同样最后击发。他只要得到不低于7.1环的成绩就能夺冠，但最后一声枪响后，子弹竟然飞到了3号靶子上。4年之后，埃蒙斯再一次将金牌拱手“送”给了另一位中国运动员邱健。这个现象被媒体称为埃蒙斯中的“奥运魔咒”或者叫埃蒙斯“第十枪现象”。

很多专家解读了埃蒙斯现象。在张力为教授看来，埃蒙斯在比赛中可能是太关注最后一枪的成绩，进而过度紧张，导致技术变形，影响了比赛成绩。而中国医科大学医学心理学与精神医学专家贾丁鑫认为，埃蒙斯现象绝不是一个简单的技战术问题，而与选手的心理波动有直接关系。他的判断是：埃蒙斯因为4年前的惨痛一幕，心理创伤无法平复，他非常想在这个同样的项目中再站起来，证明自己，结果在4年后的北京奥运会上再次爆发同样的失误，用心理学专业术语讲，是“成就动机过大”。在贾丁鑫看来，这种“成就动机”如果适度的话，会有益于埃蒙斯发挥，但如果太强烈了，会带来反作用。根据专家的分析，我们可以得出结论：埃蒙斯现象是运动员神经—心理在极度应激条件下产生的行为异常，是过度紧张和动机过大导致技术变形的结果。①

二、有效的情绪管理与调节

（一）情绪管理的理论

1. 情绪的ABC理论

情绪的ABC理论是由美国心理学家埃利斯创建的。埃利斯认为，激发事

① 文章来源：人民论坛《“隧道视觉”与埃蒙斯现象》。

件A（Activating event）只是引发情绪和行为后果C（Consequence）的间接原因，而引起C的直接原因则是个体对激发事件A的认知和评价而产生的信念B（Belief），即人的消极情绪和行为障碍结果C，不是由于某一激发事件A直接引发的，而是由于经受这一事件的个体对它不正确的认知和评价所产生的错误信念B所直接引起的。错误信念也称为非理性信念。

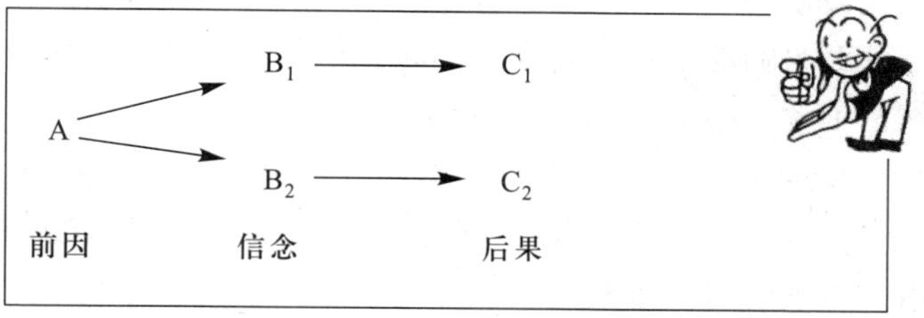

图5–1　情绪的ABC理论

如图5–1所示，在同样的原因A之下，产生了不一样的后果C_1和C_2，原因在于人们对事件A的不同评价和解释为B_1和B_2。例如，同样是英语六级，结果两个人都没过，一个人无所谓，而另一个人却伤心欲绝。第一个人可能认为：这次考试只是试一试，考不过也没关系，下次可以再来。另一个人却认为：我精心准备了那么长时间，竟然没过，是不是我太笨了，我还有什么用啊，人家会怎么评价我。于是不同的B带来的C大相径庭。由此可见，一切后果根源于我们对事物的信念、评价与解释。

埃利斯认为，正是由于我们常有的一些不合理的信念才使我们产生情绪困扰，久而久之，这些不合理的信念会引起情绪障碍。

常见的不合理信念有：

（1）人应该得到生活中所有对自己重要的人的喜爱和赞许；

（2）有价值的人应在各方面都比别人强；

（3）任何事物都应按自己的意愿发展，否则会很糟糕；

（4）一个人应该担心随时可能发生灾祸；

（5）情绪由外界控制，自己无能为力；

（6）已经定下的事是无法改变的；

（7）一个人碰到的种种问题，总应该有一个正确、完满的答案，如果一个人无法找到它，便是不能容忍的事；

（8）对不好的人应该给予严厉的惩罚和制裁；

（9）逃避可能、挑战与责任要比正视它们容易得多；

（10）要有一个比自己强的人做后盾才行。

依据ABC理论，人的不合理观念具有以下三个特征：

一是绝对化的要求。是指人们常常以自己的意愿为出发点，认为某事物必定发生或不发生。它常常表现为将“希望”、“想要”等绝对化为“必须”、“应该”或“一定要”等，例如，“我必须成功”、“别人必须对我好”等等。这种绝对化的要求之所以不合理，是因为每一客观事物都有其自身的发展规律，不可能依个人的意志为转移。对于某个人来说，他不可能在每一件事上都获得成功，他周围的人或事物的表现及发展也不会依他的意愿而改变。因此，当某些事物的发展与其对事物的绝对化要求相悖时，他就会感到难以接受和适应，从而极易陷入情绪困扰之中。

二是过分概括化。这是一种以偏概全的不合理思维方式的表现，它常常把“有时”、“某些”过分概括化为“总是”、“所有”等。用埃利斯的话来说，这就好像凭借一本书的封面来判定它的好坏一样。它具体体现在人们对自己或他人的不合理评价上，典型特征是以某一件或某几件事来评价自身或他人的整体价值。例如，有些人遭受失败后，就会认为自己一无是处、毫无价值，这种片面的自我否定往往导致自卑自弃、自罪自责等不良情绪。而这种评价一旦指向他人，就会一味地指责别人，产生怨忿、敌意等消极情绪。我们应该认识到，“金无足赤，人无完人”，每个人都有犯错误的可能性。

三是糟糕至极。这种观念认为如果一件不好的事情发生，那将是非常可怕和糟糕的。例如，“我没考上大学，一切都完了”，“我没当上处长，不会有前途了”。这种想法是非理性的，因为对任何一件事情来说，都会有比之更坏的情况发生，没有一件事情可被定义为糟糕至极。如果一个人坚持这种“糟糕”观，那么当他遇到所谓的百分之百糟糕的事时，他就会陷入不良的情绪体验而一蹶不振。

案例

小丽大学时学的是中文，毕业后进入了一家影视公司工作，工作环境舒适，工资待遇也很高。大家都认为小丽发展得很不错。

最近公司人事变动，小丽换了一个新领导。一次，领导让小丽写一个活动的演讲稿，但是几次三番的修改，小丽的演讲稿总是不能让领导满意，小丽感到十分委屈，觉得在这家公司干不下去了。小丽认定这个领导对她有偏见，是有意为难她。自己怎么碰到这么个挑剔的老板呢？真是命苦啊！一连几天，小丽都陷入这种痛苦情绪中不能自拔，演讲稿也由同部门的另外一个同事代劳了。对于这件事，小丽找到了咨询师咨询，咨询师仔细倾听了小丽的哭诉，并给出了建议，希望她能够暂时抛开情绪，向同事学习。

几天后，小丽和同事一起完成了演讲稿，领导很满意，还拍着她的肩膀说："小丽，你还是有潜力的，工作的时候要勤于把它们挖掘出来呀！"听了老板这样的肯定，小丽顿时又觉得老板是个和蔼的人了。

这个案例让我们学习到，一时的情绪宣泄使小丽感觉舒服一些，暂时缓解了她的不良情绪，能够使她较为理智地面对困难。但是从长久来看，情绪宣泄并不是解决问题的最好办法，当下次面对相同的情形时，坏情绪可能还会卷土重来。要从根本上管理好我们的情绪，还需要反思我们的想法，与不合理的信念辩论，让我们对事件形成合理的认知。

怎样与不合理的信念辩论呢?

首先，我们要接受已经产生的不良情绪。"人非草木，孰能无情?"负面情绪是情绪的一部分，我们要允许它的存在。

其次，接受这个拥有负面情绪的自己。虽然我们会时不时地涌现出负面情绪，但是，这不代表自己是一个很糟糕的人，所有人都会有不良情绪，我们只是这些平凡人当中的一分子。

第三，与不合理认知辩论。在以上案例中，小丽觉得老板是在针对自己，这是真的吗? 真实的情形是，领导只是对事不对人，当时他并没有考虑到小丽的感受，也没有意识到他的态度伤害到小丽，他只是一个比较苛刻的领导而已。

因此，当我们情绪不好的时候，不妨问问自己，为什么这么不开心，是不是自己把有些事情想得太严重了，或是意会错了。换个想法，就能换个心情。

2. 视网膜效应

视网膜效应是指我们更容易看到我们所拥有的或者心里所想的东西。例如，你最近刚刚买了一款绿色的衣服，你认为一般人很少会选择这个颜色，因此为自己的独特眼光而沾沾自喜，但是，很快你就会发现，身边经常会有穿着绿衣服的人出现，其实这只是我们更加关注绿衣服而已。卡耐基先生很久以前也注意到这个效应，他说，每个人的特质中大约有80%是长处或优点，而20%左右是缺点。当一个人只知道自己的缺点是什么，而不知发掘优点时，"视网膜效应"就会促使这个人发现他身边也有许多人拥有类似的缺点，进而使得他的人际关系无法改善，生活也不快乐。那些常常骂别人的人，其实自己脾气也不太好，这就是视网膜效应的作用。

视网膜效应对于情绪也是如此，如果我们只关注事物的消极方面，就会产生消极的情绪，但是如果我们关注的是事物的积极方面，则会产生积极的情绪。美国心理学教授芭芭拉·弗雷德里克森在《积极情绪的力量》一书中阐述了积极情绪对我们生活的巨大意义，积极情绪会扩展我们的思维和视野，建构帮助我们成功的各项资源。积极情绪为我们带来健康，让我们更加坚韧，并抑制无端的消极情绪。

（二）情绪管理与调节的步骤

1. 承认不良情绪的存在

我们都有过与情绪抗争的经历，比如刚刚经历了一件失意的事情，我们感到心情糟糕极了，我们找朋友聊天、看喜剧电影、去唱歌，大多数时候，情绪会随着我们积极的行为干预而消失得无影无踪，但是，有的时候无论怎样排解我们还是感到很糟糕，这是不是说明我们就管理不了我们的情绪了呢？并不是如此，只是此时此刻的情绪，需要我们更多的关注，我们想要战胜它，首先要去了解它，我们要承认它就在那里，可能会伴随我们一段时间。

有时候人们会把情绪分为“好的”和“不好的”，出现“不好的”情绪时，总想竭力摆脱，但事实上情绪不管好坏都是摆脱不掉的，最好的办法是接纳它。正如培根所说：“想要支配自然，首先就得顺从它。”

案例

小A失恋后非常郁闷，但是拒绝跟朋友谈及此事，拒绝别人的安慰，不敢面对但是又常常深夜还在流泪。后来在心理咨询师的帮助下她开始接纳自己的伤心，接纳那种被抛弃之后的无助感，接纳那种被欺骗的感觉，渐渐地她觉得也没有什么大不了的，在谈恋爱之前一个人不是也活得好好的吗？

2. 理智地觉察情绪

在承认自己情绪不良之后，我们需要做的是及时审视我们的情绪，不了解自己的情绪状态的人必然会成为柏拉图所说的“感觉的奴隶”，永远不了解自己情绪变化的机制，也就做不了情绪的主人。觉察情绪让我们从事件中跳脱出来，作为一个旁观者来观照情绪。我们要问问自己，我现在的情绪是什么？我的感觉是什么？它产生的原因是什么？就像情绪的ABC理论所讲的那样，是不是一些非理性信念扰动了我们？我们对人、对事是不是有一些偏见？很多情况下，我们的情绪往往来源于对人和事僵化的、片面的看法和信念，我们需要换一个角度看待问题，在认知中增加新的可能性。

虽然接受并不意味着改变坏情绪的本质，但可以让我们更清楚地体验并认识到它的本质，而对本质的了解越清晰，我们的应对能力也就会越强，选择就会更多。对自己内在情绪的起伏有了一份超然的觉察之后，我们就能够做自己情绪的主人了，这时候我们就可以做到不以物喜、不以己悲，真正地不被情绪所左右。

3. 合理地表达情绪

有了情绪就要表达出来，但是要看场合和情境，也要注意方式方法。很多时候，我们表达情绪都是发泄式的，往往伤己伤人，妨碍沟通。恋爱中的男女，男生忘记了女生的生日，女生的表达一般都是“连我的生日都忘记了，你的心里到底有没有我？”“你一点都不爱我。”这样的表达都是在批评、在发泄，其实女生明明知道没有那么严重，也许是男生因为什么事情忘记了，但是一时的怒气让她控制不住地说出了一些伤害的话，如果总是如此，关系恐怕不会长久。

4. 发挥积极情绪的力量

正如《积极情绪的力量》一书的作者芭芭拉·弗雷德里克森所说的，积极情绪对人类意义重大。

把自己想象成春天里的一朵花，你的花瓣聚拢，紧紧围绕你的脸，你还可以看到外面，但只有一点点光线，你无法欣赏发生在你身边的事情。然而，一旦你感受到阳光的温暖，情况就变了。你开始变得柔软，你的花瓣放松，并开始向外伸展，让你的脸露出来，拿掉了厚实的眼罩。你看见的事物越来越多，你的世界不断扩展着，可能性不断增加。

积极情绪不仅提升了我们的主观幸福感，而且由于其在认知能力、注意力、健康、创造力、韧性等方面的积极作用，会给我们的人生带来更多的可能性和开放性。努力认识并消除生活中的消极情绪是一个良好的开始，更重要的是，我们要善于制造让我们感到幸福的生活瞬间，在生活中放慢脚步，品味美好；关注并回忆自己的成功事件；主动和他人交往；享受大自然；寻求生命的意义，勇于追逐梦想，这些都有助于我们把精力从消极的情绪中抽离出来，离幸福越来越近。

（三）情绪调节的具体方法

研究表明，情绪管理的方法因情绪不同而不同：对于悲伤的情绪，最好的解决方式是寻求支持；对于愤怒的情绪，最好的方法是宣泄和解决问题；对于创伤，最好的解决方式是远离创伤源。同时，情绪的解决还有赖于个体自身认知评价的引导。当前大学生的情绪问题多由于缺乏情绪管理的方法所引起，大学生要学会根据自己的情绪状态选择适合的、有效的情绪管理策略。

1. 宣泄法

负性情绪是一种具有极大破坏力的能量，这些能量如果不能被及时疏泄，则会对人的身体和心理产生破坏性的力量，使人患上各种躯体疾病和心理疾病。因此，能够及时把负性情绪宣泄出来是非常重要的。痛哭是最常用的宣泄方法，平时我们总要求自己坚强，特别是男生，觉得哭是一件特别没有面子的事。其实，哭是有利于身心健康的，科学家研究发现，人的眼泪中含有很多毒素，痛哭可以让毒素随着眼泪排出体外，从而避免毒素对身体的影响。痛哭之后，情绪会得到舒缓，会比较冷静客观地面对自己的问题。运动也是宣泄情绪的好方法，比如盛怒的时候去操场跑两圈，干点体力活，或者到空旷无人的场所大喊大叫，都可以把心理上的负性能量转化成身体的能量释放出去，达到很好的宣泄情绪的目的。

2. 倾诉法

当人受到情绪困扰时，最好能够倾诉出来，因为长时间压抑情绪，会对人的身心造成负面影响。当情绪低落心情不好时，可以向自己的家人和信任的朋友一吐为快，有时候，家人朋友的帮助和指点能够化解困境，豁然开朗。同时，朋友和家人的倾听和支持对当事人是一种莫大的安慰和鼓励，尤其是遇到重大的人生困境的时候，更应该得到他人的安慰。

当我们所经历的困境是难以向他人启齿或者我们觉得对自己的心理已经造成了很大的伤害时，心理咨询是一种较好的选择，因为心理咨询的保密原则、非歧视原则会避开人际交往中的压力，给予当事人最大的心理支持；同时，心理咨询师会从专业的角度分析和解释事件，帮助当事人调节情绪。

3. 理智消解法

正如情绪的ABC理论告诉我们的那样，很多不良情绪来源于不合理信念和对事物的错误认知。我们应该锻炼自己识别不合理信念的能力，学会与不合理信念抗争，生活中没有那么多“应该”、“绝不”、“糟糕至极”，宽待自我，悦纳自我，当受到困扰时，能够理智、冷静地面对，从而在根本上化解不良情绪。

4. 升华法

把受挫而产生的不良情绪引向崇高的境界，将其强大的心理能量凝聚到学习、工作与生活中，也就是把情绪激起的能量投射到战胜挫折，或者有利于社会和个人成长的活动中去，使其变得具有建设性和创造性。越是我们情绪不佳的时候，越需要我们冷静地对待每一件事，一件坏事并不是在任何时候都使我们烦心，它往往是在我们精力和情绪状态最差的时候影响我们。升华法是一种最为积极的情绪自我调控的方法，也是一种最为有效的情绪宣泄方式，它跟一个人的修养、觉悟密切相关，而且需要有一颗奋发向上的心。

5. 环境调节法

环境对人的情绪的调节作用是毋庸置疑的，当人处于干净、明亮、优雅的环境中时，自然会拥有一份很好的心情，相反，当周遭声音嘈杂、臭气熏天，人们就很难拥有一份愉悦的好心情。因此，当我们受到坏情绪的浸染，不妨走到户外，来一次短途旅行，让大自然的芬芳和色彩消弭消极的情绪。

6. 放松法

当我们的身体处于完全放松的状态时，我们的心理或精神也能相应地达到自然的放松。反之，当我们的心理很放松的时候，比如听了一段轻松优美的音乐，身体也会产生松弛的感觉。身心放松法就是利用生理和心理彼此的交互影响，使生理和心理同时达到放松的目的。而一旦我们的心理平静放松下来，我们就可以进一步客观地觉察、分析自己的各种情绪和想法。

身心放松的方法有很多，大体上可以分成两大类：一类是生理放松的方法，比如深呼吸法、肌肉放松训练等。另一类是心理放松的方法，比如闭着眼睛想象一些广阔、宁静、优美的画面或场景，可配合一些放松音乐。这些画面可以是美丽的花园，可以是辽阔的大海，可以是舒缓的河流，可以是飞翔的小鸟，总之，只要是能够让心灵平静愉悦的美好场景，都可以帮助我们调节情绪，缓解心理压力。

拓展阅读

1. 抑郁也许是一种重要的情绪[1]

我们可能对人的情绪有诸多解释，什么是情绪？怎么定义它？什么是好的情绪和坏的情绪？为什么？许多有关心理健康的书、情绪调节的书都把保持一种良好的情绪看成是健康的法宝，真是这样吗？快乐的心境、激越的情绪真的能保留住吗？很多情绪调节的书指导大家学习管理情绪的方式与技术，这些外来的调节技术真的可以让情绪放松吗？我曾在《情绪的自我调节》一文中对当下流行的情绪疏导模式做了必要的解释，提出不同的调节方式对人体健康暗藏的危害，主张顺应情绪的自然，调节要适可而止。

这篇文章我想用一种全新的，类似哲学描述的方式来解释情绪。什么是情绪？正如血液流动是肌体维系活力一样，情绪的自然流动是精神的活力，没有情绪的人是死气沉沉的。心理学应该担心的不是情绪鲜明、爱哭爱笑的人，反倒是情绪缺乏或情绪表达困难的人。情绪的分类不应该是文化所标定的正性的或负性的，这种分类方式易于给人一个误解，以为情绪是有好坏的。我们应该意识到情绪是一种能量，是人的意识、心灵、精神世界维持清晰和觉察力的动力。没有情绪的人，对他人、对世界是麻木的。情绪能量低的人，爱的能力也很低，喜好、欲望、冒险精神、探索心、创意也相应很低。人类的情绪原型应该看成一种掩藏在生理机制后面的生命力。科学可以解释人的神经活动，但解释不了人的自由决策、追求、信仰、喜欢、宗教情结等类似的东西。在一种特定的创伤下，如植物人，没有意识，没有精神活动，也没有了情绪。那么，

① 作者：李子勋，文章来源：http://blog.sina.com.cn/lizixun

为什么我们不可以把人的情绪，甚至是动物的情绪看成是精神活动的产物呢？

心理学曾经把恐惧、焦虑、孤独、敌意、依恋、兴奋、攻击性（掠夺）、贪欲、满足看成未分化的原始情绪，因为这些情绪在动物世界具有普遍性。这些情绪在未被文化分类的时候，都是生命赖以存在的重要能力。由于文化与文明的发展，正如人类发明了社会，也发明了社会化情绪一样，原始的情绪受到文化压抑，情绪不再以无序的、未分类的、本体的形式出现。文明建构了一些美好的情绪，让人的情绪跟人类的价值取向、审美情趣、物质欲望满足有关。注意这些情绪不是人类本体的，本体情绪与人类的孤独、死亡恐惧、焦虑与饥渴有关。用哲学的话来说，情绪是素材，人们通过文化再认与分类来表达它。再认的一个直接的后果就是产生被文化异化的情绪（抑郁、嫉妒、丧失、羞耻等），这种情绪是反自然的。实际上，情绪在未被分类前，是难以描述的一个泥团。情绪现象只是一种能量突起，混杂，多重意义与可能，彼此不能分别。正如爱是靠恨来依附，乐靠悲来承受一样，愤怒的同时也是喜悦。中医说七情六欲是人的生命现象，情绪是哲学层面的客观存在性。人想把握一些情绪，排斥一些情绪的努力是徒劳的，如果你不想痛苦，唯一可行的做法是你也不想高兴，也绝未曾有过高兴的体验。

人对情绪的觉察力在五岁前基本完成，这是情绪的语言化过程，被识别的情绪已经不是原始情绪本身，而带有明显的价值标定与功能性。当然，对情绪的描述仍旧可以是恐惧、焦虑、孤独、敌意、依恋、兴奋、攻击性（掠夺）、贪欲、满足，但这个时候，它们的内在赋义已经不同。原始情绪中恐惧针对死亡意识，焦虑针对存在意识，而文化呈现恐惧、焦虑是指向不确定与失控感。被感知的情绪具有与现实的互动回复性，不是针对一种意识觉知，而是针对某种具体场景。当然，人的情绪会因为社会的复杂化而多样化，只要发明一种情绪描述方式，就会被人觉察到这些情绪的存在。有时候，我们也分不清，到底是我们发现了某种情绪，还是发明了某种情绪。比如抑郁症，在没有这个词汇前，人对类似情绪的描述是多种多样的，人们处理的方式也多种多样的。当我们被训练使用这个词的时候，所有的描述被同一了，治疗也变得单一。相对而言，美好的情绪词汇引发的体验远不如坏情绪强烈，因为在于原始情绪的泥团中，美妙的体验都是比较肤浅的，不美妙的情绪对心灵的触动比较深刻。我们常常很难回忆起爱情的甜蜜，却对创伤与痛苦久久难忘。

情绪被压抑是文化与现实交替反应的结果，是情绪的非自然状态，压抑是唯一对人心身有伤害力的。但压抑的情绪如果不用心理障碍、心身疾病、精神分裂与反社会、攻击性、酗酒、赌博、吸毒等来出口的话，那么压抑的情绪反而会成为生命的创造力、激情与恒久的坚持。未曾体验过深重压抑、挫败和失落的人，也不可能成为伟大的导师、创造者、艺术家与天才。另一方面，抑郁的情绪本来是自然的，它与兴奋同体，当抑郁被展现的时候，兴奋和愉悦在它的外衣掩藏下已经开始蠢蠢欲动了，对抑郁的排斥也会阻断快乐隐藏着的萌动。我们把抑郁看成一种最糟糕的体验，那么它就被钉在耻辱架上，过度关注它的结果会使我们内在情绪能量都幻化为它。一个被标定为抑郁的人，会无意识藏起他的快乐，只有在梦里，快乐体验会有更多的显现，这也是快乐的人容易做悲伤的梦，抑郁的人常有高兴的梦的原因。抑郁的自杀不是抑郁造成的，而是我们不接受抑郁，或同时遭受他人太过否定、排斥、压制才造成。

相反，没有情绪抑郁能力的人反倒是需要帮助的。为什么有人过劳死，是因为精神（情绪）能量过度消耗。抑郁让人无力，想歇下来，放弃权利、责任，放弃追求或苛求，得过且过。抑郁的人仿佛是个婴儿，需要别人来照料。如果用能量来解释生命，那么生命这根蜡烛点得太亮了，生命力就被过度耗费了。抑郁把生命的烛光变得暗淡，让生命能够承受阴影，缓慢地展开它美丽的翅膀，可能会飞得更远更高。这也是为什么伟大的、具有非凡创意的、天才的人们都具有躁抑症双向情感特征。在兴奋躁动的时候，他们的精神和精力创造这个世界，在创意枯竭的时候，抑郁帮助他们潜伏起来，生命不至于被无端耗竭。我们常看到那些杰出的人，被媒体关注，被应酬包裹，在愉快的生活中变得平庸和乏味，因为只有潜伏与压抑的情绪才是创造力的温床。相对来说，需要警惕的是快乐的情绪，快乐是一个很耗能的过程，快乐易于造成人的疲倦，甚至危及人类的心脏。有益的情绪法则是不让快乐来得那么快、那么频繁、那么持久，笑是要给人增添皱纹的，皱纹象征着衰老。保持低度的愉悦感，一种类似平和的心态，这样，没有情绪能力的过度消耗，也不会有抑郁的心境来造访。

不过，当我们变得平和的时候，心身是安全和闲适的，但生命的光辉变得暗淡，想象那种或明或灭的蜡烛，虽然它燃得很长，但谁会喜欢呢！年轻的人在生命能量充足的时候把车开快一点，冒点风险也是生命必需的，不然，老的时候会悲叹自己没有真正生活过。世界上真的不存在只有好的东西，过劳死的人也许就是拒绝平庸的人。

2. 测测你的情绪类型

测试说明：这一测验包括15道选择题，每题有A、B、C、三个备选项目。请你在理解题意后，尽可能快地选择最符合或接近你实际情况的那个项目，填在题后的括号内。请注意，这是要求你填写自己的真实想法和做法，而不是问你哪个答案最正确，测验的结果也只有你自己知道，所以尽可放心地选择。测试时间是三分钟。

（1）你烦躁不安时，你清楚是什么原因引起的吗？（　　）
A 很少知道　　B 基本知道　　C 有时知道
（2）当有人突然出现在你的身后时，你的反应是：（　　）
A 感受到强烈的惊吓　　B 很少感受到惊吓　　C 有时感受到惊吓
（3）当你完成一项工作或任务时，你立刻感觉到轻松吗？（　　）
A 没有什么特别的感觉　　B 经常有这种体验　　C 有时有这种体验
（4）当你与他人发生口角时，你是否马上体验到自己的不快呢？（　　）
A 能够　　B 不能够　　C 说不清楚
（5）当你专心致志地从事某项事情，你感觉到这是你的兴趣所致吗？（　　）
A 知道　　B 不知道　　C 很少知道
（6）在你的生活中你遇到过令你非常讨厌的人吗？（　　）
A 遇到过　　B 没遇到过　　C 说不清楚
（7）当你与家人在一起的时候，你感到幸福和快乐吗？（　　）
A 感觉不到　　B 说不清楚　　C 是的
（8）如果别人有意为难你，你感觉如何？（　　）
A 没有什么感觉　　B 觉得不舒服　　C 感到气愤
（9）假如你排队买东西等了很长时间，有人插到你面前，你感觉如何？（　　）
A 没有什么感觉　　B 觉得不舒服　　C 感到气愤
（10）假如有人用刀子威胁你把所有的钱都交出来，你会感到害怕吗？（　　）
A 不害怕　　B 害怕　　C 也许害怕
（11）当别人赞扬你的时候，你会立刻感到愉快吗？（　　）
A 说不清楚　　B 愉快　　C 不愉快
（12）你遇到特别令你佩服和尊敬的人了吗？（　　）
A 遇到过　　B 说不清楚　　C 没有遇到过
（13）假如你错怪了他人，事后你感到后悔吗？（　　）
A 不知道　　B 后悔　　C 不后悔
（14）假如你认识的一个人好为人师，你是否会瞧不起他？（　　）
A 不知道　　B 是的　　C 不会
（15）假如与你深爱的朋友分手，你会马上感到痛苦吗？（　　）
A 说不清楚　　B 肯定会　　C 不会
评分标准：请你根据自己的选择，对照下面的计分表，算出自己的得分。

计　分　表															
题目	1	2	3	4	5	6	7	8	9	10	11	12	13	14	15
A	1	3	1	3	3	3	3	3	3	1	2	3	2	2	2
B	3	1	3	1	1	2	2	1	1	3	3	2	3	3	3
C	2	2	2	2	2	1	1	2	2	2	1	1	1	1	1

诊断结果分析：你可以根据自己的分数，初步识别自己属于哪种情绪类型。

敏感型（36~45分）：这一水平的人能够准确、细致地识别自己的情绪，并能够认识到情绪发生的原因。

适中型（26~35分）：这一水平的人能够识别自己情绪的冲动，能够区分各种基本情绪，但情绪的区分有些模糊。

麻木型（15~20分）：感情麻木的人不会有情绪冲动，对喜、怒、哀、乐等基本的情绪缺乏明确的感觉。这种人通常表现为表情冷漠，不能与他人进行正常的情感交流，一般是受到了什么强烈刺激才会这样，是心死了的状态。

3. 心理剧本：《心门》（编剧：杨婷 刘睿子）

第　一　幕

旁白：在秋天的某个傍晚，小北辅导完一个学生，拖着疲惫的身子，不知不觉地走进了寝室。寝室如往常一样热闹，但对于她而言，这份热闹不属于她。

（小北开门进宿舍，宿舍里果果和梦妮正在上网，赵欣收拾了点东西正要出门。）

小北：出去啊？

赵欣：嗯，学生会有点事。（赵欣下）

（小北刚坐下，果果兴奋地朝梦妮大喊起来。）

果果：梦妮，快看我给你发的链接，昨天看的那件李维斯的牛仔裤，网上只要699，快看快看。

梦妮（坐在桌旁听MP3，看见果果的表情，迅速地拿下耳机，走到果果身边）：真的吗？（欣喜若狂）我早就看中了，现在可好了，我们去买吧！对了，我也告诉你一个好消息，我明天要上电视比赛，无论结果如何有个小party，大家庆祝一下啊！（一脸幸福的表情）

果果（雀跃地）：好啊，我一定去。到时看你电视上的风采，想想就开心。

梦妮：小北，你也一起去啊。

小北（沉静地）：我明天有事不能参加了，希望你们明天玩得愉快。

梦妮：小北，你怎么又拒绝啊，离开组织可不是一件好事情。

果果（瞥了小北一眼）：是啊，一起去吧，有什么事那么重要吗？这么扫兴啊。

小北（微笑，不好意思）：谢谢你的邀请，让我再想想吧。

梦妮：那好吧。（笑着看表）糟糕，要迟到了。我可不想惹我亲爱的达令生气。姐妹们，塞有那啦！

果果：幸福的人啊！（梦妮远远地打出一个OK的手势）

（果果的电话响起）

果果（打电话）：喂？啥？行，我马上就去，等我呀。（扭头对小北说）走，一块玩去？唱K。

小北（动了动身体，又摇摇头）：算了，我还要看书呢。

果果：每次叫你你都不出去，别的宿舍都以为我们几个跟你不和，把你排斥开呢。

小北：可我的计划表上这会儿是复习时间。

果果（拿过小北手上的书）：《大学英语》？走吧，玩一晚上能耽误啥？整天待在寝室里，闷不闷啊？

小北：太耽误时间了，会影响学习的。马上要考试了，还是多看看书吧！

果果：看书？哼！见你天天看书也没看出个状元呀！知道现在大学里哪个词最土老冒儿么？学——习！那是高中没办法才会干的傻事。大学来干吗的？是来享受的呗！ enjoy！像你这样整天就知道捧着书看，简直就是在浪费青春！浪费宝贵的青春呀！别说没提醒你，青春短暂，还是及时行乐吧！好了，好了，反正我是忍不住要去享受青春的激情了。真不走？那你就在这儿做你的乖学生吧！（果果下）

（小北目送果果走下后，目光再次投到了书上。）

旁白：天渐渐黑下来（配有风声），小北的书始终停在同一页上。

小北（心理旁白）：我好恨，我恨我生在贫穷的家庭，不能像果果、梦妮那样随便买漂亮的衣服，我甚至连讨论的资格都没有。（从椅子上站起来，拿起录音机）就这么个破录音机，还是我省吃俭用好久为了学英语买的，可是她们呢，MP4、iPhone手机，想要什么有什么，为什么？为什么这个世界这么不公平？为什么别人有的一切我都没有？难道活着就是为了忍受这些痛苦吗？

旁白：窗外的风吹进寝室，小北冷了，她的心冷了。

第　二　幕

（三人拿着成绩单，喊着一二一的口号走到舞台中央，拿起成绩单哗哗地抖几下，小北在舞台一侧拿着成绩单，其他三人并排站着。）

梦妮：看看这学期的成绩排名。

果果：小北这次专业课又是第一名。

赵欣：她一向如此。

果果：我这次没考好，看你俩成绩不错，奖学金希望大大地有。

梦妮：那是自然！（甩甩头）你也不看看我是谁。

赵欣：我呀，也就靠那点实践分来争气了。

果果：小北这次也不知道有戏没。

赵欣：她呀？

梦妮：她一天什么活动都不参加，你看，就她实践分是零分，看来是没戏！

果果：她就是一个闷葫芦。

赵欣：成绩好有什么用，照样跟奖学金无缘啊。

（小北拿着成绩单走进门）

三人看向她，齐声说：小北，你这次又是第一呢。

小北（面无表情）低声说：哦，十点半了，不早了，早点休息。（说完把灯关了）

（黑暗里的三人相互看看，也上床躺下）

（小北均匀的呼吸声响起，三人坐起，看看小北，小声议论）

梦妮：又是十点半，每天都是十点半，雷打不动地关灯。

果果：就是，还有每天早上准时五点半的闹铃。

赵欣：更恐怖的是还有闹铃响一声立马关掉就起床学习。

梦妮：这还不算最恐怖的，脱下的鞋一定要摆成一条线。

果果：地上不能有一根头发。

赵欣：毛巾必须挂得整整齐齐。

果果：镜子一定要擦五遍以上才算干净。

梦妮：她不仅自己这样，也要求别人这样。

三人（一起）：这股子强迫劲真让人受不了。

（三人躺下，小北坐起）

小北（心理旁白）：以为我不知道，当面一个个都是客客气气的，我看都是没安什么好心，等着看我的笑话呢，我知道她们都看不起我，老是在嘲笑我。

第　三　幕

旁白：果果、赵欣三人正在宿舍讨论韩国明星，一边说一边嗑瓜子，有几个瓜子皮没有投到垃圾桶里，掉在了地上，小北看到后，刷地抽出一张卫生纸把瓜子皮捡起来。赵欣三人看到后面面相觑，就停止吃瓜子了。

果果：我们收拾吧。

小北：不用了，果果，你有闲工夫在这儿聊天，不如把你那里的卫生打扫一下吧，看都乱成什么样了。

果果：我那里很好啊，我每天都有打扫的。

小北：你打扫完还跟猪窝一样，那和不打扫有什么区别。还有，你每次接饮水机里的水能不能节省一点啊，能喝完那么多吗？

果果（生气地）：不要把你的生活习惯强加给别人好吗？再说我就是爱喝水怎么了，喝水有益健康。

小北：那是大家一起交钱买的，你喝那么多，别人还有没有水喝了？爱喝水可以交两份钱啊。

赵欣：小北，不要这么说，多伤大家感情。

梦妮：对呀，饮水机也没花多少钱。

小北：你们都是富家小姐所以不在乎，我可不觉得那是小钱。

赵欣：哎呀，都少说两句，多大点儿事儿啊？

小北：你别在这儿装好人了，你当我不知道一切都是你在背后搞鬼吗？

赵欣：哎，小北，你这么说我可是太冤枉人了。我知道你今天心情不好，可你也不能诬陷人啊。

小北：诬陷你？你也配？那个演讲比赛你就是故意让我去丢脸是不是？还有奖学金，明明我成绩比你好那么多，为什么年年是你拿？你是给辅导员送礼了吧？

赵欣：你真的误会我了，我只是想给你个机会让你也拿奖学金……

小北：你有这么好心？那你就不会在上次我妈来看我的时候当面阿姨阿姨地叫，走后却嘲笑她。

赵欣：什么？我没有。我什么时候嘲笑你妈妈了？

梦梦：对呀，小北。赵欣真的没有，你妈妈走了以后我们还羡慕你们感情好呢。

果果：我看是你自己心里有病，看谁都不对劲。

（小北呵呵冷笑，摔门走了，宿舍陷入了安静）

果果：真触霉头！

赵欣（向门外望了一下）：行啦，你也真是的，明知道她不是故意挑刺，她就是说话不好听。

果果：我就是一下气不过嘛，她每天给人摆脸色看，这寝室真是待不下去了。

梦妮（拿起一本诗歌全集）：每天生活在没有硝烟的战场上，真叫人痛不欲生，活着便成一种罪恶。

果果（小声地嘟囔）：搞什么啊，本来就是她做得不对嘛。

（黑幕）

第 四 幕

旁白：女生的心思就像海底针，小北心思敏感，争执过后，小北更爱胡思乱想了，你看，她又陷到自己的世界无法自拔了。

小北作为导演，拉着果果、梦妮、赵欣围着一把空椅子站着，喊道：action！

果果（指着椅子）：你这个讨人厌的，自以为是的可怜虫，以为全世界都要围着你转吗？你有什么，你家境不如我们，性格也不讨喜，学习比我们好也拿不上奖学金，整天特立独行地标榜个性，实际上是一个彻头彻尾的讨厌的可怜虫。

赵欣（嘲笑地）：我就是故意让你出丑怎么了，你不觉得你那一口浓重的乡土普通话特搞笑吗，还整天操着这把口音对我们横加指责，你凭什么要求我们按照你的该死的规矩行事，一点不合你的意你就不高兴，拉长个脸，搞笑。我们是来感受美好的大学生活，不是来看你脸色的好吗？

梦妮（冷冷地）：我们就是比你好，比你优秀，你这样不合群，真碍眼，你老是定规定矩的真烦人，你知不知道你很不招人喜欢。

小北（抱着头，大喊了一声）：别说了，我知道，我知道，你们讨厌我，嫌我规矩多，可我也是为了大家好，我家里穷，我害怕被人瞧不起，我太在意别人的看法，容不下一丝的不解，我希望宿舍一尘不染，我希望我们的生活都能井然有序，我希望我们都能严格要求自己，我这样错了吗？为什么你们三个总是扎堆一起，总是有意无意显示你们的优越感，把我孤立开？难道我真的这么让人厌恶？我那么努力，奖学金也没有我的份，班干部我也沾不上边，集体活动也都想不起来我，为什么，这世界这么容不下我吗？

第 五 幕

（小北【代表信心】站在舞台中间，做被关起来要挣扎着出去状。赵欣【代表忧郁】、果果【代表自卑】、梦妮【代表怯懦】分别戴着面具散立在舞台四周）

信心（小北）：疯了，你们都疯了吗？把我关起来，我告诉你们三个，如果小北错过了这次机会，她就会一直消沉下去，以后很难走出来了，快把我放出去，你们这三个变态狂，你们要为此付出代价的！

自卑（果果坐在椅子上）：信心，别仗着你那好听的名字蛊惑众人了，如今你那套理论已经过时了，像什么我们做事要有自信啊，要充满斗志啊，这些都是狗屁，你完全是在利用别人的愚蠢来抬高你自己的地位，十足的一个感情骗子，现在你在小北的心里已经没有地位了，我现在才是老大。

信心：自卑，你真是把你的本色发挥得淋漓尽致啊！（转向梦妮代表的怯懦）怯懦，你把我放出去，我知道你一直在我们之间游离，拿出自信来，放了我吧。否则后果不堪设想啊！

怯懦（戴着面具的梦妮）：姐，现在自卑姐说了算，你去求她，她同意把你放出来我立刻给你开门。

信心：求她？你看她恨不得把我打入十八层地狱的样！忧郁，平时你都不愿说话，我知道你很果敢，这次你一定要帮我，快把我放出去！

忧郁（戴着面具的赵欣）：人生无常，世事难料，你沦落到今日并不是你的错！

众人：那是谁的错？

忧郁：我的错！我曾告诉主人，你们都是世间的凡夫俗子，你在黑暗的角落待上一分钟就会知道寂寞的感觉，同样你在别人功名利禄的光环下待上一秒钟就知道别人的幸福是什么滋味了，既然无法得到，那还不如在想象中卑微地活着。我时常这样压抑着自己，所以自卑姐才能这样的嚣张！

信心：你这是虚伪的攀比，别说废话，快放我出去！

自卑：哎呀，你态度还强硬起来了，现在这是我的地盘。怯懦，忧郁，听口令！

两人：是！

自卑：立正！马上跑步到我面前！（两人跑步到）向——猪——看齐！

两人：（疑惑）猪？

自卑（指了下信心，两人看向她）：向前看！说出你们今天的任务。

两人：头可断，血可流，坚决不放信心走！

自卑：知道就好，把她放出去，以后我们就没得混了！小北很可能把我们……（做抹脖子的动作）我们今天就把她看得严严实实！

信心：你们三个疯了啊，不放我走，小北就再也没有翻身的机会了！

忧郁：放你出去，我们就没有翻身的机会了，我可能就永远消失了！

怯懦：那我们就坐在这！

自卑：对，只要我们把她压住，我们就胜利了。我们要警告那些苟且于世的自信的俘虏，别再表面上打着乐观开朗的幌子，内心里却把我们作为苦痛的遮羞布，我们再也不要做他们的遮羞布，我们要雄起！

两人：雄起！

信心（头痛状）：我头好痛！我头好痛！（信心倒在了地上）

忧郁：她真的好像不行了！

自卑：再给她一分钟把气咽完，然后直接送火葬场！

信心：你害了小北，也害了你自己。

自卑：我没有，小北来自农村，家里生活困难，在学校里省吃俭用，吃的、喝的、穿的都比不上别人，她连普通话都说不好。我就是要告诉她，我们比别人低一等，她注定要和我过一辈子！而不是一副穷酸样还打着自信的牌子，让别人在背后嘲笑！

信心：你……（终于倒下）

（黑幕）

尾　　声

旁白：（小北站在凳子上望着远方）她站在楼顶俯瞰整个喧嚣的城市，一片车水马龙、灯红酒绿。（小北坐下来）世界如此之大，却没有她的容身之处。原本以为没有爱的人也可以孤独地活下去，蓦然回首才发现一切都只是惘然。（小北站起来，脱掉鞋，表情惆怅、迷茫、绝望，突然跳下凳子）

4. 心理知识小视频：《灰色天空》——抑郁症公益广告

本章知识点

1. 情绪及情绪健康标准
2. 情绪管理
3. ABC 理论

本章思考题

1. 大学生常见情绪问题有哪些？
2. 如何进行有效的情绪管理？
3. 分析自己的情绪特点。

参考文献

[1] 彭聃龄 . 普通心理学 . 北京：北京师范大学出版社，2007.

[2] Dennis Coon ,John O.Mitterer. 心理学导论 . 北京：中国轻工业出版社，2007.

[3] 李江雪 . 大学生情绪管理与辅导 . 北京：北京师范大学出版社，2010.

[4] 张日冉，陈丽 . 大学生心理健康 . 大连：大连理工大学出版社，2006.

第六章　大学生人际交往

案例

小严是一名大一的女生。大一第二学期的时候，小严来到学校的心理咨询室，说只是想跟老师聊聊。言谈中，小严提及自己从一入学就做好了参加大一第二学期末转专业考试的想法，因此把全部精力都放在了去外专业听课和相关知识学习上。她总是独来独往，几乎不和同宿舍的人交流，每天早早出门，很晚才回到宿舍。“反正大家志向也不同，没有什么共同语言，也没啥好说的。”小严故作轻松地笑了笑，“我觉得这样也挺好的啊，大家互不干扰，反正我转了专业之后是要离开的”。

看着郁郁寡欢的小严，咨询师问了她两个问题，“那么，你想一下，是什么原因让你想到并谈起这些事情？”“可以回想一下你每天晚上回到宿舍之后的感受，并把它说出来吗？”

小严的眼泪夺眶而出。她告诉咨询师因为跟舍友的关系处理不好，自己总想逃离宿舍。“在学校里好好学习不就行了么？我现在觉得与人相处好难好麻烦……”

人际交往到底有什么样的魔力，能让小严难受得想要逃离？在日常生活中，我们能够做到避开人际交往，逃离人际关系吗？人际交往于个体而言，有什么样的意义？

第一节　人际交往概述

有位哲人说过：“没有交际能力的人，就像陆地上的船，永远到不了人生的大海。”个体的成长离不开人际交往。通过人际交往，个体可以获得有关周围世界的知识，形成完整的个性人格，内化社会规范、学习知识经验、担任社会角色，逐渐成为一个完整的社会人。

一、人际交往、人际吸引与人际关系

（一）人际交往

人际交往也称人际沟通，是指人与人之间彼此交流信息的过程，即个体通过一定的语言、文字或肢体动作、表情等各种途径或方式，将某种信息传递给其他个体的过程。这些信息包括参与互动的个体观念、思想、知识、兴趣、情感、情绪等。

通常情况下，成功的人际交往需要依赖以下条件：

（1）有交往愿望，即出于某种目的、满足某种需要，有与他人交往的主观意愿；

（2）信息的传送和接收双方对所交流的信息有一致性的理解；

（3）在交往的过程中，双方有及时的互动和反馈；

（4）借助一定的途径或方式，即传播通道；

（5）具备一定的交往技能；

（6）交往双方互相尊重。

人际交往可以发生在个体与个体之间，也可以发生在个体与群体之间或群体与群体之间。

（二）人际吸引

人际吸引是人际交往双方之间互相注意、欣赏、倾慕等心理上的相互靠近和渐生好感，进而彼此接近以建立情感链接的过程。人际吸引是产生人际交往的前提。人际吸引可以按照吸引程度由低到高分为亲和、喜欢和爱情三个层次。

一般来说，影响人际吸引的因素有：

1. 熟悉与邻近程度

较之于其他条件相当的人，人们倾向于与自己熟悉或者邻近的人结成亲密的关系。这是因为，彼此熟悉的人或者处于物理空间距离较近的人们，见面机会较多，便于了解彼此，有更多的机会拉近彼此的心理距离，产生吸引力。我们经常所说的发小、闺蜜、青梅竹马皆是如此。

2. 相似性

人们往往喜欢和那些与自己在某个或某些方面相似的人进行交往。这些相似的方面包括信念、价值观、人格特征、兴趣爱好、社会背景、工作岗位、年龄、经验等，关键在于那些双方感知到的并且认为对自己很重要的相似性。社会心理学家柯尔等在1995年关于最好朋友的研究中发现，个人所指出的最好的朋友大都是与自己同等地位的人，一般来说，他们在教育水平、经济条件、社会价值等方面都很相似，这也就是我们经常说的“门当户对”。相似性使双方更容易有共同语言，产生“志同道合”的感觉，成人中的“驴友”、大学生中的社团均是如此。

3. 互补性

当交往双方看起来互补时，彼此的吸引程度会增加。互补性与相似性都是出于个体的需要。当人际交往双方的需要、社会角色及人格特征呈互补关系时，也会产生强大的吸引力。例如，在夫妻关系中，支配型的男性通常与顺从型的女性更容易相处，脾气急躁的人往往喜欢和脾气温和的人交朋友。

4. 外貌特征

容貌、体态、服饰、举止、风度等外貌特征在人际吸引中的作用也很重要，尤其是在人际交往的初期。好的外貌特征会给人良好的第一印象，产生“晕轮效应”，使人容易认为这个人还具备了其他一系列较好的品质。戴恩及其同事在一项研究中，让大学生被试者对三张外表吸引力不同的照片在27项特质上打分，并预测其未来的幸福程度，结果发现，大多数被试者对外貌好的人给予了较高的评价和预测。正如亚里士多德说的：“美丽比一封介绍信更具有推荐力。”

5. 能力

人们往往欢迎和接纳有能力的人。有研究表明，在其他条件都相当的情况下，能力强的人更容易受到人们的喜爱。这是由于人们认为与能力强的人在一起，能得到更多的支持和资源。艾略特·阿伦森的研究表明，实际上，那些各方面能力都很强，但偶尔会犯些小错误的人比那些完美无缺的人更受欢迎，这就是著名的“仰巴脚效应”（详见本章拓展阅读部分）。比起那些完美无缺的人，稍微有点小瑕疵的优秀人士会让我们认为其瑕不掩瑜，更为可爱和敢于接近。

（三）人际关系

人际关系是人们在人际交往过程中产生的社会关系的总和。这些关系包括亲属关系、朋友关系、同学关系、师生关系、雇佣关系、战友关系、同事关系、上下级关系等。这些关系会对人的心理产生影响，会在人的心理上形成某种距离感，从心理学上来说，人际关系也可以被定义为，人们在社会交往中形成的心理上的情感、联系或者距离。这些情感可以是接纳、喜欢、爱慕、崇拜等情绪情感，也可以是反对、讨厌、拒绝、仇视等情绪情感。个体的这些情绪情感在人际交往的过程中表现出来，又进一步影响着个体的进一步交往。

人际关系包含认知、情感和行为三个方面的心理成分：

1. 认知成分

认知成分是人际关系的基础，是指个体对人际关系的认知和理解，即人际交往双方之间的相互评价以及对双方关系的理解。例如，这个人是好是坏，适不适合与其交往等。人际关系的发展、变化，往往是由认知成分的改变而引起的，个体之间的信息交流越深、了解越多，彼此之间的关系就有可能更紧密。

案例

小静是一位研二的女生，因为无法跟舍友和同学相处，前来向心理老师咨询。小静说自己研一一直在家里住（家和学校在一个城市），研二才搬回宿舍，各方面都很不适应。她不愿意和别人有过多的交往，觉得很麻烦、很累，别人跟她说了一句话之后，不知道自己应该怎么回应。总觉得每个人都离自己很远，不亲近。即使是舍友叫自己一起吃饭或者逛街，她也觉得："可能是因为人家觉得现在没别人可以叫，就勉强叫我陪一下"或者"也许人家只是客气一下，并不是真想跟我一起出去"。小静从心底里认为，别人走近自己一定是有客观原因或者主观目的的，绝对不是因为自己有人际吸引力。她说："我又不太会说话，又不懂得吃啊、逛啊这些事情，人家为什么会找我呢？"长久持有这种想法，使小静总是和同学、舍友保持距离，显得很生分，大家也觉得她怪怪的。小静也越来越觉得进入宿舍、见到舍友是一件如坐针毡的事情：宿舍里要是没人，自己就很自在；如果有人，小静就很拘束。到后来，只要宿舍有人，晚上睡觉时，小静就睡不着，失眠，易惊醒。

小静出现此问题，不排除她在人际交往之前总是先假想一种看法，自己想象出一些人际关系背后的动机和可能性，这容易使她在与别人交往过程中产生刻板印象，而且这种印象往往是负面的。

2. 情感成分

情感成分是评判人际关系的主要指标，是指在人际交往的过程中，双方当事人对彼此在感情上的好恶程度、心理感受，以及对交往现状的满意程度。外在表现为积极或消极的情绪状态和体验。情感成分影响人际关系的亲疏、深浅及稳定程度。从这个意义上说，人际关系就是人与人之间情感上的关系，它表现为双方产生好感或憎恶，对别人的行为接受或排斥，与他人积极交往或封闭自己等。

3. 行为成分

行为成分是人际关系的载体和平台，是指人们为了沟通而采取的各种活动，即双方在交往的过程中，为了沟通和表达而采取的行为动作、举止手势、语言表情等，是行为时心理活动的外在表现。

人际关系的三个成分互相联系、相互制约。理想的人际关系应该是：相互理解、情感融洽、行动协调。在不同的人际关系中，不同成分所占比重有所不同。例如，在家庭关系中情感成分多一些，在工作关系中认知成分比较突出，而在服务性行业中行为成分则较为重要。

人际交往和人际吸引都是形成人际关系的前提条件，人际关系是结果。人际吸引是发展人际关系的基础，人际交往是人际关系形成的实质条件，只有彼此接近、建立交流和情感链接，才能够建立不同类型的人际关系。

二、人际交往的作用

（一）人际交往有益于个体身心健康

社会生活中的每一个人都处在人际关系的网络中，人不可能长期离群索居。如果一个人长期缺乏与他人的积极交往和良性互动，缺乏稳定良好的人际关系，那么这个人的情绪、心态、性格、身体等各个方面都会受到影响。早在一个多世纪以前，美国著名心理学家、哲学家威廉·詹姆斯就说过："人类不仅是需要同伴相伴左右的群居性动物，而且我们有这样一种天生的倾向，即希望被同伴注意，希望获得赞同。对一个人来说，最大的惩罚是脱离社会，完全被人遗忘，而不是躯体上的处罚。"在心理健康教育实践工作中，我们也注意到，很多大学生的心理危机和人际冲突的产生都与缺乏正常的人际交往和良好的人际关系有关。

人际关系的好坏往往是一个人心理健康水平、个性素质特征、社会适应能力等的综合体现，这与心理健康有着密切的关系。美国著名精神医学家沙利文曾说过："心理障碍、各种精神病性症状应该被看做是人际间的障碍。人只有能觉察自己的人际关系，才能达到心理健康。"

大学生处于青年时期，思想活跃、感情丰富、精力充沛，人际交往需求较为强烈，人际交往是大学生获得友谊、满足精神需求、获得动力的重要途径；并且大学生作为一个特殊群体，面对学习工作压力和社会竞争压力，良好的人际互动和人际支持是大学生缓解心理压力、保持阳光心态的重要保障。因此，良好的人际交往对于大学生有着极其重要的意义。我们发现，具有良好的人际关系的大学生，大部分能够拥有积极乐观的心态，正确认识和积极应对各种现实问题和困难障碍，更好地适应大学生生活。

（二）人际交往有助于个体发展

第一，人际交往是获得信息和知识经验的有效途径。一个人的直接经验是有限的，能直接从书本上获得的知识信息也是有限的，人际交往能够帮助人们迅速、快捷地获取所需要的信息。我们常说的"听君一席话，胜读十年书"就告诉我们，通过人际交往，人们不仅能快速获取信息，还能够获得书本所无法提供的新知识——社会经验。当今社会，信息日新月异，每个人都需要不断地、快速地进行知识的补充和更新，人际交往无疑是我们快速获取信息和知识经验的有效途径。

对于大学生来说，在大学阶段，积极的人际交往，对于大学生增长知识、开阔视野、启发思路、解决问题等都有重要的意义。孔子曾说过：“独学而无友，孤陋而寡闻。”可见，处于学习阶段的大学生，更应该积极参与人际交往，通过良好的人际互动，互相交流、增长知识。

第二，人际交往是个体社会化的必经之路。个体社会化，是指一个人在社会环境影响下，通过与环境的互动、与他人的交往，学习并掌握社会规范，逐渐成长为合格的社会成员的过程。简单来说，就是个体通过人际交往，由“自然人”成长为“社会人”的过程。人只有通过与人交往，才能逐渐形成一套与社会一致，适合自身个体特质的社会信念、价值观、行为模式等，积极参与社会活动可以展现自身价值。

对于大学生来说，在大学阶段完成由学生角色向社会角色的转变，需要不断地内化社会规范、学习社会角色、总结社会经验，为成长为一名合格的职业人做准备。在这个过程中，人际交往起着重要的作用。我们看到，那些人际关系好、社交范围广、实践能力强的毕业生，往往会受到用人单位的欢迎。这便是人际交往带给大学生的一笔宝贵财富。

第三，人际交往是人类的基本需求。美国心理学家马斯洛提出的“需求层次理论”认为，人类的需求由低到高分别为：生理需求、安全需求、社交需求、尊重需求和自我实现的需求。社交需求也叫归属与爱的需求，是指人们渴望得到家庭、团体、朋友、同事等的爱与理解，也就是我们在人际交往中对于信任、理解、温暖、支持、人情、亲情、友情、爱情等的需要。

第四，人际交往能够促进自我意识的发展。自我意识是一个人对自身存在一贯的、一致的内心体验，也是一个人通过自我认识和他人的反馈，逐步加深对自己的了解。可见，自我意识的发展是通过人际交往实现的，在与他人的交往中，个体从他人对自己的态度和评价中认识自我形象，形成自我意识，自我意识在不断的人际交往中趋于客观、成熟、完善。一个人是自卑的还是自信的，往往来源于他有什么样的人际关系。

第二节　大学生人际交往的问题与应对

大学生需要历经从中学生的角色转换到大学生的角色，人际交往的宽度、深度、复杂程度都有很大不同；并且，大学生处于青年时期，思维活跃、需求多样、自主性强，因此，人际交往是一部分大学生进入大学后面临的第一个难题。近年来，由大学生人际交往问题引起的一系列不良的校园事件，也成为社会关注的焦点。在大学生心理健康教育与咨询工作实践中，我们发现，在引起大学生心理困扰和问题的原因中，人际交往问题尤为突出。

大学生人际交往的问题按照从轻到重的程度，可以分为交往平淡、人际冲突和社交恐惧。

一、交往平淡

交往平淡，也可以称为交往缺乏、交往缺失，表现为缺少知心朋友，与他人较少沟通，遇到烦心的事情、遭遇到难题不知道可以找谁去诉说和寻求帮助。有一项调查结果表明：大约有65.85%的大学生有一定程度的孤独感，而4.19%的大学生有较深的孤独感。

（一）形成交往平淡的原因

1. 家庭结构和家庭教育

目前的大学生群体全部都是“90后”“00后”，有很多孩子都是独生子，随着“4—2—1”家庭的日益增多，一个家庭里有六个大人围着一个孩子转，这样的一些“独二代”孩子开始进入大学校园。这样的家庭结构和抚养模式，使得孩子缺少与同龄人相处的经验和正确处理人际关系的能力，表现为被动、自我、胆怯、任性、冲动等，导致孩子缺乏社会交往能力。

不当的家庭教育也是人际交往缺乏的一个原因。有些家庭对孩子过度溺爱、骄纵，使孩子养成自我为中心的性格，缺乏内省、辨别、理解、欣赏、宽容、谦让、担当与合作的能力。有些家庭对孩子的教育观念不当，使得有些孩子养成了只是索取、不善付出的习惯，有的孩子太过于计较付出和回报，有的孩子不习惯、害怕与陌生人或不熟悉的人主动交往，等等。在这种环境下长大的孩子，或多或少都会存在人际交往缺乏的情况。

案例

小珍上大学的第一天，妈妈就跟辅导员老师嚷了起来。原因是小珍的床铺紧邻着门，妈妈觉得既吵又不安全，就想换个铺位。但是老师解释说，床铺在报到前就随机分配好了，只能在别的同学愿意的情况下才能调换。小珍的妈妈一着急，就将一个晚来报到的女孩的床铺给占了，怎么都不肯让。辅导员老师想做小珍的工作，让她跟妈妈谈一谈，但小珍也认为妈妈做得没什么不对的，先占先得没什么错。

人际交往平淡的原因之一就是彼此交往中缺乏共情的过程，不能站在别人的角度看问题、体验事情的发生过程，这样的交往状态难免是冷漠、隔离、彼此互不关心的。而大学生的这种交往状态多受家庭教养方式的影响。

2. 交往能力欠缺

由于大学之前的升学压力，好多学生把主要精力都放在学习上面，人际交往的范围窄、程度浅，交往的对象相对单一，没有过深的交道。到了大学以后，不少学生发现，每每与不同的同学接触和交往，都会有这样那样的不适应；遇到一些人际交往上的问题时，不知如何应对和化解，加上一些学生交往方法欠妥、能力不足及个性、心理方面的原因，导致他们把人际交往看做是一种负担，不愿意去主动交往、拓宽交往范围，变得冷漠、疏远，造成交往平淡和缺乏。

小叶得了传染病，需要入院治疗一段时间。住院期间，同宿舍人怕传染，没有去探望她，她心里不太舒服。一天，小叶借故回到宿舍，发现宿舍人对她有意无意地躲避，让她更觉得难过。为了证明舍友不会嫌弃自己、还会和以前一样和自己亲密无间，她在住院治疗期间，总是找各种借口回到宿舍。可是，这样一次一次的试探，反而让她和舍友的距离越拉越远。

人际交往是需要一定技巧的，但这些技巧如果没有建立在尊重的基础上，则会显得苍白无力。尊重是理解的前提，有了彼此的尊重就会换来理解。即便我们没有娇美的形象、灵巧的口舌、见机行事的经验，但只要有尊重，各种交往都会有一个好的开端。

3. 网络媒体的影响

越来越便利的网络媒体，电脑、手机等媒介的普及，使得大学生对于网络世界的依赖越来越多。尤其是当遇到人际交往困难时，他们更倾向于逃避到网络世界里去，来弥补自己情感上的空缺和需要。大学生中经常会出现“手机里有无数好友，身边没有一个同伴”的情况。这种现象着实堪忧。

案例

小斌是一名大二的男生，经常旷课去上网，发展到最后，他期末考试都不参加了，住在网吧里不回宿舍。辅导员老师一间一间网吧把他找回来，妈妈从外省赶来学校，拉着小斌流泪、训斥、恳求，小斌也流着泪表示以后不上网了。结果，妈妈没走多久，就又流连网吧，不愿上课。

造成小斌这种状态的原因是复杂的，许多心理学论文研究显示：大学生沉溺于网络不能自拔，说明其与家庭父母之间亲密度存在问题。即家庭交往有障碍或者家庭缺乏温暖的孩子更愿意沉浸网吧，期望在虚拟世界里获得关爱、亲密和被欣赏。

（二）人际交往缺乏的调适

1. 意识到人际交往的重要性，增强人际交往的主动性

大学阶段是双重学习阶段，既要学习文化知识，又要学习社会知识，是个体走向社会、承担社会角色的预备阶段。大学生应该在大学期间，积极参加团体活动、主动与他人交往、扩大交往范围，不断增长人际交往经验。同时，拥有良好的人际关系和真挚深沉的友谊是一个人自我价值的重要体现，也是个体主观幸福感的重要来源，主动走向人群、寻觅朋友是人类寻求幸福的本能行为。

2. 增强人际交往技能，提高人际交往能力

掌握必要的人际交往技能，是建立良好的人际关系的前提。“话有三说，巧说为妙”等技巧，会让我们在人际交往的过程中获益不少。不断增强人际交往技能是每个大学生需要关注的问题。

3. 寻找和建立适合自己的交友圈和交友平台

利用大学里的学生社团、集体活动、住宿方式等，寻找志趣相投、相互吸引的同伴，促进自己更快更好地融入集体、锻炼自己、寻找朋友。

二、人际冲突

人际冲突在我们日常生活中屡见不鲜，有显性冲突，如争执辩论、拍桌叫骂、肢体冲突等；也有隐性冲突，如两个人彼此互不理睬、互相冷战、暗自较劲或者逐渐疏远。如何正确看待人际冲突？如何化解人际冲突？这是我们以下要讨论的问题。

人际冲突是一种对立状态，表现为两个或者两个以上相互关联的主体之间的紧张、不和谐、敌视、对立、争斗甚至破坏、报复的行为。冲突主要是因为生活背景、教育程度、年龄经历、文化习俗和利益需求等方面的差异，从而导致冲突双方在价值观、知识、立场、观点、沟通方式等方面的不协调，因此增加了彼此合作的难度。严重的人际冲突不仅会影响双方人际关系，更有甚者还会发展为伤害自我或危害他人的行为。

（一）大学生人际冲突

人际冲突从广义上可以分为两种类型：一是因在某些实质性问题上有不相容的利益而引起的互不相容的行为，二是因为观念、方法、习俗、情绪、个性等因素引起的包含负面情绪（如不信任、恐惧、愤怒、拒绝等）的互不相容的行为。大学生中的人际冲突多为第二种，按照冲突的来源，大致分为以下几种：

1. 因认识观念、行为习惯不同引起的冲突

大学生由于来自不同的地方，在价值取向、观点看法、生活方式、行为习惯、地域文化等各个方面都可能有差异。这些差异在长期相处的过程中，如果处理不好，就会造成人际冲突的隐患或者产生人际冲突。

案例

王某和刘某（均为男生）是住在同一个宿舍的同专业同学。王某来自农村，人长得比较瘦小；刘某来自城市，家境优越，人也长得高高大大。一天下午，刘某正在睡觉的时候，王某进出宿舍时关门的声音太大惊醒了刘某。两个人为此你一言我一语地吵了起来。王某认为刘某瞧不起自己，下午又不是睡觉的时间，还霸道地不让别人出声；刘某认为王某做事莽撞，故意吵醒自己。男孩子血气方刚，没吵几句就扭打在了一起。

显然双方冲突的原因主要是彼此都站在自己的立场上为自己着想导致的。如果彼此能多些理解和尊重，即便是生活习惯不同也会将冲突水平降到最低。

2. 因沟通方法不当引起的冲突

由于双方沟通不及时、沟通方式不当，信息交流不畅、不完整、歪曲等而造成双方误会和隔阂，引起人际冲突。沟通的质量和数量不足是引起沟通不当的主要原因。

案例

小青一个人在宿舍待了一下午，其他人都有事出去了。晚饭前，她的下铺小叶第一个返回宿舍。一进到宿舍，小叶就惊讶地大叫："我的被子怎么是歪的？有人在我的床上躺过吗？"小叶是出了名的爱干净，不喜欢别人靠在、躺在自己的被子上。小青一听挺生气，心想：就我一个人在宿舍，明摆着在怀疑我嘛！就没理小叶。小叶看小青没说话，又想起之前因两人是上下铺偶尔产生的小摩擦，便也生起气来。之后，两个人的关系越来越僵，见面都不说话。小青在找咨询师诉说时曾无奈地说："我自己都搞不清楚我们之间发生了什么事。"

生活中经常会出现等双方静下来发现其实没有什么大不了的但当时却造成了极大误会的事情。小青和小叶之所以关系越来越僵就是因为过去存在小摩擦，日积月累，总会在某一时期爆发成大的冲突。平时的小误会若及时通过沟

通消除掉就不会成为今后交往的隐患。消除误会的基本方法就是经常沟通，以消除可能的歪曲、误传、猜疑等。

3. 因个性差异引起的冲突

大学生非常关注自我，注重个体需求，由于个性差异和人格特质的不同而引起的人际冲突也屡有发生。另外，一些人际关系敏感、在人格方面有偏执、强迫等倾向的人也容易与人发生冲突。

案例

小琳是一名大三的女生，她简单、固执，有时候认死理，又会不厌其烦地问别人古怪的问题，惹得其他同学很反感。她所在宿舍的舍友因为不想和她再同住，集体找学院老师要求把小琳调出宿舍。老师怎么做工作都没有用，她们告诉老师，如果小琳不去别的宿舍，她们就集体搬出去。小琳知道后，当场就和所有的舍友吵了起来。第二天，她又找到她认为是“始作俑者”的舍友吵了一架，情绪激动的她将一杯热水泼到了舍友身上。

其实每个人都有自己的脾气、性格，不同性格者有相处不来的，相似性格者也有相处不来的。急脾气的人看不惯慢吞吞的人，细心的看不惯粗枝大叶的。不常见面则天下太平，但若天天处在一个空间环境中，难免发生冲突。一个家庭如此，一个宿舍也一样，逃避冲突是不现实的，关键是怎样处理和调节冲突。小琳若仔细问问大家为什么不愿意和她住在一起，了解问题的原因，进而改变和调整自己，情况就不会那么糟；同样，其他同学若开诚布公地和她谈谈，提出大家的期望，结果可能会好得多。

4. 因情绪因素引起的冲突

在大学生中，情绪因素也是引起人际冲突的常见原因。遇到冲突时，以自己心情不好为借口，自己的喜好为评判，不能理智地对待人和事。这种非理性的处理问题的方式更容易引起冲突。

案例

小谢是一名大四的男生，在学校篮球场打篮球时，因打球过程中肢体冲撞和一名校外来打篮球的人发生了争吵，并动了手，那个校外的人和一起来的同伴打了小谢。小谢觉得受了欺负，面子上过不去，打电话叫来本班男生。事情变得一发不可收拾。

原本可以停止的冲突却一发不可收拾，其根本原因就是“咽不下一口气”，不考虑可能的后果，只顾一时痛快、解恨，必然造成严重后果，甚至可能会触犯法律。

除了以上冲突类型，现实生活中，我们见到更多的是多种因素综合引发的冲突。

（二）正确化解人际冲突

1. 理智看待

虽然人际冲突对人际关系有很大的负面影响，但是当冲突出现时，我们通过智慧去有效化解的话，也能够起到正面的作用。冲突能够提供一个机会，使交往双方能够澄清自己的看法，有机会讨论问题产生的症结；冲突也给我们发出了警示，帮助我们进一步认识自己在做事方法、个性发展方面的不足，促使认识自己、改变自己。

我们要认识到，人际冲突是人际交往中的普遍现象，无论产生了何种程度的人际冲突，我们都要拿出“理智”“尊重”的态度，积极处理当下的矛盾，以免过度累积负性情绪，一旦“积非成是”或产生难以消除的误解与隔阂，日后很难消除和弥补。

2. 换位思考

每个人都拥有自己的个性特点和不同需求，我们要学会换个角度来思考问题，尊重对方，理解差异。

练习用“空椅子”法换位思考

找个安静的地方，放两把空椅子，你先坐在一张椅子上，想象冲突的对方就坐在对面的椅子上。然后，将你对对方的各种不解、不满、意见都向对方毫无保留地表达出来。

当你发泄完之后，坐在另一张椅子上，想象你自己就是对方，对面的椅子上是你自己，你现在从对方的角度来一一回答你刚才提出的指责，并宣泄不满的情绪。

这样的角色互换游戏，有助于我们换个角度看问题，不仅能注意到自己的情绪、需求和不满，也能关注和理解别人的情绪、需求和不满，提供消除隔阂的基础，拉近人际距离。

3. 学会沟通

学会使用正确的沟通方式和技巧，能够在我们应对人际冲突时起到“事半功倍”的效果。无论什么程度的人际冲突，积极的、有效的沟通都是解决问题的良好开端，图6–1即显示为沟通不畅。

图6-1　沟通不畅的表现

4. 寻求帮助

在遇到自己没有办法解决的人际冲突，或者在人际冲突中，自己的情绪、情感和身心状态都受到严重影响的时候，要懂得适时求助他人。对于大学生来说，身边的朋友、老师和学校的心理咨询中心等，都是可以寻求帮助、得到支持的有效资源。

三、社交恐惧

（一）社交恐惧症

社交恐惧症，也称社交焦虑症，是一种对任何社交或公开场合都感到强烈恐惧和忧虑的精神疾病。患者对于有陌生人或者会被观察的社交或表演场合，有着显著且持久的恐惧。有些患者对于参加聚会、打电话、到商店购物或询问权威人士都感到困难。

这里所说的大学生中常见的社交恐惧，程度轻一些的主要是指有些大学生在人际交往的过程中，害怕到公开场合发言、演讲、表演等，或者碰到某些或某个人的时候，感到紧张、不知所措等；严重的表现为紧张流汗、心跳加快、肢体发抖、脑子放空等躯体性症状。这些只是社交恐惧或社交焦虑的现象，还不能称之为社交恐惧症。

案例

小莎是第一次来离家这么远的地方上学，刚上大一的她，对这里的饮食、语言等各个方面都不习惯。她总是远远地看着别的同学之间说这说那，有着这样那样的交往，自己不愿意参与进去。一天，在英语课上，老师让大家用英语简单地做个自我介绍。小莎慌得不行，想着自己的英语不怎么好，发音也不怎么准，站起来之后，脑子就一片空白，后来都不知道自己是怎么坐下来的，然后那节课额头一侧就一直隐隐作痛。后来，在一遇到情绪紧张或人很多的时候，小莎的头就会痛，她自己偷偷去看了医生，但找不到病因。

小莎的这种现象一开始就是社交恐惧，但若这种症状持续下去长期得不到转变，就有可能转化成社交恐惧症。

（二）正确应对社交恐惧

社交恐惧在大学生群体中较为常见，我们要理性对待社交恐惧，既不能大而化之地把其看成只是因为内向、胆子小、经验不足所引起的而置之不理；也不要把其看做是难以逾越的障碍。可以通过以下几个方法来进行调适：

1. 循序渐进，建立自信

很多社交恐惧的大学生都是因为对自己不够自信，担心自己表现太差。要寻找自己的优点、长处，时常给自己积极的心理暗示，从内心正视、接纳和欣赏自己。可以循序渐进，试着进入到自己恐惧和逃避的情境中，采用系统脱敏法，从一小步做起，每达到一个小目标就及时肯定自己，增加自己的自信心和应对经验。

2. 心临其境，勇敢面对

通过假想，利用暴露疗法，培养自己面对恐惧情境的力量。找一个安静的地方，假想一个自己恐惧的情境，模拟可能会发生的场景，不断练习发生症状的情节，并不断鼓励自己勇敢地面对这样的情境，从假想的演练中接受和适应焦虑紧张的心情、模拟应对的方法、增加心理韧性，鼓励自己勇敢面对焦虑和恐惧。

3. 寻求治疗

如果社交恐惧持续时间过长，严重影响到了正常的学习生活，就需要寻求医生帮助，接受治疗。通过药物治疗、心理治疗或行为训练，可以达到良好的治疗效果。

第三节　如何建立良好的人际关系

一、增强人际吸引能力

大学生要加强对自己的了解，从自己的个性特点、行为习惯出发，结合个人学习目标、人生信仰、交往目的等来调整自己的状态、行为和交往方式。培养良好的心理品质、提高个人修养与亲和力，使自己成为一个人格完善、行为得体、独立自信的、受人欢迎的人。

（一）培养良好的心理品质

良好心理品质在人际交往中起到人际吸引、获得对方认可、调整自身情绪和心态的作用。我们经常说的“日久见人心”、“一片冰心在玉壶”等都是指拥有良好的心理品质的人往往会得到别人的尊重、理解和欣赏。这里的心理品质主要包括习惯、观念、信念等。

培养良好的心理品质就要求我们做到知、情、意统一。“知”是指认知、观念，“情”是指情绪、情感，“意”是指意志。对于大学生来说，就是要树立正确、理性的认知观念，尊重和理性看待自己和他人；管理好情绪、情感，做一个积极、乐观、豁达、宽容的人；锻炼自己的意志，做一个意志坚定、不怕困难，敢于应对挫折的人。

（二）提高自身修养

孔子云：“古之欲明明德于天下者，先治其国；欲治其国者，先齐其家；欲齐其家者，先修其身。”可见，孔子把修身作为齐家治国的基础。提高个人修养，对于当代大学生来说尤为重要。大学生文化水平高、自主观念强，其所交往的对象是否有知识、有修养、有魅力，是大学生人际交往过程中较为关注的因素。大学生可以从以下两个方面提高自身修养：

1. 认真学习理论知识，加强自身文化修养

理论知识的学习是大学生树立正确的人生观、价值观的前提，能够使大学生成为一个学识丰富、眼界开阔、胸怀志向的人，增加人际吸引力。

2. 积极参加社会实践，增强自身行动能力

大学生要参加第二课堂和社会实践活动。社会实践不仅是智慧的源泉，还是品德的源泉，人的品质、道德观正是在社会实践、待人接物、行为处事中形成和矫正的。社会实践是检验知识、改造认识和提高修养的有效途径。大学生通过参加社会实践，可以了解国情、人情，丰富思想、陶冶品德、增强行动能力和解决问题的能力。

二、适应人际交往规则

（一）真诚原则

真诚能够使人减少防卫心理，产生安全感，真诚是打开他人心灵的一把钥匙。在人际交往过程中，抱着真诚开放的心态去接纳别人，与人交通，带着真诚豁达的态度去应对和解决问题，是处理好人际关系的基础。一个把自己完全包裹或者伪装起来的人是不会有深入真诚的人际关系的。

（二）主动原则

主动是一种友好的态度，主动表达善意和接纳能够使人产生受重视的感觉和交往的愿望。主动向人打招呼和被人主动打招呼都会使人产生愉悦的感受；在遇到人际关系冲突的时候，如果冲突一方能主动沟通和化解矛盾，那么很多误会都会迎刃而解。

（三）平等原则

平等是建立人际关系的前提，不平等的人际关系无法长久和深入。平等和被尊重的需要在大学生中尤其突出。我们经常说的“己所不欲，勿施于人”，“投之以桃，报之以李”都体现了平等原则。大学生要在满足自身需要的同时，关注对方的需求。只有在人格平等、尊重彼此的关系中，大学生才能够真诚、自由地将自己的经验、感受、疑惑、需求、情感与对方进行交流、互动。

三、掌握人际交往技巧

（一）发现别人的优点，学会赞美

有人说：“世界上缺乏的不是美，而是发现美的眼睛。”在人际交往中，如果我们时刻带着欣赏的眼睛来看待别人，看到别人的优点、肯定别人的成绩，那么人与人之间的距离便会不断拉近。

赞美别人是一种尊重和欣赏，在赞美别人时要注意：首先，必须说别人的优点，赞美要具体，不能笼统地说“你很好”之类的话语，否则对方会觉得是一种敷衍或者恭维。可以从对方的服饰、气色，刚刚完成的一件事情中具体的表现，近期的积极变化等入手，真正地表达关注和赞美；其次，夸别人的优点时态度要真诚，如果是毫无根据地吹捧，反而会伤害别人。恰如其分、恰到好处的赞美，才会使对方感到舒服。

（二）倾听别人的声音，学会关注

有人说：“倾听是世上最美的动作。”倾听就是在人际互动中的一种尊重，也是一种修养；做到倾听是一种能力，也是一门艺术。在人际交往中，倾听既让对方感受到被尊重、乐于与其交往；又能使倾听者及时把握信息，了解更多的细节，真正了解对方；另外，倾听也能给自己关心的朋友和亲人以情感支持，提供帮助，加深情谊。

你会“听”吗？倾听时要注意什么？

设身处地地听，体验他人的处境，感受和理解他人的情感；

仔细捕捉对方表达时的语言和非语言信息；

倾听的姿态要主动、关注、耐心，如身体前倾；

能对对方讲述的内容与流露出的情感作出及时的反应，如“你的感觉是……”“你的意思是……”“你是想说……”；

客观地聆听，不要先入为主地作出判断；

获取对方所要表达的完整信息和意思；

……

（三）培养同理心

同理心是情商理论的专有名词，最早由人本主义大师卡尔·罗杰斯提出，是指在人际交往过程中，能够体会他人的情绪、想法，理解他人的立场和感受，并站在他人的角度思考和处理问题的能力。同理心就是将心比心，同样时间、地点、事件，将当事人换成自己，也就是设身处地去感受、去体谅他人。俗语所说的“人同此心，心同此理”“将心比心”“换位思考”等，都与同理心是一个道理。

同理心不仅是与对方产生共鸣性了解而已，还包括把对对方的了解表达给对方、给予对方支持和帮助。同理心包括三个部分：

（1）辨识（discriminate）。站在对方的立场去了解当事人的感觉及行为。

（2）沟通（communicate）。把所了解的表达出来，让对方知道助人者对他的感觉、行为已经了解了。如，“你看起来……”“你刚才说……”“你的意思是……”“我不知道理解得对不对，你这件事……”“听起来你似乎……你能再告诉我更多一些这方面的情况吗？”等。

（3）理解、支持和引导。不一定是完全赞同当事人的观点，但是在前两步的基础上，给予对方充分理解、必要支持和有效引导。

那么，如何做到用同理心去沟通？

（1）站在对方的角度；

（2）能专心听对方说话，让对方觉得被尊重；

（3）能正确辨识对方情绪；

（4）能正确解读并反馈对方说话的情绪和含义。

冬天，一个七八岁的孩子因父母吵架，撑起一把雨伞蹲在了一个墙角里，很久都没有起来，父母又哄又求，孩子不理不动。两天过去了，孩子体力极度衰竭，最后，他们请来了著名的心理治疗大师迪克森。

迪克森也要了一把雨伞在孩子的面前蹲了下去，他面对孩子，只是注视着孩子的双眼，向孩子投去极其关注的目光。终于，孩子从恍惚中震了一下，像是从沉睡中被闪电惊醒的人。

迪克森继续与孩子对视。

孩子突兀地问：“你是什么？”迪克森也问：“你是什么？”

孩子：“我是蘑菇。” 迪克森：“我也是蘑菇。”

孩子：“蘑菇好，刮风下雨听不到。”

迪克森：“蘑菇好，爸爸妈妈的吵闹听不到。”

对话到这里，孩子流泪了。

迪克森：“做蘑菇好是好，但蹲久了又累又饿，我要吃块巧克力。”他拿出了一块巧克力，送到孩子的鼻子前让他闻一闻，然后放到嘴里大嚼起来，香气四溢。

孩子：“我也要吃巧克力。”

迪克森送给孩子一块巧克力，孩子吃了一半。

迪克森：“吃了巧克力太渴，我要去喝水。”说着，他丢掉了手里的雨伞，站起来，孩子也随着站起来了。

拓展阅读

1. 仰巴脚效应（Pratfall Effect）

一位著名的心理学教授曾做过这样一个实验，他把四段情节类似的访谈录像分别播放给他准备要测试的对象：在第一段录像里接受主持人访谈的是个非常优秀的成功人士，他在自己所从事的领域取得了很辉煌的成就，在接受主持人采访时，他的态度非常自然，谈吐不俗，表现得非常有自信，没有一点羞涩的表情，他的精彩表现，不时地赢得台下观众的阵阵掌声；第二段录像中接受主持人访谈的也是个非常优秀的成功人士，不过他在台上的表现略有些羞涩，在主持人向观众介绍他所取得的成就时，他表现得非常紧张，竟把桌上的咖啡杯碰倒了，咖啡还将主持人的裤子打湿了；第三段录像中接受主持人访谈的是个非常普通的人，他不像上面两位成功人士那样有着不俗的成绩，在整个采访过程中，他虽然不太紧张，但也没有什么吸引人的发言，一点也不出彩；第四段录像中接受主持人访谈的也是个很普通的人，在采访的过程中，他表现得非常紧张，和第二段录像中一样，他也把身边的咖啡杯弄倒了，淋湿了主持人的衣服。教授向他的测试对象放完这四段录像后，让他们从上面的这四个人中选出一位他们最喜欢的，选出一位他们最不喜欢的。

想知道测试的结果吗？最不受测试者们喜欢的当然是第四段录像中的那位先生了，几乎所有的被测试者都选择了他，可奇怪的是，测试者们最喜欢的不是第一段录像中的那位成功人士，而是第二段录像中打翻了咖啡杯的那位，有95%的测试者选择了他。

从这个实验里我们看到了心理学著名的“仰巴脚效应”，又叫“出丑效应”“犯错误效应”。意指精明的人无意中犯点小错误，不仅是瑕不掩瑜，反而更使人觉得他具有和别人一样会犯错的缺点，反而成为其优点，让人更加喜爱他。仰巴脚就是不小心跌了一跤，有时可能会跌个脊背着地，四脚朝天，所以又叫“出丑效应”。生活中有不少比较完美精明的人，其实，这种完美往往是外在的表演，这就未必讨人喜欢了。因为一般人与完美无缺的人交往时，总难免因自己不如人而感到惴惴不安。最讨人喜欢的是那些聪明而小有缺点的人，比如，学生眼中的老师，老师眼中的领导，老百姓眼中的官员等。这些貌似完美无缺的人在不经意中犯个小错误，不仅是瑕不掩瑜，反而让人觉得他和大家一样有缺点，因为他显露出平凡的一面而使周围的人都感到安全。

（注：Pratfall一字是英文中的俚语，意同北京土话“仰巴脚儿”,指不小心摔个四脚朝天的姿势。）

2. 大学生人际关系自查

这是一份人际关系行为困扰的诊断量表，共28个问题，在每个问题上，选“是”的打“√”，得1分；选“非”的打“×”，得0分。请你认真完成，然后对照后面的测验结果解释，得出自己的人际关系状况。

（1）关于自己的烦恼有口难言。(　　)

（2）和生人见面感觉不自然。(　　)

（3）过分地羡慕和妒忌别人。(　　)

（4）与异性交往太少。(　　)

（5）对连续不断的会谈感到困难。(　　)

（6）在社交场合感到紧张。(　　)

（7）经常伤害别人。(　　)

（8）与异性来往感觉不自然。(　　)

（9）与一大群朋友在一起时常感到孤寂或失落。(　　)

（10）极易受窘。(　　)

（11）与别人不能和睦相处。(　　)

（12）不知道与异性相处如何适可而止。(　　)

（13）当不熟悉的人对自己倾诉他的生平遭遇以求同情时，自己常感到不自在。(　　)

（14）担心别人对自己有什么坏印象。(　　)

（15）总是尽力使别人赏识自己。(　　)

（16）暗自思慕异性。(　　)

（17）时常避免表达自己的感受。(　　)

（18）对自己的仪表（容貌）缺乏信心。(　　)

（19）讨厌某人或被某人所讨厌。(　　)

（20）瞧不起异性。（　　）

（21）不能专注地倾听。（　　）

（22）自己的烦恼无人可申诉。（　　）

（23）受别人排斥与冷漠。（　　）

（24）被异性瞧不起。（　　）

（25）不能广泛地听取各种意见、看法。（　　）

（26）自己常因受伤害而暗自伤心。（　　）

（27）常被别人谈论、愚弄。（　　）

（28）与异性交往不知如何更好地相处。（　　）

测量结果解释：

总分解释：

0~8分，你在与朋友相处上的困扰较少。你善于交谈，性格比较开朗，主动关心别人，你对周围的朋友都比较好，愿意和他们在一起，他们也都喜欢你，你们相处得不错。而且，你能够从与朋友相处中得到许多乐趣。你的生活是比较充实而且丰富多彩的，你与异性朋友也相处得很好。一句话，你不存在或较少存在交友方面的困扰，你善于与朋友相处，人缘很好，获得许多人的好感与赞同。

9~14分，你与朋友相处存在一定程度的困扰。你的人缘很一般，换句话说，你和朋友的关系并不牢固，时好时坏，经常处在一种起伏波动的状态之中。

15~28分，你在同朋友相处上的困扰较严重；分数超过20分，则表明你的人际关系困扰程度很严重，而且在心理上出现较为明显的障碍。你可能不善于交谈，也可能是一个性格孤僻的人，不开朗，或者有明显的自高自大、讨人嫌的行为。

分类解释：

根据下面各栏上的得分，具体显示出受测者与朋友相处的困扰行为及其纠正方法。

Ⅰ	题目	1	5	9	13	17	21	25	小计
Ⅱ	题目	2	6	10	14	18	22	26	小计
Ⅲ	题目	3	7	11	15	19	23	27	小计
Ⅳ	题目	4	8	12	16	20	24	28	小计

记分表Ⅰ栏上的小计分数，显示出受测者在交谈方面的行为困扰程度。

6分以上，说明受测者不善于交谈，只有在极需要的情况下才同别人交谈，总难以表达自己的感受，无论是愉快还是烦恼；受测者不是位很好的倾听者，往往无法专心听别人说话或只对特定的话题感兴趣。

3~5分，说明受测者的交谈能力一般，能够诉说自己的感受，但不能讲得条理清晰。如果受测者与对方不太熟悉，开始时往往表现得比较拘谨与沉默，不太愿意与对方交谈。但这种状况一般不会持续太久。经过一段时间的接触，受测者可能会主动与人搭话，这方面的困扰也就会随之减轻或消除。

0~2分，说明受测者有较高的交谈能力和技巧，善于利用恰当的说话方式来交流思想感情，因而在与别人建立友情方面，往往更容易获得成功。

记分表Ⅱ栏上的小计分数显示出受测者在交际与交友方面的行为困扰程度。

6分以上，说明受测者在社交活动与交友方面存在严重的行为困扰。例如，在正常集体活动与社交场合，比大多数同伴更为拘谨；在有陌生人或老师在场时，往往感到更加紧张；往往过多考虑自己的形象而使自己处于越来越被动和孤立的境地。

3~5分，说明受测者在社交与交友方面存在一定的困扰。受测者不喜欢一个人待着，需要和朋友在一起，但不善于创造条件并积极主动地寻找知心朋友。

0~2分，说明受测者对人较为真诚和热情，不存在人际交往困扰。

记分表Ⅲ栏上的小计分数，显示出受测者在待人接物方面的困扰程度。

6分以上，说明受测者缺乏待人接物的机智与技巧。在实际的人际交往中，受测者也许有意无意地伤害别人，或者过分羡慕别人以致在内心嫉妒别人。因此，可能受到别人的冷漠、排斥，甚至愚弄。

3~5分，说明受测者是个多侧面的人，也许是一个较圆滑的人。对待不同的人，受测者有不同的态度，而不同的人对受测者也有不同的评价。受测者讨厌某人或者被某人讨厌，但却非常喜欢一个人或者被另一个人喜欢。受测者的朋友关系某些方面是和谐的、良好的，某些方面却是紧张的、恶劣的。因此，受测者的情绪很不稳定，内心极不平衡，常常处于矛盾状态中。

0~2分，说明受测者较尊重别人，敢于承担责任，对环境的适应性强。受测者常常以自己的真诚、宽容、责任心强等个性特点，获得众人的好感与赞同。

记分表Ⅳ栏上的小计分数，显示出受测者同异性朋友交往的困扰程度。

5分以上，说明受测者在与异性交往的过程中存在较为严重的困扰。也许受测者对异性存有过分的思慕，或者对异性持有偏见，这两种态度都有片面之处。也许是不知如何把握好与异性同学交往的分寸而陷入困扰之中。

3~4分，说明受测者与异性同学交往的行为困扰程度一般。有时受测者可能觉得与异性同学交往是一件愉快的事，有时又可能觉得这种交往似乎是一种负担。

0~2分，说明受测者知道如何正确处理与异性朋友之间的关系。受测者对异性同学持公正的态度，能大方自然地与他们交往，并且在与异性朋友交往中，得到了许多从同性朋友那里得不到的东西。受测者可能是一个比较受欢迎的人，无论是同性朋友还是异性朋友，多数人都比较喜欢和赞赏受测者。

3. 心理剧本：《沉迷》（编剧：王伟）

故事梗概：

林宇是某大学广电系的大二学生，一次实践课和舍友的争吵，让林宇开始和舍友疏远，而对大学的学习环境和人际环境的极度不适应，也让他逐渐迷失自己，沉迷于虚拟世界无法自拔。

出场人物：

林宇　韩子晨　刘悦扬　李亦萧（南方口音）

场景1　宿舍

林宇头发脏乱，神经兮兮，在宿舍疯狂地玩着游戏。

韩子晨走了上来，面对观众。

韩子晨：他已经在这里玩了整整24个小时了，你一定和我一样好奇他是怎么变成这个样子的。那就让我们把时间拉回到两年前，看看究竟在他身上发生了什么。

场景2　校园

文学院门口四人缓慢走来站定。

刘悦扬（陕腔）：这就是文学院呀！美滴很么！

李亦萧（台腔）：哇啊，真的是美呆了！

韩子晨：How beautiful the building is !

林宇：一定要这么夸张吗？无聊！

大家尴尬地看了看林宇，气氛很不自然。

刘悦扬急忙打圆场面。

刘悦扬：你看那个妹子！太正点了！

李亦萧：哇哦，真的是超正哎！

韩子晨：What a fucking pretty girl !

林宇：天那，我的大学生活居然要和这些人待在一起。噢，疯了！

大家尴尬地看着林宇。然后回到宿舍自己的床铺上。

林宇走向观众。

林宇：我叫林宇，让我们把时间再拉近一点儿，再近一点点儿，对，就是现在！好了，这是我的内心独白。

从小我就品学兼优，按照着大人们想要的样子，刻画着我的人生印记。其实，我也不知道除了学习我还需要，或者说能做些什么，是轰轰烈烈地去恋爱，还是肆无忌惮地漂泊，好像这样的生活都不曾打扰我，我在千篇一律的赞扬声中结束了我的中学生涯，来到了这里，度过了我一年零六个月的大学生活。如果，那也算生活的话。

呵呵！这就是我的大学，我曾期盼过的生活。

李亦萧在宿舍怒吼着摇滚歌曲自我陶醉，韩子晨戴耳机看着电影嘴里跟着念电影里的英文台词，刘悦扬在聊手机，时不时发出赞叹的声音及表情。林宇坐在床上，一动不动地看着他们，显露出了厌烦。

刘悦扬：快看，这个妹子，正不正？新传院的，身高168，条超顺。

李亦萧（看了一眼）：赞！

李亦萧继续唱歌。

刘悦扬又去让韩子晨看，韩子晨摆摆手，没回头，继续盯着电脑屏幕说：你刚开学就准备毒害人家小姑娘呀。

刘悦扬：哎呀，咱不是马上要拍短片了么，我这是在给咱找女主角啊，这把我挑的，眼都花了。

韩子晨：那演员交给你了，少潜点。

刘悦扬：你帮我看看这几个哪个正。

韩子晨：呀，你自己看，我这电影马上到高潮了。

韩子晨甩开刘悦扬继续看电影。

刘悦扬看了林宇一眼，欲说还休，然后坐回去了。

李亦萧开始唱摇滚版单身情歌。

林宇：小声点，OK？

大家没听到，一切喧嚣照旧。

林宇大吼：李亦萧，你又犯病了是吧，抽风抽几个月，该吃药了吧。

李亦萧：大晚上的，你吃炸药了？好好说不行么？

林宇：你也知道大晚上呀，发情期的猫都没你嚎叫得那么勤快。

李亦萧放下吉他。

李亦萧：我招你惹你了？你……

韩子晨摘掉耳机打圆场：猫叫得勤不勤我不知道，但是你嚎叫得真的不怎么悦耳。

李亦萧：不会吧，难道我音色不准？

韩子晨：不是音色问题，是时间问题。

李亦萧：你的意思是我还得花时间练练？咱们下周可就开拍了，我这流浪歌手的角色，怎么也得练到位呀。

韩子晨（凑过去小声）：时间问题，时间！你看几点了，怨不得林宇骂你。

李亦萧耸耸肩，放下吉他。

李亦萧：看来晚上在宿舍，就只能拿手机约妹子喽。

韩子晨：大家晚上也安静点，11点多还不休息，伤肝！睡了睡了。

刘悦扬：只要不伤肾，啥都无所谓。

韩子晨：哎哟，刘公子，别贫了，关灯啦。

林宇躺在床上，烦躁地叹了口气。

夜深。

林宇：很多个夜晚，我就是这么度过的，烦躁，甚至失眠。今天晚上也是，我在想，上帝是不是故意的，总会选择让一个正常人和一群疯子住在一起，看最后他们究竟是变回正常还是都成了疯子。也许这是上帝最爱玩的无聊游戏吧。呵呵，反正睡不着，那我就跟你们聊聊这些疯子吧。

李亦萧开始忘我地表演，唱着摇滚。

林宇：李亦萧，呵呵，典型的白羊座，无脑，冲动，极度自我，成天摆个明星架子，别人不听他唱歌就是别人不懂得欣赏艺术。觉得世界都该为他而转，自己却跟在刘悦扬屁股后面转，自认为校园里的姑娘都得喜欢他。其实，他就是一个屌丝！

林宇狠狠拍了一下李亦萧，李亦萧回到自己床铺。

刘悦扬出场耍帅、跳舞，聊微信打电话勾引女生。

林宇：刘悦扬。很多人见面都会问我同一个问题，“你有刘悦扬电话或者微信么？”我后来才知道，原来他是学校街舞社团的红人，而且还是个不折不扣的富二代，他应该还是个衣冠禽兽，对！一定是！穿着他嘴里的乔治阿玛尼到处勾搭，我相信很多无知的花季少女已经被他蒙骗了，也许有姑娘为他失了身，然后还骄傲地高呼，这是爱情，我愿意为他付出一切。天呐，这得多么愚蠢啊！他就是个骗子！

林宇：韩子晨……好吧，宿舍好歹还有个正常的。再怎么怨天尤人也无济于事，我还是睡吧。

林宇翻身睡去。

夜深了，韩子晨起床上厕所，回来给林宇盖上了被子。

场景3　宿舍

林宇在看书，刘悦扬在琢磨单反相机。

李亦萧风风火火跑进来。

李亦萧：喂喂喂，奖学金名单下来了，刘悦扬，你综合得分咱班第四,二等奖学金，子晨呢？他第一哇，一等，咱宿舍还有俩学霸呀，你俩可得请客吃饭。哎，我上学期期末平均分78呢，居然还没评到奖学金，你平均分得多少呀？

林宇（放下了书）：寒月苦读，终敌不过袖间藏污纳垢呀。

刘悦扬：你这什么意思？

林宇：凭真本事你考得了这么高吗？

李亦萧：你意思是刘悦扬是作弊的？林宇，话可别乱说。

林宇：是不是作弊，试一试就清楚了，视听语言最后一道题，什么是越轴，避免越轴的方法有哪些？

刘悦扬：哈哈，你还跟我较上真了，可我没必要回答你，清者自清，你既然不相信，那你就当我作弊吧。

李亦萧：林宇，一个宿舍的，你说这话，真想抽你。

刘悦扬跟李亦萧出去了。林宇待在宿舍。

韩子晨进来。

韩子晨：悦扬给我打电话了，我们拿了奖学金，大家准备一起去庆祝，这么久了也没好好聚聚，一起去吧，算是给我们拍片子之前鼓鼓气。

林宇：你们拿奖学金，我庆祝什么？

韩子晨一把揽过林宇，跟林宇套近乎。

韩子晨：你平时比我们都刻苦，下学期肯定是你拿，下学期我们给你庆祝。你看，一个宿舍的，众乐乐多好呀。

林宇：你觉得刘悦扬能考第四？

韩子晨：宇哥呀，奖学金不光是看成绩，还有参加学校各种活动，都是会加分的。悦扬不是迎新晚会还有文苑华章都跳街舞了么，都加分了，不过他本身成绩也不低，拿到奖学金很正常。

林宇：就那些充满着各种性暗示的龌龊动作？那也配叫舞蹈？

韩子晨：哈哈，其实我也不喜欢，男的女的在台上扭来扭去，蹭来蹭去的，没什么好看的。

林宇：兴许人家现在都爱看男女蹭来蹭去的那种。要不他能那么受欢迎？

韩子晨：哈哈，不爱看归不爱看，宿舍在一起和睦开心就好，管他跳什么呢，跳大神都行，反正又跳不到你床上。宇哥，你喜欢什么活动？

林宇：我？好像没什么特别喜欢的，就看看书吧。

韩子晨：看书好哇，好男人曾小贤不都说了么，多读书多看报，少吃零食多睡觉。哈哈，不过，你也得多出去活动活动，学我们这个专业，多拍拍片子挺好的。

林宇：哎，拍什么呢，书都念不好，你说我咋就考得那么差呢，书我也没少背。

韩子晨：别纠结这事了，这老师改卷子还分心情呢，改到你的时候估计他老婆催他回家做饭呢，心情不好，随手给你打分低了。

林宇：哎，要真是这样，那我真就无语了！

韩子晨：行了。我跟你说定了啊，这周五下午，大家一起聚餐。

韩子晨（拍了拍林宇肩膀）：开心点，有事给我打电话，我打球去了。

林宇：从小别人都叫我天才，这样的称谓，终于被终结了。我不会唱歌，不会跳舞，不会阿谀奉承拉关系，我不喜欢热闹，就爱一个人安安静静地看看书，可我现在，现在就连念书也开始念不好。我到底还能干什么，真是没用。

场景4　餐馆

韩子晨：每个生命体，都是独特的存在，我看到了悦扬的乐观、阳光，看到了亦萧的潇洒、自由，可是林宇，哎，我看到的是孤独和脆弱。

刘悦扬、李亦萧上。

韩子晨：我说那么多，你们明白吧，林宇就是比较内向，加上咱们拿了奖学金，他内心有点失衡，我们平时要多关心和谦让他。

刘悦扬、李亦萧：好吧，他今天到底来不来？你打电话问问。

韩子晨：他来了。

林宇上。

韩子晨：来，就等你了。我们先来干一杯，祝愿我们322宿舍友谊天长地久，来。

林宇：我不喝酒。

李亦萧、刘悦扬愣住。

林宇：我酒精过敏。

李亦萧小声嘀咕：毛病。

韩子晨:那这样，你以茶代酒，来，干。

韩子晨：吃菜，林宇你多吃点，看你瘦的。

四个人边吃饭边说笑，林宇较沉默。

刘悦扬：拍片那个事儿，我搞定了，我爸帮我拉了个赞助，是东风汽车的，咱随便拍，钱问题不大，反正就是练练手。

李亦萧：赞啊。

刘悦扬给其他人使了使眼色。

刘悦扬：女主角你们看选哪个？这几个一个比一个正，看！这个这个，1米7，怎么样？

韩子晨：悦扬，你咋三句话不离本行啊！你没发现人家宇哥最看不惯你这样，你还死性不改！

刘悦扬：哎呀，子晨你这话说的，宇哥不是没对象么，我专门给宇哥选的女主角，他俩对戏，对着对着就看对眼了，我这也是为了宇哥。

林宇：拜托，我们是来上大学的，不是来上大学生的！

林宇鄙夷地走向台前。

林宇：天呐，奖学金都让这样的人拿走了，这该是多么的讽刺啊！

林宇退回到餐桌前。

刘悦扬尴尬了一下，然后赶紧圆场。

刘悦扬：哎？大家听见宇哥说什么了吗？哈哈，原来宇哥这么幽默啊！给力，来来来，走一个！

林宇喝光杯中酒，吃了几口饭。

林宇：我吃饱了。

林宇端过酒杯一个人坐另一边喝闷酒。

刘悦扬和李亦萧有说有笑，两人喝酒划拳，韩子晨吃几口饭，看一眼林宇，微微叹气。

酒过三巡，大家起身准备散去。

林宇喝醉，趴在旁边的餐桌上。

韩子晨和李亦萧过去搀扶起林宇。

刘悦扬：说了喝酒过敏，还一个人喝那么多！

韩子晨：悦扬，你先扶着，我去结账。

刘悦杨和李亦萧扶着林宇往宿舍走，下场。

场景5　拍摄场地

大家在拍摄短片。林宇和女演员站定，李亦萧在摄像，刘悦扬跟在摄像机后面看着，韩子晨在林宇侧面打反光板。

刘悦扬：亦萧，我跟你说，我想要一个从上到下，然后跟过去的镜头。

李亦萧：刘导，跟焦不好把握，略难。

刘悦扬：我信你，你来把握。

女演员在卖弄风骚。

女演员：刘导，我这样上镜好看么？

刘悦扬：美赞死！就是有点骚，收收。

林宇：大姐，正常点好么，你演的是有钱人家的小姐，不是那个小姐。

女演员白了林宇一眼。

刘悦扬：子晨，你看这个镜头这么运动下来行不行？

韩子晨：应该可以。

刘悦扬：各单位注意，第五场第四镜，开始！

女演员：我走了。

林宇：他到底有什么好？！

女演员：他不像你，他温柔、体贴，还会哄我开心。

林宇：你也知道那是哄你，他那么善于花言巧语，是因为他从众多女人身上练出来的，你也不过是他猎艳的一个目标而已。

女演员：你别把别人想得那么阴暗，跟他在一起，至少我很开心，两个人在一起开心就好。

林宇：两个人在一起不是要相互包容，然后走到一起么？

女演员：我包不住了。导演，这词儿不对呀。

刘悦扬：宇哥，你这台词没按本子来呀，她说他温柔、体贴，你就该转身就走了。

林宇：但是那样你不觉得奇怪么？恋人分手，一句话完了。

刘悦扬：我们就是要做出电影那种质感，对话越少越好。

林宇：电影的质感不是靠对话的多少表现出来的。这个剧本本身人物设定就有问题，主人公简直是个屌丝，作为导演你是怎么审核通过的？

刘悦扬：怎么不能？屌丝还没逆袭的时候？

林宇：逆袭是靠他个人行动去驱动的，不是乱七八糟巧合营造的。还有，你那个从屋檐上运动下来的镜头有什么意义，一个对话镜头你能拍出花啊。

刘悦扬：哎，我就能拍出花，咋好看咋拍。我看这剧本人物设定没问题，是你有问题。

李亦萧：能不能拍了，不然讨论完了明天再拍，行吗？

韩子晨半天插不上话，终于抢到话头了。

韩子晨：这准备半天了，先这么拍吧，回去跟老师再反映下剧本，有问题咱再改，没问题就按这个拍。好吧？

林宇：这本子我演不了。

李亦萧：你倒能演个啥，演神经病差不多。

韩子晨：亦萧你闭嘴行不。

刘悦扬：行，他不演正好，子晨你去找隔壁班的来演，咱赶紧拍，这会先把你的戏拍了，你先赶紧去换衣服。这设备租一天500块钱呢。

韩子晨看了看林宇，无奈地摇摇头，走了。女演员跟刘悦扬摆了摆手，然后跟着韩子晨走了。

林宇：悦扬，你是不是一直以来就针对我？

刘悦扬：我针对你干吗，你又不是我老婆。

林宇：这学期开学，你给他们一人带了一套漫画，你给我带了什么？《性格决定成败》，你觉得我性格不好？我惹到你了是吧，刘公子。

刘悦扬：我没见你看过漫画，我们聊漫画的时候，也没见你有什么兴趣。话说你也不跟我们聊。

林宇：上学期选预备党员，你以为我不知道，你跟别人怎么说的？说我性格不好，孤僻，你怎么不问问你在我眼里是什么，我有在你背后说你么？

刘悦扬：别人问我，我就是如实反映，我说错了么？

林宇：你是不是就想整我，看着我过得不自在，你特开心，特满足，你就跟上帝一样，这就是你玩的一个游戏。

李亦萧：你是不是嗑药了，瞎喷什么玩意儿？

刘悦扬：哎，这TM就是我的游戏，玩的就是你，你咬我呀。

林宇冲过去想打刘悦扬，被李亦萧推开。

李亦萧：是你有病吧，要不是看一个宿舍的，早抽你了。悦扬自己花钱让咱拍，你还在这唧唧歪歪，也没见你干个啥正事，看一学期书，考得还不如我，脑子不好还说别人作弊，要不是子晨让我们关心你，让着你，早骂死你了，二儿。

林宇呵呵呵地冷笑、傻笑、`苦笑。

林宇：对，我是二儿，你有钱，你是导演，是大爷。你们会唱会跳，你们是人才，我只会看书，我是书呆子。

刘悦扬：傻帽，疯了一样。

林宇：你才傻帽，你俩一对傻帽！

林宇冲过去拿身体撞他们两人。

李亦萧一把把林宇推倒在地，然后打他，边打边说。

李亦萧：你骂谁呢？让你骂！让你嘴硬，早看你不顺眼了！

刘悦扬愣了两秒，然后拉开李亦萧。

刘悦扬：行了，别理他，咱不拍了，咱找SANDY玩去，让他一个人在这躺着吧。

所有人离场，林宇一个人慢慢从地上爬起来，然后站在台上。

林宇：这个世界对我充满敌意，从小父母就每天吵架、打架，没有人管我，他们觉得我是多余的，他们离异的时候没有人愿意要我！我嫉妒其他人，我也想向他们一样快乐，可我不能融入到那些欢乐当中，看到他们的笑容，我只会想到我是多么的可怜。我也渴望友谊，渴望爱情，可我不知道该怎么去做。我讨厌我自己！唉！还不如逃避吧。

场景6　宿舍

林宇在疯狂地玩游戏，嘴里一直念叨着游戏里的专业术语，戴着耳机和其他玩家争吵。

林宇（伴随游戏声）：中路推呀，傻么？会不会玩？潮汐你的大招呢？你的大招被你吃了么？真是傻帽！

韩子晨过来递给他一罐饮料：一大早又都被你叫醒了。

林宇：别管我。

韩子晨：你已经一周没去上课了，老师又点你名了。我说，你每天通宵地玩，很伤身体。

林宇：你忙你的吧，别烦我。

林宇继续玩游戏，手指疯狂地敲打键盘，眼睛也不眨一下，嘴里不停地念叨着，叫骂着。

韩子晨：哎……

韩子晨：他已经在这里玩了整整24个小时了，你一定和我一样好奇他是怎么变成这个样子的。说实话，我也不知道。真想把时间拉回到两年前，看看究竟在他身上发生了什么。

刘悦扬、李亦萧回来了，他们在做自己的事情。林宇依然在疯狂地玩游戏。韩子晨一直看着他。

刘悦扬、李亦萧睡了，子晨还是看着他。林宇玩得很兴奋。

林宇（伴随游戏声）：就这样，白牛你冲火枪，直接大招！好嘞，推塔推塔！直接高地！赢了！

韩子晨：我从他的身体里看到了空虚和孤独，或许他命里就是天煞孤星。不知道从哪天开始，他对什么都不感兴趣，电脑屏幕背后的那个世界，开始成为他的中心。我知道他一定不开心，虽然他此时如此地狂热和兴奋，如此地强大，他挥舞着大刀，在那个世界里横冲直撞，春风得意，可那都是虚拟的，在现实中我看到他分明就是一个碎了的玻璃杯。

韩子晨：开心是一天，不开心也是一天，何不让自己开开心心地度过每一天呢？

林宇：真老的段子。再说，我很开心。

韩子晨：晚上还不睡么？

林宇：睡不着。

韩子晨：明天还去上课么？

林宇：不去，没意思。

韩子晨：好吧，看来我确实不擅长和你交流。

林宇：别烦我，忙着呢。

韩子晨：你这样会把自己毁了的。

林宇没有搭理韩子晨。

韩子晨叹了一口气，离开。

林宇走向观众。

林宇：这个世界就是这样，真正用心读书的人，却不及那些整日朝三暮四、显弄富贵的人受尊重。友谊要靠酒精印证，爱情要受金钱庇佑，青春在忠言面前也不得安静地生存，每个人都戴着虚伪的面具，不停地在面具中变换。呵呵，可笑。它还不如这虚拟的世界真实！还不如就让我永远逃避吧。

林宇回到电脑旁继续打游戏。

场景7　宿舍

刘悦扬、李亦萧边讨论边剪辑影片。

刘悦扬：子晨，你看看这个镜头怎么样，赞不赞？

韩子晨：我看看……赞！

刘悦扬：看看亦萧这镜头，端得多稳，跟滑轨滑的一样。

李亦萧：自带滑轨摇臂，由我出品，必属精品！

韩子晨：宇哥，来看看，看这拍得咋样，咱一块剪，你不是经常看剪辑方面的书么，这个交给你肯定没问题。

韩子晨拍了拍刘悦扬和李亦萧的肩膀，看着林宇。

林宇在继续玩着游戏，并且和游戏里面的人互相辱骂。

韩子晨又叫了林宇两声。

林宇吼道：别烦我行不，没看我忙着呢，你们大艺术家还不会弄？

说完，林宇继续关心他的游戏。

韩子晨叹了口气，算了。

刘悦扬他们继续讨论剪片子，林宇继续玩游戏。

过了很久……

刘悦扬：林宇，别玩了，如果之前有得罪你，让你觉得不爽，那我道歉，我没别的意思。

李亦萧叹了口气：我先睡了，林宇麻烦小声点。

林宇：我当初睡觉的时候，也没见你小声点。

李亦萧：哎？当初？当初我也没这么晚好吧，现在几点了？凌晨一点了！你通宵吵，吵几个晚上了，还不能说你了是不！？

刘悦扬：大家相互包容一下，最近快期中考试了，你这样大家休息不好，上课都犯困。

林宇：刘大老板是打算求我么？

刘悦扬：我跟你好好说话呢，你别得寸进尺，你自己不上课，别人要上，别人要学习呢。

林宇：你还学习呢？你除了跳舞泡妞，你学个辣子呢！

韩子晨：林宇，你别蹬鼻子上脸，大家都是关心你，你以为你自己是谁，你这么自私，这么我行我素，不考虑别人感受，你觉得自己很有存在感了？我好说歹说都不行，你非要和别人对着干是不！？

林宇：韩子晨呀韩子晨，看来你们也不过是一丘之貉！

韩子晨狠狠踢了桌子一脚。

韩子晨：你脑子有病！赶紧滚蛋吧！

韩子晨对着刘悦扬和李亦萧说：走，去SANDY隔壁宿舍打地铺睡去，让他好好玩，美美地玩，玩死他！

韩子晨他们离开。

场景8　宿舍

宿舍里林宇一个人望着天花板发呆，嘴里念念有词。

林宇：什么都干不好，游戏也玩不好，游戏也没意思，都没意思，我是多余的，多余的。

韩子晨上来：昨天晚上对不起！

林宇没说话。

韩子晨：你太内向，太封闭了，你好像觉得外面的世界很危险。但是我们真的都是为你好。

林宇看了看韩子晨。

韩子晨：这是咱们学校心理老师的名片，我觉得对你有帮助。说实话，我们都没办法帮你，如果你再这样下去，我们也许就申请换宿舍了。

韩子晨把名片递到林宇手上，林宇没有接，看着名片，韩子晨把名片放他腿上。

韩子晨：但我还是希望我们在一个宿舍。我希望我们322宿舍不只是同学，还是一辈子的好朋友。

林宇拿起了名片。

韩子晨：少玩点游戏，对身体不好，有时间跟大家一起参加活动。我得去讨论剧本了，我们准备拍短片，冲着拿奖去的。随时欢迎你参与。

韩子晨拍了拍林宇肩膀，离开。

林宇拿着名片开始苦笑，然后傻笑，然后鄙夷地笑，最后一脸的严肃。

林宇走到观众面前，撕掉了名片。

林宇：我用心读书，我撕掉他们虚伪的面具，我真实地活着，他们却说我有病，你们觉得我有病？对！我有病！作为学生我刻苦学习不受待见，律师惩恶扬善不受待见，医生救死扶伤不受待见！于是，看看这些学生、律师、医生都变成了什么！你们都变成了什么！你们也不看看你们自己！

林宇（指着观众）：你们戴着面具苟且地活着，你们溜须拍马，阿谀奉承，谎话连篇，你们带着虚伪、带着贪婪，堕落地活着，你们说我有病？！你们想这样跟蛆蚁一样毫无灵魂地活着。可我不想！我不能！是你们病了！是这个社会！它病了……

林宇痛苦地蹲在地上痛哭。

（完）

4. 心理知识小视频：《压抑的来源》

本章知识点

1. 人际交往与人际关系
2. 影响人际吸引的因素
3. 处理人际关系的技巧

本章思考题

1. 大学生人际交往的特点及常见问题有哪些？
2. 分析自己人际交往的状态。
3. 如何有效处理好人际冲突？

参考文献

[1] 侯玉波.社会心理学（第2版）.北京：北京大学出版社,2007.

[2] 刘金蕊.PAC理论在人际冲突处理中的运用探讨.现代商贸工业，2011（6）.

[3] 贾晓明，陶勐恒.大学生心理健康——走向和谐与适应(第2版).北京：北京理工大学出版社，2007.

[4] 姚斌.心理卫生科普丛书·大学生心理成长攻略. 北京：人民卫生出版社，2013.

第七章　大学生的恋爱

爱就是活下去的自然力量。

——美国奥斯卡奖最佳原创歌曲《爱情多美好》

第一节　什么是爱情

案例

初次来到咨询室的小薇比较特别，她预约的是个体咨询，但来时却是两个人：小薇和她的老乡。因为好奇，我询问两人是什么关系，男生征求小薇同意之后回答："我们是朋友，也是老乡，但不是男女朋友，在我心里我一直将她当做我的妹妹看待。"说话时，他一直在看着小薇。凭着咨询师的直觉，我能感到那双直视的眼睛中包含了关心之外的内容。两人大约半年前认识，经常一起在社团训练，由于二人都有过一段失败的恋情，惺惺相惜中便多了些交往和关心。近期小薇无法将精力投入考研准备中，总是有些焦虑和急躁，因此前来咨询。后来了解到小薇准备继续读研，而男生即将毕业并准备就业，两人将经历再一次的分别。

为什么两个自称朋友或兄妹的人眼中却流露出太多的内容？为什么自称不是恋爱的两人在即将分别时却有太多的焦虑？到底什么是爱情？怎样的感情才算是爱情？

一、斯滕伯格爱情三元理论

爱情是一个古老又经久不衰的话题，但爱情到底是什么？学者们众说纷纭。20世纪90年代，美国耶鲁大学的心理学教授罗伯特·斯滕伯格（Sternberg）

提出了爱情的三元理论，成为目前解释人类爱情最有影响力的观点（图7–1）。

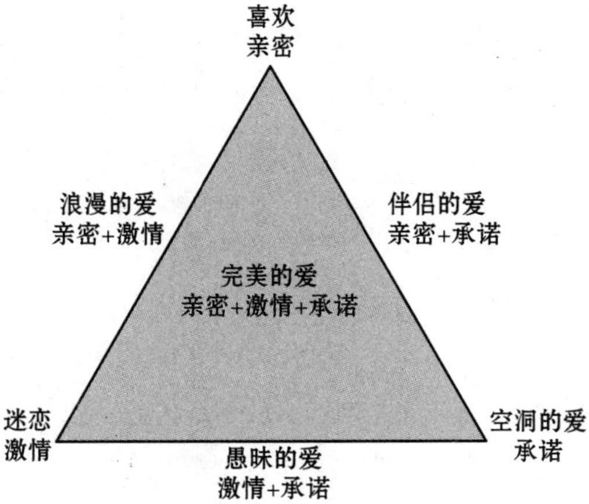

图7–1 斯滕伯格爱情三元理论

爱情三元理论认为：人类的爱情虽然复杂多变，但基本成分只有三种，即亲密（Intimacy）、激情（Passion）和承诺（Commitment）。亲密是以彼此的信任为基础的情感表现，包括热情、支持、理解、交流及分享等特点。激情必然伴随着彼此之间性的吸引，并以生理欲望激起为特征。激情的形式常常是对性的渴望，但凡从关系中得到满足的任何强烈的情感都属于这一类别。承诺是一种内在的责任和约定，包括投身于一份感情的决定及维持感情的努力。承诺主要体现在认知层面，亲密是感情性的，而激情则具有明显的动机性特征。

根据三种成分程度不同可以将爱情分为以下类型：

（1）无爱。如果在一段关系中亲密、激情和承诺都缺失，爱是不存在的，这种关系也被称为无爱。两个人也许仅仅是熟人而不是朋友，彼此之间的关系也是随便的、肤浅的、没有承诺的。

一次一次的失去，一次一次的忘怀……当走在街上，看着川流不息的人群，再看看脚下的落叶，我才意识到，原来秋天又要过去了。这个冬天仍然是自己一个人度过吗？我有些迷茫了，眼前尽现了那一对对情侣，不知从什么时候开始，我竟变得有些羡慕他们了，手牵着手，互相依偎着。我紧了紧衣领，呼出了一口气，一个人的滋味果然不好受。我努力地想，从什么时候自己开始一个人的……

——小说《无爱者》

（2）喜爱。当亲密程度高但激情和承诺非常低的时候，会产生喜爱的情感。喜爱发生在有着真正亲近和温暖的友谊中，但不会激发激情，也不会激发自己与之共度余生的欲望。如果一个朋友确实激起了激情，他/她离开的时候会被强烈地思念，关系就已经超越了喜爱。在这种关系中，相处的双方会感觉亲切、轻松，有强烈的信赖感，表现在生活中就是两性之间真诚的友谊（如案例中的小薇和她的老乡）。

（3）迷恋。迷恋中有着强烈的激情，但缺乏亲密和承诺，当人们被不太熟悉的人激起欲望时会有这种体验。此时双方会有强烈的性的吸引，但缺乏彼此的了解和信任，更没有发展到承诺的阶段。处于迷恋中的个体相信：爱是不需要理由的。当然也常常无奈地吟唱：为何偏偏爱上了你？迷恋往往开始于一见钟情，这种刹那间绚烂如夏花的情感能否发展为稳定的爱情，取决于是否会有亲密和承诺因素的形成。

上一周我遇到了一个非常帅的男孩子，他也觉得我非常漂亮。我们一起出去散步，然后他就吻了我。他接吻的功夫真的很棒，我们吻了好一会儿呢。我不知道这样就和他亲吻是否有点太快了——我是说，也许他吻过很多女孩。但是，我仍然觉得自己等不及要再见上他一面。你觉得我是爱上他了吗？

（4）空爱。即空洞的爱，没有亲密或激情的承诺就是空爱。在这种关系中双方只有责任和义务，是高度道德化的或价值高度异化的两性伙伴关系。如政治婚姻或为了避免关系结束之后强烈的内疚而形成的婚姻。在西方文化中，这种爱见于激情燃尽的关系中，既没有温暖也没有热情，只是留在对方身边而已。然而，在包办婚姻的生活中，空爱是配偶们共同生活的第一个阶段，却不是最后的阶段。

（5）浪漫之爱。当高度的亲密和激情同时发生时，人们体验到的就是浪漫之爱。双方的关系不需要承诺来维系，因此是一种最轻松、最享受、最唯美的爱，正所谓“没有承诺，却被你抓得更紧”。在浪漫之爱中，若缺乏承诺的意愿或能力，则可能与婚姻无缘，所谓“相爱容易相处难”正是这个道理。

（6）伴侣之爱。当两性之间的关系有亲密，也有承诺，却不需要性爱吸引时，彼此的关系就已升华为亲情式的信任与依赖，仿佛携手走过漫漫人生的银发夫妻，虽没有青春时的激情，却具有难以描述的情感深度，是不离不弃的黄金伴侣。这种类型的爱会集中体现在长久而幸福的婚姻中。

萍和我已经是三年的好朋友了。我们在一起什么都谈，我们也知道可以彼此信任。她最近考到另外一个城市去了，所以我们就不像过去那样常见面了。我很想念她，我会把所有要告诉她的事情存在心里，直到我们下次见面的时候再告诉她。我期待我和她之间的友谊能比从前更加深厚，我想我也许爱上她了。你认为呢？

（7）愚昧之爱。当关系中只有激情和承诺而缺失亲密的时会产生一种愚蠢的体验，被称作愚昧的爱。这种爱情中没有以信任为基础的亲密，仿佛大厦没有坚实的地基，是虚幻的空中楼阁，随时都有变异的可能。这种爱会发生在旋风般的求爱中，在势不可挡的激情中两个人闪电结婚，但对彼此并不很了解或喜爱。在亚洲某些国家传统的包办婚姻中也存在这种类型的爱，心理学家鲁宾的研究表明，这种婚姻在婚后大约五年之内，其浪漫爱情评价低于自由恋爱组，但在五年之后其浪漫爱情评价高于自由恋爱组。所以随着时间推移，这种愚昧之爱也有发展为完美爱情的可能。

（8）完美之爱。最后，当亲密、激情和承诺都以相当的程度同时存在时，人们体验的是“完全的”，或称作圆满的爱。真正完美的爱情应该以信任为基石，以性的吸引和欣赏为催化剂，以承诺为约束。既具有相对的稳定性，又充满热情和活力。斯滕伯格认为，通过扮演和表达爱意，最初的浪漫和激情能够发展为持久的爱情。

“永远幸福地生活在一起”并非只能出现在童话故事中。如果将其变为现实，那么幸福一定是基于爱情关系在不同发展阶段所产生的相互情感的不同构造。渴望激情永存或亲密关系不受挑战的伴侣一定会感到失望……我们必须致力于不断地理解、创建和重建我们的爱情关系。关系是一个建构物，如果没有得到维持和改善，就会随着时间而衰退。我们不能简单地期望爱情关系会像建筑物那样保持自身的稳定，我们有责任去创造我们爱情关系的最佳状态。

二、何谓真爱

要用语言来解释什么是爱情绝非易事，爱能够如此令人着迷是因其非常独特又超乎寻常。爱似乎是一种感觉，但爱无法被定义成任何一种纯粹的感觉；爱似乎让我们充满激情，但我们不能说爱只是激情；爱是感觉，也有激情，但激情和感觉并不是爱。人们通常所说的“我爱你”实际上是对“我需要你”“我需要你来满足我，并释放我的激情”的表达。

（一）“如果”型的爱

“如果”型的爱只有在某些条件被满足时才会被给予或得到，因此，要获得这种爱是要付出代价的，我们常听到这样的描述：“如果你做乖孩子，爸爸就会爱你”“如果你满足了我的需要……”“如果你能够满足我的愿望……”“如果你能保持苗条漂亮，我就会爱你”。这种爱只有在为获得某种想要的东西时才会付出，爱的动机完全出于自私的目的，是为了从爱中得到自己想要的东西。

这样的爱是有附加条件的，如果条件能够被满足，关系就会进展比较顺利，而一旦对方无法做到符合自己心意的事情，或者时过境迁之后，这种条件发生了改变，爱就会立刻消失，一切也就宣告结束。附加条件的爱往往会走向死亡，因为总有一天对方会无法满足这些附加的条件，日常生活中许多婚姻的失败也源于此。

我当初和他在一起的时候，感觉他是如此完美，简直就是我最理想的罗曼蒂克形象，可是慢慢地，我觉得他不再那么温柔、体贴，不再对我逆来顺受，有时甚至大吼大叫……简直不敢想象！太让我失望了，我们再也找不到当时的感觉，我唯一的念头就是赶快离开。

（二）“因为”型的爱

某些人会被爱是因为她或他是什么样的人，具有什么样的特质或做了什么样的事情。这种爱是基于被爱者的某种能力或某种品质而产生的。在这种关系的背后，真正的潜台词是：“我爱你因为你很漂亮”“我爱你因为你为我提供生活保障”，这是“因为”型的爱的写照。许多女生会爱上肌肉发达、身体强壮的运动型男人，其实她们可能并非爱这个人，而是与这样的人在一起时他人羡慕的眼光和给自己带来优越感。

一个因为自己拥有某种特质而被爱上的人往往会产生内在的恐惧，因为一旦自己失去这种特质，也就意味着爱会消失。因此，他们会时时担忧，唯恐他们无法继续那样优秀，或是保持合乎对方心意的品格，或是对方会找到比他们更好的人。他们害怕对方爱的并非真正的自己，一旦对方了解了真实的自己，他们就不会被接纳和被爱，甚至可能会被抛弃，这些都给恋爱关系埋下了不稳定的种子。

每次当我问到他为什么会爱上我时，他总是说“因为你可爱啊！”我不知道在他的眼里，为什么我是可爱的。自小我在家就是个不受欢迎的人，爸爸妈妈疼爱懂事的姐姐和可爱的弟弟，他们生下我也是为了生个男孩而已。在那个家里我从来都是被忽略的，可是遇见他之后，他总说我很可爱，很听话。我特别害怕有一天他会觉得我不够可爱了，那样他会离我而去的，所以每次和他在一起都让我很珍惜，但是也更担心。

（三）无条件的爱

这样的爱是如此美好和令人惊奇，“我就是爱你，爱那个真正的你，爱你的内心；我就是爱你，我不在乎你会不会改变，你无论做什么都不会将我的爱火熄灭；我就是爱你，单单地爱你，只爱你”。

无条件的爱并不是盲目的，这样的爱建立在对对方充分了解的基础上，尽管对方可能有种种缺点，但也会无条件地接受他们真实的样子。这样的爱只有那些懂得知足感恩的人，或者那些不会从对方身上不断索取以满足自己需求的人，才能真正体会到。一个知足的人才能够真正地、自由地给予，而不需要从对方身上索取。

这样的爱是“付出”的爱，一个以这种方式去爱的人会完全地付出，这种爱没有恐惧、胁迫、嫉妒和猜忌，这种爱会促使对方改变，且这些改变不是被动的，而是无私的爱引发的自然反应。在这样的爱中，人们不会为了享受完全的自由而强迫自己满足某些标准，这种完全的自由会让对方自然而然地相互接纳，激发彼此去善待对方，不是为了从对方那里获得爱的满足；这样的关系中充满着爱与尊重，帮助我们从各种压力和束缚中解脱出来，达到至善至美的境界。

（四）真爱的基础

无条件的爱是由恩典、承诺、接纳三个方面构成，三者相辅相成，但次序非常重要。没有恩典，就不可能做出对彼此的承诺，而没有承诺，也就不能带来彼此真正的接纳。

恩典可以被解释为“不配得到的好处”。恩典会给恋爱中的人们带来希望，双方都将获得生命中最美好的东西。基于恩典，我们会持有一颗宽容的心，去忘记应该忘记的事情，并愿意与对方做真诚的沟通，而不会单凭表象或流言而妄下判断。恩典就是用宽容的态度看待对方的错误和软弱，而不是用批评或审视的眼光看待对方，这种关系中彼此都有重新开始的可能，即使有时会出现沮丧、失败和绝望，恩典仍旧给人带来希望，尝试原谅对方的过失和错误，这样的爱才是无条件的。

承诺来自对对方的宽恕和恩典，承诺是不受情绪所左右的，是我们用理智和意志作出的决定。无论是否犯错或者软弱，都能够向对方袒露最真实的一面，而不需要任何伪装。承诺意味着我们坚决按照自己的誓言行事，不受消极、低迷的情绪所左右。承诺就是坚定地为对方承担责任。恩典会为两人的关系带来希望，那种基于恩典的坚定而执著的承诺，将为两人的关系提供保障，因为双方都知道，无论发生什么他们都是可以相互依赖的，没有承诺的爱一定是不完整的。

如果说恩典给我们希望，让我们每天都有一个新的开始，承诺带给我们安全感，让我们能够展示最真实的自我，那么接纳则会促使双方将自己最好的一面展现出来。接纳与欣赏是不同的，接纳是要为对方承担责任，而欣赏则是享受承担责任所带来的益处。接纳对方真实的自我，能为双方带来安全和自由，而这正是孕育真爱的土壤。

当然，就算最和谐的关系也会遇到冲突，生活中的矛盾和问题是无法避免的，爱也并非要我们忽略彼此的问题，而是勇敢地直面并解决问题。冲突往往源于各自的不同需求和期待，意味着将自己的需要降到最低，将对方的需要放在自我需求之上。有时接纳也意味着合理的妥协，一个人若觉得自己是被接纳的，则会很自然地把自己最好的一面表现出来，此时没有任何情感障碍可以阻止他前进。

三、喜欢与爱的区别

诸多友情成为爱情的初级阶段，因此总有很多同学迷惑其中：我与她/他是友谊？还是爱情？

要给出喜欢与爱的区别，日常生活中似乎没有一个明确的标准，根据心理学家得出的结论，喜欢与爱大有不同。喜欢先利己后利人，而爱则先利他后利己；喜欢先是单向的，后来才发展为相互的喜欢，而爱则一定是双向的付出。表7-1或许可以帮助我们分清什么是喜欢，什么是爱。

表7-1　喜欢与爱的区别

喜欢	爱
和他（她）在一起时，我发觉两人都想要做相同的事情	他（她）情绪低落时，我觉得自己很重要的职责是使他（她）快乐起来
我认为他（她）非常好	在所有的事情上我都可以信赖他（她）
我愿意推荐他（她）去做为人所尊敬的事	我觉得要忽略他（她）的过失是一件容易的事
以我看来他（她）特别成熟	我愿意为他（她）做任何事
我对他（她）有高度的信心	对他（她），有一点占有欲
我觉得什么人和他（她）相处，大部分都有很好的印象	若不能和他（她）在一起，我觉得非常不幸
我觉得他（她）和我很相似	在我孤寂时，首先想到的就是要去找他（她）
我愿意在班上或团体中，做什么事都投他（她）一票	他（她）幸福与否是我相当关心的事
我觉得他（她）是一个值得尊敬的人	我愿意宽恕他（她）所做的任何事
我认为他（她）是非常聪明的	我觉得使他（她）得到幸福是我的责任
我觉得他（她）在我认识的人当中是非常讨人喜欢的	和他（她）在一起时，我什么事都无法做，只能盯着他（她）

续表

喜欢	爱
他（她）是我很想学的那种人	若能让他（她）完全信赖我，我会十分快乐
我觉得他（她）非常容易赢得他人的好感	没有他（她）我难以生活下去

第二节　爱与被爱的能力

案例

潇潇是一个来自离异家庭的女孩，父母在她小学三年级时离婚了，后来父母都没有再婚，但关系也始终没有改善。父母在离异之后的十几年间一直关系纠结，逢年过节之际，父亲会来到家里与母女二人共同度过，但每次见面父母就开始吵架，直到最终不欢而散。在潇潇读初中时父亲曾经交过一个女友，当母亲听说父亲可能要结婚时就唆使潇潇去父亲家里大闹，结果搅黄了父亲的婚事，父亲恼羞成怒地毒打了潇潇一顿。自此潇潇断绝了与父亲的任何交往，直到父亲去世前夕。

潇潇回忆自己的几段感情经历，除了初恋是因为母亲强烈反对，甚至数次吵到男友家去，而让男友吓得退缩放弃之外，其他几段感情都是由于她的“作”，而让男友最终选择和她分手。

她自己感觉受到伤害最大的是第三段恋情。当时他们已经同居而且她怀孕了，正打算结婚，她却无来由地无理取闹，最终男友连孩子也不要了，坚决地与她分了手，为此，她至今感觉内心的伤痕无法平复。

潇潇对待感情的态度以及她的数段恋情其实都和她的原生家庭有着千丝万缕的联系。潇潇来自一个彼此仇视而又感情粘连的家庭。父母没有教会她如何去爱，更没有教会她如何去表达爱。她从小体验到的家庭关系就是吵闹打斗，所以即使当幸福摆在眼前，她也要怀疑，潜意识里她会找出无数事端去求证童年印象，即配偶关系只可能有一种模式，如父母那般。而每一任男友的最终逃离又再次验证了她的印象，亲密关系是不可能幸福长久的。这一切使她在认知的怪圈中越陷越深。

常常听到同学们如是讲：“我的爱情怎么还不来呢？”当问及他是否准备

好了的时候，对方立刻回答：“我时刻准备着！”在他们的心中，只要有一个“Mr. right”出现，爱情就会瞬间开始，然而在谈及是否懂得如何去爱时，谈到更多的却是被爱的问题。

爱需要能力，爱与被爱的能力也大不相同。记得在经济学中有一个“银行家悖论”，在爱情的道路上同样存在这样的悖论：

你是一位银行家，朋友甲向你借钱。甲有很好的信用，绝佳的抵押品，而且有光明的前途，所以你借钱给他。乙也向你来借钱，他上次借钱因无力偿还，抵押品被银行没收，现在几乎没有任何抵押品。他年事已高，身体又不好，前途暗淡，所以你拒绝借钱给他。矛盾之处就在于甲不太需要贷款，但是他很容易得到贷款，乙很需要贷款却借不到钱。在经济人主控的世界里，那些真正需要帮助的人通常得不到援助，因为没有任何一个理性的人敢于冒险借钱给他；相反，那些有钱人会更有钱。在爱情上同样，愈是拥有更多爱人的能力的人，更容易得到周围人的垂青。

一、爱的风格与童年经历

有位大一的学生讲述了自己的恋爱经历。

案例

高中时我与班上的女生恋爱了，一开始我们都感觉不错，我学习比较认真，她也是很用功的，周末或放学我们会一起走走，也没什么事情要做，只是聊聊天而已。后来她总觉得我对她不够好，所以提出分手，我也没有太勉强，只是说两人在一起是缘分，或许不用着急分手。她很坚持，所以就分了。结果一个月之后，她说她后悔了，想要和我重新开始，我觉得两人在一起也曾经有一些难忘的回忆，相互对学习和发展都有鼓励和促进，所以就又好了。结果后来的两年，我们如此这般分分合合好几次，终于我厌烦了，就再也没有答应她的复合请求，她很伤心。我觉得她品德不好，需要我时就在一起，不需要我了就提出分手。

上面的故事只是一个发生在我们身边的很普通的故事，但来访者对女生的结论让人联想到依恋理论，或许这位女生幼年形成的依恋模式导致她在亲密关系中如此矛盾。你的依恋类型如何呢？或许下面的练习能帮助你觉察自己的依恋模式。

请你仔细想一下，下面的哪一段最能反映你过去最重要的浪漫关系？

我发现我很容易跟别人亲近，我依赖他人或他人依赖我都不会使我感到不舒服。我不担心被人抛弃，或别人跟我太亲密。

我跟别人太亲近时会觉得很不舒服、不自在。我发现我很难完全相信别人或让自己去依赖别人。当别人跟我亲密时，我觉得紧张，我的男/女朋友常希望我能跟他/她更亲密一点，但我做不到。

我发现别人不太情愿跟我亲密，至少比我希望的疏远。我常担心我的男/女朋友不是真的爱我，不想跟我在一起。我很想跟别人完全结合在一起，但是这个想法常常把他们吓跑。

依恋理论认为不同的爱与被爱的风格源自童年经验。如果你比较符合第一段，你的爱的风格是安全型的，如果符合第二段，则是回避型的，而第三段若与你符合，则是焦虑型的。

三种风格的发现源自一个有趣的故事。第二次世界大战刚开始的时候，很多人关心欧洲孤儿，因为他们的父母死了，孩子由国家收养。英国心理分析学家鲍尔比（John Bowlby）对这些孤儿做了很细致的观察。当时的社会工作者认为小孩子不一定需要一个固定的人来照顾，只要有吃有喝就能长大，因此在照料中他们并不关心孩子们心理层面的发展。仗着这样的思想，他们硬是从很贫穷或失去丈夫的母亲怀抱里抢走了婴儿。鲍尔比仔细观察这些孩子的成长过程后发现，他们长大后多不成材，许多人成了小偷。鲍尔比发现大部分小偷的童年都很不幸，长期与母亲分离，他描述这些孩子："没有感情，无法爱别人，只能维持表面的人际关系，容易愤怒和反社会。"

鲍尔比提出"亲子关系无法取代"的观念招来学术界以及社会福利部门的强烈抵制和嘲笑。学术界因受到弗洛伊德理论的影响，认为孩子的问题来自于不能解决的内在冲突，并不是外在真实世界的欠缺。而持保护儿童福利的人则认为身体的需求被照顾好就可以了。基于这些不同的观点，鲍尔比开始了第一个亲子分离的科学观察。

那时的孩子如果住院，父母每周只能探望一次，每次一个小时。鲍尔比将探视实况拍摄下来，发现孩子与父母分开后经历三个阶段：抗议(哭、尖叫、敲打门、摇婴儿床），这可以持续几个小时或一天；然后是绝望（呜咽、被动地躺着、一动不动）；最后的阶段是分离（与父母保持距离，但是可以与其他大人或孩子进行互动，接受新的照顾者）。最令人惊讶的是，当孩子进入分离的阶段后，即使他的妈妈回来了，孩子也没有见到妈妈的喜悦。

接下来霍普金斯大学的安斯沃斯（Mary Ainsworth）将鲍尔比的观察带进实验室。首先，她请母亲把婴儿带进一间满是玩具的游戏室，当孩子去玩新的玩具时，母亲安静地坐在后面。然后一位陌生人进来，母亲离开，陌生人哄着孩子继续玩，然后母亲再进来。这样进行了好几次，结果安斯沃斯观察到了前面所述的三种风格。刚开始，有安全感的孩子以他的母亲为安全基地去探索房间，当母亲离开时，他就停下来不玩了，但是对陌生人很友善，可以被哄着继续玩。当母亲再进来时，他会抓着母亲不放，当他觉得舒适有安全感之后，又会继续去玩。

回避型婴儿是母亲在时他会去玩，但是他与安全型婴儿的差别在于他很少笑，他也不会把新奇的玩具拿给妈妈看。当母亲离开时，他并没有强烈的反应，他对待陌生人就像对妈妈一样；当母亲回来时，婴儿像没看见一样。当母亲把他抱起来时，他也不会抓着妈妈不放。

焦虑型的婴儿似乎不能把母亲作为探索的安全基地，他们紧抓着母亲不肯下来玩。当母亲离开时会大哭，陌生人无法使他们安静下来；当母亲再度进来时，他们冲过去抱住母亲，但是会很愤怒地把头转开。

鲍尔比和安斯沃斯两位先驱将这三种现象称为依恋，当时的心理学界还沉浸在行为主义的冷漠无情和机械论之中。后来哈赞和谢弗发现，鲍尔比和安斯沃斯观察到的不只是依恋，还有爱。并且不只婴儿，人的一生中都有这样的特点。他们认为孩提时代跟母亲的关系影响着以后建立亲密关系的模式，你与母亲的关系模式会体现在童年期与兄弟姐妹的关系上，青少年期表现在与初恋对象的关系中，甚至在后来的婚姻关系中仍旧有这种依恋关系的影响。但是这种模式并非是僵化不变的，它会受到积极或消极经验的影响，在许多不同的维度上，它决定了三种不同的爱的途径。

（一）影响依恋关系的因素

1. 记忆

在安全型的人的记忆中，他们的父母总会在身边，很温暖、有爱心。回避型的人的记忆是他们的母亲很冷漠、拒绝他，总是不在身边。而焦虑型的人则记得他的父亲很不公平。

2. 态度

安全型的人有自信，很少自我怀疑。别人喜欢他，他也相信别人，他认为别人都是可靠的、好心的，喜欢帮助别人直到不好的经历让他接受教训为止。回避型的人对别人充满了怀疑，认为别人都不诚实、不可信。他们缺乏自信，特别是在社交中。焦虑型的人则认为他们对环境和自己的命运没有什么控制权，觉得很难了解别人和预测别人的行为，所以别人的行为使他感到困扰。

3. 目标

安全型的人会努力与他所爱的人建立亲密关系，想办法在依赖与独立之间建立一个平衡点。回避型的人让自己与所爱的人保持一定的距离，他们把自己的成就看得比亲密关系更重要。焦虑型的人抓着别人不放，他们一直害怕被拒绝，他们不愿意他们所爱的人自主或独立。

4. 痛苦管理

当安全型的人不高兴时，他们会承认自己心情不好，他们会想办法利用这个压力情境去获得建设性的结果。回避型的人不向别人袒露心事，他们不告诉你他高兴还是不高兴，他们不表现出愤怒或承认自己很愤怒。焦虑型的人到处诉说他的压力和愤怒，但是当受到威胁时，他又马上缩回去，不敢吭声。

（二）不同依恋关系的表现

1. 安全型的人谈到她的罗曼史时："我们是很好的朋友，彼此已经认识很久了，我们喜欢同样的东西。有一件事我非常喜欢，那就是他跟我的好朋友们都相处得很好。他非常理性，我们可以在一起说任何事情。我在他面前不必扮演或伪装，我可以完全做我自己。这让我感觉很舒服，我们彼此信任而不是占有。"

2. 回避型的人谈到她的恋爱时："我的男朋友是我最好的朋友，他和我的其他朋友一样，对我有着特殊的意义。他并不打算跟我结婚或者跟任何女性有长期的承诺，我觉得这样也挺好，因为我也是这么想的。我发现他不怎么喜欢太过亲密，他也不需要很多的承诺，这对我而言也不错。实际上有些时候我会担心我们之间会过于亲密，我害怕这种亲密会控制了我的生活。"

3. 焦虑型的人谈到她的感情生活时："所以我就走过去……他坐在板凳上，我在看到他第一眼时就完全融化了。他是我见过的最英俊的人，这是我注意到的第一件事，然后我们就一起出去，在公园里吃午餐。我们只是安静地坐在那里，没有说话，但并不觉得怪。你知道，通常和陌生人在一起而没有话说，人们会觉得怪怪的，但是我跟他没有这种感觉。我们只是坐在那里，好像彼此已经认识了很久，但我们才认识10分钟而已。"

通过上述我们可以得知，安全型的依恋关系是爱情生活中的积极因素。有项研究结果显示，安全型的人跟别人亲密相处时很自在，他们不太担心这段关系会不会成功。最重要的是，他们对婚姻比较满意。因此要有一个稳定的婚姻就应该把两个安全型的人放在一起。但很多婚姻中只有一方是安全型的，研究发现，即使这样的婚姻也有较高的满意度。

依恋类型不可改变吗？答案当然是否定的，属回避或焦虑依恋类型的人与安全型依恋的同伴长期相处，其依恋类型也会逐步改变。因此当我们意识到自己的依恋类型，并通过努力进行改善，营造内在的安全依恋模式，依旧可以拥有美好的亲密关系。

二、亲密关系的促进

(一)生理唤醒——激情之爱的生理体验

哈特菲尔德指出，任何一种既定的生理唤醒状态最终都可以被归结为某种情绪，究竟被归结为哪一种情绪，取决于我们对这种唤醒状态如何进行归因。

每一种情绪都包含着身体和心理反应——既有生理唤醒，还有我们如何诠释和标识这一生理唤醒。想象一下，你现在心跳剧烈、双手发抖：你是在经历恐惧，焦虑，还是喜悦？从生理上讲，这些情绪很相似。当你处在愉快的环境中时，你就可能把这种生理唤醒体验为喜悦；而当你处于充满敌意的环境中时，就可能把这种生理唤醒体验为愤怒；而假如正处在浪漫的情境中，就可能把这种生理唤醒体验为激情之爱。从这个角度来讲，激情之爱就是由于我们在生理上被有吸引力的人所唤醒而知觉到的心理体验。

如果激情是一种被标识为“爱情”的能带来兴奋感的状态，那么任何一种可以增加兴奋感的东西都应该可以增强对爱情的感受。有些实验通过让男性大学生阅读色情小说或观看色情电影而提高他们的性唤起，结果发现这些男生此时对女性有更强烈的反应——比如，当他们描述自己的女友时，在爱情量表上的得分更高。沙克特和辛格提出的情绪两因素理论认为，当处于兴奋状态的男性对女性作出反应时，他们很容易就把自己的某些生理唤醒归因于这位女性。

根据这一理论，达顿和阿伦设计了一个精妙的实验来证实这一现象。他们让一位魅力十足的年轻女子，站在位于英属哥伦比亚卡普兰诺河上70米高、140米长的一座狭窄而摇晃的吊桥上，请求过往的单个男性帮助她完成一份课堂问卷。当对方完成问卷后，这名女子会留下自己的姓名和电话，然后告诉他如果想了解更多该项目的信息可以打电话找她。结果大部分的男性都收下了她的电话号码，而且有一半的男性确实打了电话。而与此相对，在低矮、坚固的桥上遇到这位女性的男性当中，则很少有人打电话。这一研究再次证明，生理唤醒促进了罗曼蒂克式的反应。

观看恐怖电影、乘坐过山车，以及体育锻炼也都有同样的生理唤醒效果，特别对那些我们觉得有吸引力的人。

(二)公平——双方感觉增进的基础

如果感情关系中的双方毫不考虑对方，而只追求个人需求的满足，那么关系就会结束。这被哈特菲尔德称为吸引的公平原则：你和你的同伴从感情中所得到的应该和你们双方各自投入的成正比。如果两个人所得相同，那么他们的贡献也应该是相同的；否则其中的一方会觉得不公平。如果两个人都觉得自己的所得和付出成正比，那么他们都会觉得公平。

案例

研究生小文，高高的个子，短发，一身运动装，清秀的面庞流露着一丝忧虑。她自述道：我在学业上一帆风顺，但在感情方面总是不顺。第一个男友是硕士同班同学，我们在一起不像其他恋人那样，经常一起吃饭、游玩，反而更像哥们儿。刚开始恋爱时，我们经常讨论一些专业或社会话题，多数时候是我的观点比较新颖，令他很佩服，我也挺沾沾自喜的，觉得恋爱就是这个样子，反而觉得其他恋人成天腻在一起太浪费时间了。期间男友也曾有一些很亲密的动作，但我感到不舒服，就拒绝了。所以我们在一起时，只是拉拉手，没有什么很亲密的动作。后来我越来越忙，经常要做很多事情，见面次数越来越少，只在课堂上碰面。当时我觉得女人要独立，要有自己的事业。后来发生了一件事情，让我们的感情结束了。一天，我正在赶着一篇文章，男友突然打电话质问我和别人说他的不好，让他很难堪，之后就气愤地挂电话了。我回想了一下，也没觉得自己说过他什么不好的地方，但是他不听我解释，不见我，就这样我们的感情就结束了。

此后，我很是痛苦，经常找一个中学同学倾诉，他已经上班了，我们中学时期关系就一直很好。我会告诉他所有的事情，他也会安慰我，但我内心一直很孤单。后来，学校放假，我因为心情不好住院了，期间曾打电话给中学同学想让他来看我，他称工作忙，始终没有来。我出院后他曾打过电话，但我心里有些生气，所以说话很冷淡。开学后他约我吃饭，并说他喜欢我，让我做他女朋友，我没答应，但依然会一起吃饭、聊天。后来有个周末他约我去杭州，在那里我们玩得很开心，晚上我们也住在一起。我很享受他爱抚我的感觉，虽然他没有再要求让我做他的女朋友，但是我心里已经将他作为男朋友了，我希望这段感情能够圆满一些。

可是回校之后，他对我还是不冷不热，不像其他恋人那样照顾体贴，经常是我去约他，一起吃饭还是我付钱。我心里虽然不高兴，但想到他工资不高也就不介意了。我总感觉是我在追他，想放弃又舍不得，每次心烦去找他，没说几句就吵起来了，他扭头就走，后来约他他也找借口推辞，躲着不见我。就这样，这段感情又结束了。

小文的两段恋情都是以失败而告终，从案例中可以看出，小文为自己的奋斗精神和独立性而自豪，而男人只是自己生活的点缀或者是自己情感失落后的补偿。她希望男友能满足她的需要，但不知道男友的需要是什么。她谈到了她对男友的需要，却基本上没有提到她是怎样理解男友的。她没有设身处地地考虑过对方的感受和想法，她也无法理解男友为什么离他而去。她活在自己的世界里，缺乏基本的自我觉察和自我反省能力。显然在这个案例中，男女双方对感情的期待和获得都是失衡的，也就导致了最终分手的结果。

（三）自我表露——亲密关系安全的呈现

深厚的伴侣关系是亲密无间的。这种关系使人能真实地展现自己，并且可以知道自己是被他人接受的。我们会从亲密关系中获得这种美好的体验——此时，信任取代了焦虑，使我们更容易展现自己，而不需要担心失去他人的友谊或爱情。后来这种特点被人本主义心理学家归结为自我表露。随着相互关系的深入发展，自我表露的伴侣会越来越多地向对方展现自我，他们对彼此的了解也越发深入，直到一个适当的水平为止。

研究发现，大多数人都会喜欢这样的亲密关系。如果一个平时很内向的人说你身上的某些东西让他“愿意敞开心扉”，并同意分享他的秘密，那么大部分人在这种情况下都会感到十分高兴，毕竟被他人挑选为自我表露的对象是很令人高兴的事情。我们不仅喜欢那些敞开胸怀的人，而且也会向自己喜欢的人敞开我们的胸怀，自我表露之后，我们会更加喜欢这些人。如果缺乏发展这种亲密关系的机会，我们就会有孤独和痛苦的感受。

阿伦夫妇和同事们进行了这方面的研究。他们把互不相识的人分为两两一组，让他们共处45分钟。在最初的15分钟里，让他们交流一些低亲密性的话题和想法，如“你最近一次自己唱歌是什么时候”。接下来的15分钟，讨论比较亲密的话题，如“你最宝贵的记忆是什么”。最后的15分钟，要引发更多的自我表露，如完成句子：“我希望有一个人能和我一起分享……”以及“你最后一次在别人面前哭泣是什么时候？自己哭泣呢？”

相比花45分钟讨论一般问题（“你的高中是什么样子”“你最喜欢哪个节日”）的人，那些在近1小时的时间里经历了自我表露逐渐升级的人，明显感觉自己与交谈对象更亲密——事实上，研究者报告：有30%的学生认为，这些交谈伙伴比生活中最亲密的朋友还要亲密。这些关系显然并不包含真正友谊中的那种忠诚和承诺，但是这项实验提供了一个惊人的结果：自我表露可以如此轻易地帮助个体建立对他人的亲密感——在互联网上正是如此。

所有人都期望得到亲密的、充满激情的、彼此承诺的爱。然而，为了建立一个亲密的、关爱的关系，我们还需要“示弱”。

C.S.路易斯描述：“去爱，归根结底就是去表露自己的软弱。爱任何东西都会令你心痛或者心碎。如果你想要使你的心完好无损，那么你最好不要去爱任何人。用你的爱好和一点点的享受小心地包裹它；对任何事都不要深陷其中；把你的心紧紧地锁在你的胸膛里，或者是你自私的棺材里。在这个结实的棺材里，你的心就会变了。它会变得坚不可摧，而且永远都不可能再度柔软。天堂之外，唯有一个地方你可以在其中十分安全地躲避一切由于爱而带来的危险，那就是地狱。”

第三节　大学生性心理

案例

珊珊已经读大三了，她有过两次不很完美的恋爱经历。第一个男朋友曾经很认真地追求她，却被她发现他在与自己约会的同时与另外一名女生也不清不楚，她断然结束了两人的关系。一年之后，在回家的列车上珊珊遇到了现在的男友，两人谈得很投机，很快便坠入了爱河。突然有一天她什么也没说，从教学楼顶坠楼身亡。珊珊作出这样的选择，舍友们都知道些原因，就在一个多月前，珊珊和男朋友住在了一起，但最近两人在闹分手，珊珊不能接受自己男友的背叛，尤其在她已经付出了自己的所有之后。于是她选择了离开。

一、性别角色概述

当一个婴儿呱呱坠地，对他（她）的第一描述是什么呢?“是个男孩”或者“是个女孩”。社会学家发现，性别是人们最基本的身份特征之一，也就是说，我们与人交往或所处社会地位都受到性别的重要影响。当我们无法确定一个人的性别时，会感觉很惊讶，继而不知如何与其交往，会惊慌、会好奇，直到我们得到相应的线索来确定他（她）到底是男是女。

（一）什么是性别角色

性别角色不同于我们的生理性别，它是一套规范或者文化期待，用来规定一类性别的人应该表现出怎样的行为。一个相关的现象就是刻板印象，即对男性或女性的区别性概括。研究显示，就算在高度发达的美国，人们也都认为男性和女性在许多方面存在心理差异(如男性是运动的、敌对的、皮肤黝黑的、结实的、说话大声的、工作努力的等，女性是吸引人的、温柔的、友好的、能生育的、细致的等），并且这种刻板印象一直没有多大的变化。

心理学家桑德拉·贝姆（1981）提出了一个解释性别角色发展的图式理论，该理论认为，我们的一系列特征（行为、人格、外部特征）把我们与男性和女性联系在一起，使我们根据性别偏好处理信息。也就是说，我们倾向于以性别为基准思考，或者将事物分为两类：男性或女性。贝姆曾经做过一个很有趣的实验：她给5~6岁的孩子看照片，图片显示与性别刻板印象一致（一个女孩端着烤熟的饼干）或者不一致活动（进行拳击运动的女孩）。一周之后孩子们做照片回忆测试，结果发现与性别刻板印象不一致的照片中孩子扭曲了性别信息，而与性别刻板印象一致的照片没有发生类似状况，即女孩拳击的那张照片大多数孩子将其记成了男孩拳击。这个结果正好验证了性别图式理论的预测。

（二）男性与女性的心理行为差异

心理学家对人格和行为中的性别差异进行了广泛的研究，发现男性与女性在攻击性方面是不同的，男性比女性更具有攻击性，如打架、言语攻击或攻击幻想，并且在所有年龄段都是如此。一个儿童只要长到能够实施攻击行为时，男孩就比女孩更具有攻击性，暴力犯罪统计数字中男性也占绝大多数。学龄前儿童中这种差异最大，但随着年龄的增长，这种差异逐渐缩小。

在性行为方面，男性与女性也存在差异。男性自慰的频率显著高于女性，自慰的女性人数较男性少，开始的时间也比男性要晚。事实上很多男性说他们在20岁之前就开始了自慰行为，但女性的自慰开始时间一般在25~35岁，并且有研究表明，这种差异没有减小的趋势。男女两性在对偶尔性行为的态度上也存在差异。男性更倾向于接受“一夜情”性行为，而许多女性则认为只有在有感情基础的前提下，才可以接受这种性行为。

为什么会存在这样的差异呢？解剖学做了如下解释：女性生殖器不容易看到，生殖唤醒反应也不如男性那么明显，所以女性更不愿意自慰，也不太可能充分挖掘其全部的性潜力。生物学者从激素水平进行了解释，他们认为睾丸激素在激起性行为中起着重要的作用，女性的睾丸激素只有男性的十分之一，那么就会导致女性性行为较少，或者有较低的“性驱力”。文化学者们则认为社会文化对女性性行为的限制比男性要严格许多，性行为的双重标准给男性比女性更多的自由，但相较于20世纪40年代，现在的人们对女性婚前性行为的认可程度有了很大的提高，也即差异越来越小。除了上述解释之外，也有人认为女性会怀孕而男性不会，而怀孕作为性行为的一个后果是女性极其不愿意看到的，所以会有性行为的性别差异出现。

二、性取向与性行为变异

案例

阳光刚进大学没多久，在同学眼中乐观、开朗的他有自己的难言之隐：“我会不会是个同性恋？”这个在绝大多数场合都无法启齿的问题强烈地撞击着他的头脑。表面上他没有任何不妥之处，他在外人面前很乐观地掩饰着内心的纠结，也不同于其他前来咨询的学生，他有自己独特的成长经历，但这些都无法明确地决定他的性取向。他为什么会产生这样的疑惑呢？

（一）同性恋，异性恋，双性恋

1969年6月的一天晚上，纽约格林威治镇的一个名为“石墙”的酒吧里发生了暴乱，这是有史以来第一次公开的群体性同性恋者的抗议行动，只因为附近的警察经常来骚扰。从那以后，公众不得不开始考虑一个之前从不会想到的问题：性取向。同性恋解放运动者声称，同性恋是好的。但截至目前仍有很多人认为同性恋者是需要被治疗的病人。

人们对同性恋者的态度可以用同性恋恐惧症来形容，它是一种强烈的、失去理性的恐惧，通俗来讲就是对同性恋者有着固执的否定态度和反应。在美国怀俄明州曾发生过一次极端的反同性恋行为：在拉若密的郊区，人们发现了一个被绑在栅栏上、惨遭毒打并处于昏迷状态的人，他是怀俄明州一所大学的同性恋学生，名叫马太·赛波特，获救后第五天不治身亡。两个21岁的高中生被指控谋杀罪，他们诱使赛波特相信他们也是同性恋并上了他们的车子，赛波特遭毒打并被绑在栅栏上最终死亡。

通过对同性恋者的多项调查发现，平均有9%的人遭遇过武器袭击，17%的人遭遇过身体攻击，19%的人经历过恶意破坏和其他性质的侵犯，44%遭到过暴力威胁，13%的人曾被打过一巴掌，80%的人曾为他们的性取向而烦恼。并且这种现象相当普遍，就算在校园也是如此。他们在工作、教育、参军等活动中同样遭遇不同程度的歧视。

很多人认为同性恋的人很少，但金西的一项研究发现，大约37%的男性成年后，至少有过一次在与同性的接触中达到过高潮，女性则有13%，如此之高的比例曾经引起了人们的争议，专家认为这个数据可能因为取样问题而被夸大了。美国国民健康调查资料显示，大约2%的男性和1%的女性是绝对的同性恋者，4%的人在成年后至少有过一次同性性行为，4%的男性和2%的女性曾被同性所吸引。

20世纪之前，欧洲和美国的主导思想认为，同性恋是罪恶或是异端，20世纪这一观点被医学模式所取代，他们认为同性恋是一种疾病，这种说法较罪恶说更为公众所接受。1973年，美国精神卫生协会将同性恋这一曾作为特定精神障碍的命名从《精神障碍诊断手册》中剔除，同性恋不再被认为是一种精神障碍。

同性恋可以被治疗为异性恋吗？马斯特斯和约翰逊曾为54名男性和13名女性进行行为治疗，结果报告成功率为72%。这一研究遭到人们的批评，因为他们的研究涉及“成功”的界定标准模糊，并且在方法上出现道德伦理问题。传统上认为，心理学家只能将约10%的同性恋者变为异性恋。

为什么人们会成为同性恋或者异性恋者？生物学理论认为，同性恋是由于生物遗传因素、胎儿期因素、大脑因素或内分泌不平衡导致的。

有人曾做过一个研究（1991）：招募有孪生兄弟或被收养兄弟的男同性恋或双性恋者。在有同卵双生孪生兄弟的56个同性恋者当中，有52%的另一个兄弟也是同性恋。在非同卵双生孪生兄弟的54位同性恋中，22%的另一兄弟是同性恋者。同性恋者被收养的兄弟当中，有11%是同性恋。后来对女同性恋者进行相同研究（1993），在74名有同卵双生孪生姐妹的女同性恋者之中，有48%的另一姐妹也是同性恋；在37位有非同卵双生孪生姐妹之中，有16%的另一姐妹是同性恋，在收养的姐妹中，有6%为同性恋。

可见遗传因素对性取向有很重要的影响，但不是100%。另有生物学家认为同性恋是胎儿因素发展的结果，如有研究发现，怀孕期间的母亲如果面对严重的压力，生育的后代就容易成为同性恋。但也有研究否定了这个结论。

另一理论认为，同性恋者与异性恋者大脑结构的差异导致了性取向的差异。还有假说认为同性恋的可能成因是其内分泌不平衡导致。虽然这些说法都有其研究结果支持，但是尚没有形成定论。似乎遗传学因素的证据更为充分一些。

精神分析理论认为，同性恋是固着在不成熟的发展阶段，是由于俄狄浦斯情结引起的。行为主义的学习理论认为奖励或惩罚塑造了个体的同性恋占主导地位或异性恋占主导地位的行为。交互作用理论则认为生物学因素是通过对个体儿童时期性格的影响进而对其性取向产生影响的。社会学理论指出同性恋者是通过标签创造出来的，性别刻板印象导致了同性恋的发生。

（二）性行为变异

和许多非专业人士一样，大部分科学家把人的行为分为正常和反常两类。这种分类在有关性行为方面尤为明显，那么在什么情况下的性行为属于反常性行为呢？

美国精神病协会在DSM-4中将性反常行为定义为：周期性发生的、强烈的性唤醒、强烈的性欲望。行为指向为：① 非人类的物体；② 自己或其伙伴的痛苦或羞辱；③ 儿童或其他非自愿者，这种行为、性冲动或性幻想引起了社会适应、职业和其他重要功能领域临床意义上相当大的痛苦。

符合以上一种（或更多）条件的人，可以考虑性反常行为，需要对其进行治疗。下面我们探讨在青少年或大学生中常见的性反常行为。

1. 恋物癖

恋物癖者，他们的性行为固着在除人之外的一些物体上，这些物体被他们赋予了极大的色情意义。在极端情形下，除非眼前有迷恋物，否则他们不会有适当的性唤醒，也不能获得性兴奋。如对鞋子的迷恋。恋鞋癖者经常从穿着高跟鞋走路的女人身上获得性满足，也有一些恋鞋癖者对已经被穿破的皮革靴感兴趣。其他恋物癖者对羽绒服、吊带袜或女性贴身内衣感兴趣。如有一个成年男子回忆：

我独自一人在家，看见我叔叔蹩脚的懒汉鞋，于是我走过去闻它的新皮革味，用嘴亲吻并去舔它们。这样的举动让我变得非常兴奋，以至于竟然第一次把精液射进我的裤子里。这种状况从那时起一直持续到现在。

2. 异装癖

异装癖者，指把自己装扮成异性，并从穿着异性服装这种行为中获得性满足。穿着异性服装通常是隐蔽进行的，如已婚男性可能在妻子不在家的情境下干这种事。据专家估计，美国大约有超过100万男性都属于异装癖者，而女性中几乎没有这类情况。

我姐姐有许多漂亮的衣服，当我13岁的时候，我想看看自己打扮成女人会是什么样子。我和姐姐有相同的身高，于是我穿上她的贴身内衣，产生了从未有过的性体验。直到20年后的今天，我仍然保持着这样的打扮。

异装癖是一种无害的、不侵犯他人的性变异，特别是当这种行为秘密进行的时候。与恋物癖相似，只有当它成为人们性满足的唯一来源时，或者变成人们不能控制的强迫性行为时才会成为一个问题。

3. 性施虐与受虐癖

性施虐癖者是指依靠给对方造成痛苦而获得性满足的人，性受虐癖者是指那些必须经历痛苦才能有性唤醒的人。这些人经常伴随有精细的仪式和小配件，如黑色紧身皮衣、绳子、鞭子、热蜡等。有趣的是，性施虐者、受虐者并非总是能够从给予或体验痛苦中获得性满足，如被汽车门夹到手指的受虐癖也会叫喊，并且同样会和其他人一样感觉不快乐。只有当痛苦成为机械仪式一部分时才会引起性施虐癖者或性受虐癖者的性唤醒。如一位女性的描述：

当然，他并非真要伤害我，近来我只是想让他把我捆绑起来，准备接受“惩罚”。于是，他走近我，错误地用脚尖踢我的脚后跟，我发出痛苦的叫喊，他说：“对不起，亲爱的，伤着你了吗？”

金西发现约有26%的女性和相同比例的男性在性活动中通过被撕咬而体验到明确的、频繁的性反应。

4. 窥阴癖

窥阴癖包括窥淫癖和性景恋两种，窥淫癖指性快感的获得来源于观看别人的性活动和生殖器；而性景恋的性快感来源于观看裸体，并经常伴有手淫行为。窥阴癖在男性中更为常见，FBI报告的男性和女性因“窥视”而被指控的比例是9∶1。最典型的窥阴者希望被观看的女性是陌生人，并且希望对方知道他们的偷窥，因此这些行为具有冒险和禁忌的性质。一项对561名为自己性反常行为求治的研究中包括了62名窥阴者，他们中有三分之一报告他们第一次偷窥经历发生在12岁以前，有一半人承认他们在15岁以前对窥阴感兴趣。

5. 露阴癖

露阴癖者是指在明显不恰当的场合通过向别人展示他们的生殖器而获得性快感。这种类型特指男性在女性面前暴露他们自己，因为女性即使穿着露出大半个胸部的衣服也不会被认为是反常，而男人的暴露被认为是无礼的或具有攻击性的。在所有因性侵犯而被捕的人中，约有30%是露阴癖者，COX调查发现有33%的大学女性成为男性露阴的对象。在成年期，露阴癖者通常表现为胆小怯懦、缺乏自信、缺少社交技能，其中许多人都能够正常结婚，但他们并不满意异性恋之间的性行为。

许多女性面对露阴癖者表现惊恐，这是可以理解的，但由于露阴癖者主要目的就是引起对方震惊并伴有强烈的情绪反应，所以女性表现的慌乱更加满足了露阴者的需求。建议处于此种情境的女性保持冷静，表示出冷淡的态度，并建议对方寻求专业帮助。

三、爱情与性

在跳爱情这个双人舞时，双方表面上需要的是耐心，但真正需要的是信心。

当双方亲密时，你是否对爱情有信任；当双方疏远时，你是否对自己有信心。有信心了，相处时才能既可以远也可以近，太近时可以对他说，离我远一点，太远时也可以自己努力去接近对方。但是，假若对爱没有信心，你们可能就会急着跳完这一支舞曲。

爱情舞曲的一个重要中点是发生性关系。绝大多数男性都会比女性更急着走到这一步，但是，作为女孩，一定要爱护好自己的身体。探戈舞中，我们也可以看出，男性是主动的，但是，决定权在女性的手中。爱情一般也是这样，男性多是主动的一方，但女孩决定着爱情走到了哪一步，尤其是女孩对身体的接近程度有处理权。

之所以如此，一个很重要的原因是，在男权社会，男性容易将女性当做自己征服的对象，他们常常不是在爱，而是在征服。假若太快得到，他们就会觉得索然无味。越是征服欲强的男性，他们在得到女性的身体后，撤退得越是快速而彻底。并且，在男权社会，人们并不鄙视滥性的男性，甚至会把他们当做优秀的“猎手”而崇拜。相反，人们会鄙视滥性的女性，假若女性太容易将自己交出去，反而会被社会笑话。对个体而言，社会就是其朋友的圈子、其家人和其所处的社会环境。

陈冠希的“艳照门”事件就是一个例证。在无数对这一事件的评论中，基本上90%的男性都是在艳羡陈冠希，部分女性也不讨厌陈冠希。相反，阿娇和张柏芝等人却在评论中被大肆污蔑。在网络上能找到的所有的艳照事件都具有这种特点。所以，作为女孩，最好保守一些，越是保守，就越是被尊重。

更深一步讲，人们在没有找到彻底的真爱前，人们爱的并不是对方，而是在对方身上的付出。也就是说，一个人对你付出越多，他会越在乎你，一个人对你付出越少，他就越不在乎你。当然，爱情重要的是对等。假若在这一关系中，女性的身体是天平上重要的砝码，最好慎重地使用这个砝码。在我们所了解的青少年的恋爱故事中，女孩之所以很快将自己的身体交给男朋友，绝大多数都有一个共同原因——对自己没有信心。不管她们的外在条件如何，她们内心都充满自卑，一旦爱上了，就会觉得自己在男孩面前没有什么优势。似乎自己最有分量的就是身体了，所以，一旦想亲近，或者担心失去对方时，就容易将这个最有分量的砝码放在爱情双人舞的天平上。

假若你是一个女孩，到了这样一个时刻，是不是要把身体交给对方，我们建议你一定要放慢节奏。你最好找一个密友分享自己的心理，假若学校有心理老师，或有条件去看心理医生，这是一个很好的选择。其实，只要你稍稍花时间冷静一会儿，可能就会跨过自卑的心坎。假若你想发生性关系，请务必在此之前做一定的了解，现在网络很发达，可以轻松找到大量关于性的知识，这可以保护你在性关系中不受到伤害。假若你发生过没有保护措施的性关系，请在第一时间处理可能怀孕的问题，这也是非常简单易行的事，也可以在网上找到大量资料。假若你怀孕了，最好告诉你的父母、老师，或能够理解和支持你的成年人，请他们帮助处理。这方面的事情，越早了解越好，越早干预越好。

我们发现，很多人在这方面会有侥幸心理，甚至，他们会像阿Q一样玩精神胜利法，假装严重的事情从来都没发生，结果导致事情越来越严重。相对而言，一旦有性发生，青春期的男孩没有什么，但对于女孩，就会面临着很多困扰，甚至会成为她们命运急剧恶化的转折点，所以，女孩一定要对性关系慎重，而且一定要学会保护自己。

拓展阅读

1. 与众不同的约会

与众不同的约会可以帮助我们从恋爱中学习更多的道理。约会是一种具有文化特色的社会活动，每种文化背景下都有其各自的约会方式。这里介绍可以帮助年轻人确定自己恋爱原则，以便更好地从友情过渡到爱情的约会方式。当然也需要你根据自己的特定情形进行调整。

我们当今的社会文化倡导年轻人自由恋爱，而约会就是男女双方以男女朋友的身份相处，这样的相处对于彼此吸引和更好地了解对方非常有价值，并能够决定双方是否真正能够共度终生。当然，恋爱中有时也会有很多诱惑，如果不能事先做好准备，很容易犯错误，希望下面提出的这些原则能够帮助年轻人为恋爱做好准备。

首先，立下原则。

约会前先想一想，你期望从这样的恋爱关系中得到什么？你是仅仅想要找个伴儿打发时间，看看自己会不会对他或她认真起来？还是你已经动了真情想进一步发展你们的关系，最终到达谈婚论嫁的程度？或者你只是想和别人玩玩而已，并不想做任何的承诺？

你还需要决定，约会时什么程度的身体接触对你来说是可以接受的。你是想避免所有的身体接触吗？拥抱、接吻或爱抚可以吗？性行为呢？你觉得什么样的行为就过界了？一定要事先想清楚，而且要确切地知道你的限度。也许你可以把它写下来，为了遵守这些规则，你可能还需要一个朋友来监督你，执行这些你立下的原则。这个朋友应该定期地问你和对方关系的进展状况，并鼓励你坚定地遵守这些对自己的承诺。

如果你对身体接触的限度没有事先想好并立下相应的原则，你就很容易跌入一个你其实不愿意进入的困境里。如果你事先想好什么可以做，什么不可以做，并用一颗清洁的心去承担责任，你就会在激情来临时，保持清醒的头脑，不会做傻事。一定要告诉你约会的对象，你的限度是什么，这样他或她就会明白可以期待什么，不要期待什么。你需要学习在一些无法预料的事情发生时，如何自信地说“不”。

其次，订好计划。

你应该订好一个具体的计划：你们会做什么事，会在什么地方，什么时候回家，需要花多少钱。如果你事先没有计划，就很容易落入一个充满诱惑的境地，无法恪守自己的原则。许多年轻人在恋爱时发生性关系，就是因为没有事先的计划，或者想不出在一起干什么。如果可能的话，避免两个人在家独处！单独两个人待在一座空房子里，是很难抵挡性的诱惑的。

（1）你们可以做的事

运动约会：网球赛、足球赛、篮球赛、游泳、骑自行车、溜冰、跑步等。好处是令人愉快、促进健康、可以邀请第三人参加。缺点是你的约会对象可能对体育运动没有兴趣。或者，如果对方击败了你，你可能会感觉丢面子或丧失自信，或者你们两人中有一个人太过在乎结果，这样会使运动本身失去乐趣。

经济的约会：和对方一起阅读自己喜欢的书，吃冰激凌，出去喝饮料、聊天，公园散步，玩电视游戏，去海边，玩积木游戏、拼图游戏、弹吉他或其他乐器，一起画画、摄影，一起唱歌、堆雪人。

艺术约会：听歌剧、看芭蕾、听音乐会、参观博物馆、参观艺术节、去戏院或电影院。

慈善约会：一起探访孤儿院或残疾人福利院，帮助老年人或生病的人采购、做家务。

饮食约会：和朋友们一起共进晚餐（每个人可以带点食物），轮流做饭，一起烤蛋糕，一起去野餐或去一个特别的餐厅用餐。

（2）怎样开始

现在你已经有了一个约会的对象，而且你知道你们可以一起做什么事。那么，下一步是什么呢？

选个对方喜爱的活动。如果你想和这个人有第二次约会的话，第一次就得让他/她高兴。

计算你得花多少钱，你的选择会受你经济能力的限制。你必须精打细算地花钱，最好的对象并不是要花钱最多。

约会应以谈话为主，只有交流才能使双方的关系得以巩固和发展，这才是约会的目标。

尽量避免每次约会都做同样的事，有一个俗语说得好：变化是生活的调味品。

有的时候也可以请更多的人参加，这样可以缓解因为不知道做什么或说什么而带来的压力。

避免“黏黏糊糊”那种亲热的场合，并注意避开那些容易诱惑你的人或事，比如某种电影、某个游戏或某个地方。现在，你要做的就是开始实施你的计划，享受约会的幸福吧！

第三，有帮助的问题。

下面的问题可以帮助你预备约会中的话题，这样你们就可以更好地了解彼此。这些问题不仅可以用在约会的时候，还可以在你想更好地了解他人的时候使用。

（1）先问问自己的几个问题

你约会的目的是什么？如果你和对方存在差异，你会怎样处理？你是否向自己保证过你要持守贞节？你所立下的贞节标准是什么？什么样的话题可以使你与对方的交流更加有趣呢？当你准备赴约时，你是想特意穿什么，自己看起来怎样？或者你还是想到了，要首先考虑对方的需要？

（2）对于你约会的对象，你还要问自己下面这些关于品格的问题

他/她是否曾经做过不道德的事？他/她是否经常提到一些黄色笑话或与性有关的事？他/她是否能容忍别人？他/她是否讨厌某个人或某类人？他/她是鼓励你多和你的其他朋友在一起，还是总让你陪在他/她身边？他/她耐心吗？还是很容易生气？他/她常与人争辩吗？还是遇事不抱怨？他/她是否饮酒过度或吸毒？他/她是以自己为中心，还是将别人放在前面？他/她是鼓励你“打破所有戒律”，还是去遵守它们？他/她是怂恿你悖逆父母，还是劝说你顺从父母？他/她是乐于助人？还是故意躲开那些需要帮助的人？他/她是否有责任感？他/她尝试去了解你吗？还是总是谈论他自己？他/她是自制的人吗？

（3）在正式约会之前应该观察你约会的对象

他/她是什么品格的人？他/她的好朋友都是什么样的人？他/她对什么感兴趣？他/她的家庭是什么样的？他/她喜欢什么？不喜欢什么？他/她认为什么事滑稽可笑？

（4）你可以与他/她谈谈下面的话题

他/她参加什么样的校内活动（舞蹈、合唱、音乐、学生社团、体育活动）？他/她对学校里的什么科目最感兴趣？他/她的爱好是什么？如果他/她喜欢旅行，会去哪里？他/她喜欢宠物吗？什么是他/她理想中的工作？什么事是他/她孩提时代最深刻的回忆？他/她最喜欢的亲戚是谁？为什么？他/她想住在什么地方？为什么？

2. 测测你的依恋类型

此量表是用来测试你的依恋类型的，请根据你自己的实际情况如实作答。

若题目中的描述与你自己非常不符合，计1分；不符合，计2分；有些不符合，计3分；中立，计4分；有些符合，计5分；符合，计6分，非常符合，计7分。

（1）我与其他人相处融洽。

（2）我会担心其他人不像我喜欢他们一样喜欢我。

（3）我愿意相信别人，但是我也担心如果我表露太多，别人会排斥我。

（4）有时候别人似乎不愿意如我所希望的那样亲密地与我接触。

（5）我非常担忧我的人际幸福感觉。

（6）当一段关系占用我太多个人追求的时间，我会感觉非常郁闷。

（7）如果我让自己与某人很亲近，我会担心自己受到伤害。

（8）我愿意与别人建立更亲密的关系，但是这会让我感觉自己很脆弱。

（9）我倾向于不在人际关系中承担风险，因为怕受到伤害或遭到拒绝。

（10）我基本不担心自己不符合别人的标准。

（11）对我来说，达到个人目标比获得良好关系更重要。

（12）我避免与他人太亲近，以免自己受到伤害。

（13）我有信心别人会喜欢我。

（14）我担心别人不像我在乎他们一样在乎我。

（15）我想知道如果没有人爱我，我应该如何应对。

（16）我很少担心别人会拒绝我。

（17）对我来说，独立比拥有良好关系更重要。

（18）我有信心别人会接受我。

（19）我觉得亲近别人是比较容易的。

（20）对我来说，取悦自己比与人相处重要得多。

（21）我需要关系合作伙伴给我足够的空间让我做自己的事。

（22）有时我会担心合作伙伴会离开我。

（23）与人相处对我来说很容易。

（24）当我需要时间去追求个人目标时，我经常脱离合作伙伴。

（25）我在亲密关系中保持愉悦。

计分方法：

安全型：（1+10+13+16+18+19+23）/7

多虑型（焦虑矛盾型）：（2+4+5+14+15+22+25）/7

回避型：（6+11+17+20+21+24）/6

恐惧型：（3+7+8+9+12）/5

最高分为一般依恋类型，次高分也很重要。安全型的人，当压力较大时，也可能会退回不安全型。安全型的人，成年后遭到重要关系的背叛，会陷入焦虑，但是有可能重新回到安全型。

3. 致橡树（作者：舒婷）

我如果爱你——
绝不像攀援的凌霄花，
借你的高枝炫耀自己；
我如果爱你——
绝不学痴情的鸟儿，
为绿荫重复单调的歌曲；
也不止像泉源，
常年送来清凉的慰藉；
也不止像险峰，
增加你的高度，衬托你的威仪。
甚至日光。
甚至春雨。
不，这些都还不够！
我必须是你近旁的一株木棉，
作为树的形象和你站在一起。
根，紧握在地下；
叶，相触在云里。
每一阵风过，
我们都相互致意，
但没有人，
听懂我们的言语。
你有你的铜枝铁干，
像刀、像剑，也像戟；
我有我红硕的花朵，
像沉重的叹息，
又像英勇的火炬。
我们分担寒潮、风雷、霹雳；
我们共享雾霭、流岚、虹霓。
仿佛永远分离，
却又终身相依。
这才是伟大的爱情，
坚贞就在这里：

爱——不仅爱你伟岸的身躯，

也爱你坚持的位置，足下的土地。

4. 心理剧本：《坠·爱》（编剧：倪惠杰）

场景：

舞台分为：舞台前方、舞台后方（左）、舞台后方（右）。舞台前方是教室场景，舞台后方（左）是马路场景，舞台后方（右）是操场场景。

人物：

田甜：曾患抑郁症，经治疗病情得到控制，因与前男友分手抑郁症似有反复，是个敏感、内向、不善交流的女孩儿。

李佳豪：田甜前男友，后患白血病。

小敏：田甜的宿舍闺蜜，善解人意，敢爱敢恨。

哲楠：田甜的男闺蜜，年纪小，心地善良，是说话较为直接的爱情理论达人。

张老师：影视心理鉴赏课的主讲老师。

李佳豪的母亲。

第　一　幕

场景：教室。

（开场时，播放《大话西游》齐天大圣与紫霞仙子生死别离的片段，期间，田甜的手机短信一直在响，迫使张老师暂停视频播放，开始找同学赏析影片。）

张老师：我们今天影片先播放到这里，现在谁跟大家分享一下关于这部影片的个人感受？（张老师从开始问问题就一直盯着田甜，田甜手里握着手机怯怯地把头埋得很低，哲楠见状，马上举手，不等张老师喊他的名字，就直接站起来了。）

哲楠：老师，老师，我想谈谈对齐天大圣的看法。

张老师：你说。

哲楠：我就觉得齐天大圣根本不爱紫霞仙子。我觉得：当一个人需要凭借另一个人去证明自己爱的是第三个人的时候，对比而来的爱还能算是爱吗？对一个失去才懂珍惜的人，即使再给他一次机会，再给他一千次机会，他还是握不住美好，最终还是要落得个两手空空啊。

张老师：田甜，你怎么看？

（田甜缓慢地站起来，低着头。）

田甜：我，我觉得齐天大圣是爱紫霞仙子的，他有他的无奈之处……

（田甜的话还没有说完，下课铃就响起了。）

小敏：老师，咱们下节课再继续赏析探讨吧，回去我们都好好组织组织语言下节课再畅谈呗。

张老师：好，那下课后每人选取一个人物角色解析该人物的心理状态，课上继续讨论。下课。（一下课，小敏和哲楠就拥着田甜挤出教室，一路上都在调侃田甜，田甜默不作语。）

小敏：田甜小主，上课的时候是哪家的公子找小主搭讪呐？怎么也不见小主给人家回复呢？难道小主不中意这家公子传短信的语言手法？（说着，用肩膀扛了一下哲楠，给他使了个眼色，哲楠就绕到田甜另一侧。）

哲楠：是啊，是啊。

田甜：没有，你们怎么那么八卦，我才不稀罕什么公子。

小敏：哟哟哟，是吗，是吗？（小敏挠田甜的痒，哲楠趁势把田甜兜里的手机拿了出来，迅速翻阅田甜的手机短信。）

哲楠：田甜，我想你，一直很想你！（大声读，并做出被酸到的样子。）

小敏：哇，果然有情况，哲楠，继续读，还有没有了？

哲楠：有，好几条呢。哈哈……

（田甜上前去抢哲楠手里的手机，无奈哲楠个子太高，田甜根本够不到。）

哲楠：你能来北京看我吗？我很后悔，我不是有意伤害你的，我忘不了你，原谅我！（读到这里，语速越来越慢，哲楠和小敏大概都猜到了是谁发来的信息，一下都安静下来。）

小敏：是李佳豪？

（小敏一把拉住田甜的胳膊。）

小敏：你跟他联系了？

田甜：没有，是他最近不停地在给我发信息。

小敏：那个可恶的家伙还有脸给你发信息，怪不得你上课的时候状态那么差，那你呢？你想什么呢？

田甜：我没想什么，都分手快一年了，他都结婚成家了，我还能想什么？不想再跟他有任何感情上的纠葛。

（田甜稍有哽咽。）

哲楠：田甜，对不起哦，我不知道是李佳豪那个家伙发信息，手机还你。

（哲楠慢悠悠地往前走，递手机给田甜，此时，短信声又响起，小敏听到后，生气地直接抢过田甜的手机。）

小敏：不直接给他回个绝情的信息，他还没完没了了，我给他回。

（却不承想，这次是条彩信，小敏打开那条彩信，瞬间惊呆了。）

小敏：田甜，田甜，他，他怎么了？怎么穿着病号服，头发还、还……

（哲楠见状，接过手机看。）

哲楠：我得了白血病，可能剩余时日不多，很想你，来北京看我。田甜，他，他……

（小敏和哲楠两人惊住了，站在那里一动不动。）

田甜：怎么了你们俩？得什么病了？

（田甜接过手机看了彩信后，瞬间崩溃，蹲在地上不停地流泪。）

小敏：田甜，田甜不要哭，我会一直陪着你的，还有哲楠，我们都会一直陪着你的。

哲楠：对，我们一直都在。如果你要去北京，我陪你一起去。

小敏：你说什么呢？谁说要去北京？为什么要去北京？你忘了当初那个李佳豪怎么对咱们田甜的了？他李佳豪过得幸福甜蜜的时候，关心过田甜这一年怎么过的吗？现在生病了，又说对田甜念念不忘，知道后悔了，他不是已经按照他爸妈的安排幸福美满地结婚了吗？现在田甜去了能怎样？又算什么？

哲楠：我，我就是觉得田甜现在每天这么闷闷不乐的，与其难受，不如顺着自己的心去北京见他一面，对自己也好有个交代。

（灯光熄灭，只剩一盏灯光打在蹲在地上哭泣的田甜身上。）

田甜、小敏、哲楠（同时）：去？还是不去？在田甜的心里已经打下了一个深深的结。

【画外音】：她自己深知她跟佳豪不会再有以后，当初对自己那么决绝，而今他已经结婚，有了自己的家室，就像小敏说的那样：去了能算什么？她不想成为别人情感的第三者，也不想让佳豪有什么情感上的出轨，结婚后就应该全心全意。但，她心里的另一种声音仿佛也在说话……

第 二 幕

舞台中间的田甜，缓慢走向舞台后方（左），灯光亮起，灯光打在现在的田甜、当初的田甜和佳豪身上，其余灯均暗。

第一场

（一年前）场景：马路。（何洁《我多么怀念》为背景音乐）

田甜：佳豪，你快点儿，不然今天又买不到《大话西游》的电影票了。

佳豪：吃着东西你就别跑那么快了，地上滑，摔了怎么办？

田甜：你以为都跟你一样笨吗？

佳豪：小心，地滑。

田甜：小心地滑，哈哈……

佳豪：真是拿你这个还没毕业的学生没办法。你呀，最多算是个还没出茅庐的毛丫头呢！

田甜：公务员，怎么？又要开始给我上课了吗？

佳豪：怎么敢呢，领导。

田甜（揽住佳豪的胳膊，依偎在佳豪肩膀）：佳豪，那你会跟“领导”结婚的，对不对？

佳豪：当然啦，没有“领导”的领导，我哪还有什么前途可言呢。

（两人依旧甜蜜地拥抱着前行。此时，追光灯下现在的田甜开始独白。）

【独白】田甜：这就是一年前甜蜜的我们，这也是为什么一年来我依旧忘不了他，想念他，已经在我心里变成一件既委屈却又无法抗拒的事。我忘不了他为我做的一切，忘不了只是因为我说了一句想他，他就自己偷偷坐了15个小时的车，早晨四点站在学校大门口等着我，来见我，当时我不顾一切地拥住冰冰的他。那天的场景至今我还记得特别清楚，我对他说：这辈子非你不嫁，他也说：这辈子非你不娶。（热恋期的田甜和佳豪同时在现在的田甜身后表演）而现在我们分手了。

佳豪：田甜，我，我有件事情要跟你说。

田甜：嗯，什么事情，你说。

佳豪：我，我，我……

田甜：我，我，我，我什么我，有话快说。是不是说我还没开学呢，你就开始想我了？我也会想你的，放心好了，很快我就会回来看你的，你放假的时候也可以去学校看我啊。

佳豪：不是，田甜，我，我，我下个月可能要结婚了。

田甜：下个月？这么快！我还没跟我爸妈商量呢，是不是快了点儿？我还没毕业哎。

佳豪：婚期定在下个月月底，你保重！

田甜：什么意思？你，你要跟谁结婚？她是谁？谁是新娘？告诉我！

佳豪：是我爸妈逼我的，田甜，他们也是为我好，所以……

田甜：是谁？你告诉我是谁？

佳豪：是咱们省里一个领导家的女儿。

田甜：领导家的女儿，领导，领导，这就是你说的会跟“领导”结婚吗？

佳豪：对不起，田甜，家里给我的压力太大了，父母一天天衰老还在四处为我的今后奔波操持，她爸妈也替我以后打算了很多，对我以后的仕途提拔帮助很大，现在走到这一步，我也不想，但是我已经没有退路可以选了，就当是我对不起你吧。

田甜：你爱她吗？

佳豪：我只是跟她结婚。

田甜：不爱她为什么还要跟她结婚，没有爱怎么结婚？

佳豪：现在我已经没有力气去想这些问题了，田甜，我真的很为难，夹在你跟我爸妈之间，说实话，我不知道怎么选择才能不后悔，才是正确的，所以才拖了这么久才告诉你，我真的承受不了了。

田甜（几乎崩溃，歇斯底里地喊着）：李佳豪，我恨你，我恨你的自私，你只想到自己，那我呢？你有想过我吗？有吗？

佳豪：忘记我吧！

（田甜抓住佳豪的胳膊。此时，剧中人物均定格不动。）

田甜（哀求状）：不要走，不要走……

（此时，舞台后方的田甜也上前拉住佳豪，情绪激动地开始对佳豪说独白。）

【独白】田甜：离这个分手场景已经快一年了，我忘记你了吗？

（拿出自己的日记扔给当时的佳豪看，此时田甜和佳豪静止定格。）

分开后，我就开始不停地写日记，我根本不知道停不住的究竟是笔还是记忆？许多人告诉我说，忘记是件轻松的事情，只要不看、不想、不记，就可以忘记了。但我就是不能确定自己什么时候能把你忘记，因为我根本不能保证一定可以把你忘了。没有短信，没有电话，什么也没有，但我还是在这里，发疯一般的想你。我根本不知道自己在等待什么，就像不知道什么在等待着我一样。

【画外音】：从那之后的很长一段时间里，田甜几近崩溃地疯狂地给李佳豪打电话、发短信，甚至可以说像乞丐一样苦苦哀求李佳豪不要把她一个人留下。李佳豪突如其来的分手决定和临近的婚期让田甜每天都在一个死胡同里挣扎徘徊，她不懂，她是肯定不能将自己仅有的人生慷慨赠与一个她不爱的人共度余生的，但为什么李佳豪就可以，他转身瞬间就跟另外一个陌生的人结婚了？她更接受不了的是，昨天还让你觉得自己意义非凡的人，今天就让你觉得自己可有可无。有时候面对李佳豪的突然消失，田甜甚至想把他一把拽过来问一句："回答我：我对你到底重要吗？"为了排遣田甜这种积郁难消的情绪，小敏每天都硬拉着田甜去操场跑步，唯恐她憋出点儿什么病，但也只是默默地陪着，不说话，更不会聊到这个话题，直到李佳豪婚期的这一天。

第二场

场景：操场。

小敏：田甜，你鞋带开了，赶紧系上，不然一会儿跑步的时候会绊倒的。

（田甜无动于衷，跟没听到似的，依旧在慢跑。）

小敏：田甜，你慢点儿跑，鞋带开了不系上，加上刚下过雨，路面滑，摔了怎么办？

田甜：摔了？我为什么会摔？为什么你跟李佳豪都觉得我会摔？

小敏：田甜，你怎么了？怎么突然提起他？

田甜：他也说我会摔，他还说他会跟“领导”结婚，现在果然都如他的愿了。

（小敏看田甜情绪不对，又生怕自己哪句话说错再触及田甜的敏感区，便不再多说什么，只是默默拉起田甜的手，两个人开始慢跑。）

田甜（流着泪）：今天李佳豪结婚！

（小敏停下脚步，揽住哭泣的田甜，安慰她。）

小敏：都会过去的，田甜相信我，我还有哲楠都会一直陪着你。我也有过疯狂怀念一个人的时候，半夜突然哭醒，又不能联系而百爪挠心。其实我也说不清楚到底是怀念当时我们两个人相互陪伴依偎的感觉，还是担心再也遇不到更好的人。可慢慢地等我平静下来，淡然就会多过挂念。也许某一天，当我们开始接受成长，时间就会把这一切都带走。

【画外音】：田甜并没有告诉过小敏，她高中的时候曾经患有抑郁症，上了大学之后在专业医生的帮助和治疗下才基本控制病情，但从小敏提醒她系鞋带时她的表现来看，她的病情好像又开始反复。

【独白】田甜：我承认，在这一年的时光里我过得一点也不好，很多时候我真的都快熬不下去了，快要崩溃了，我不知道自己在恐惧什么，我改变、我失去，我甚至不知道为什么那么多不幸的事情接二连三地都发生在我一个人身上，好多事情我真的接受不了，但也无力抗拒，只能哭完再爬起来，老老实实继续走，我除了这样还有什么可选择的？

第　三　幕

场景：重回第一场静止的定格画面，教室外，舞台前方。

（小敏、哲楠、佳豪都从舞台后方挣脱定格的时空，走向舞台前方，面对田甜说话。）

小敏：田甜，你不能去北京看他，不然你这一年的苦都白受了。看到你这样我很心疼你，但是你其实心里特别明白，过了那么久，很多人不需要再见，遗忘就是你们给彼此最好的纪念。如果你真的去了北京，李佳豪或许只是绑架了你一时的感情，但你的心却会绑架了你剩余的时光。挫败也好，伤害也罢，都会成为过去。好不容易熬到现在，不能就此放弃，你快好了，马上就要好起来了。

哲楠：小敏，你没看到田甜对李佳豪还没有放下吗？这样勉强自己的情感非要在爱情面前做一个所谓的强者有什么意义呢？田甜，如果你们两个心里还有不甘，那就肯定还没有走到最后，顺应自己的心意去做就好。

小敏（瞪了哲楠一眼）：你这不是火上浇油吗？哲楠！

小敏（对田甜说）：李佳豪把你们俩无法走到最后都归罪于现实的无奈，可说到底这关现实什么事？分手和别离不过是不够爱、爱得不够深。他值不值得你继续这样伤心下去，其实你自己心里最清楚，为什么他能说走就走，头也不回？而你却走到尽头还要拼命回头？

（哲楠从小敏手里揽过田甜，怜惜地看着田甜。）

哲楠：看一个女孩儿渐渐长大成熟真的很感伤。田甜，你现在不要想得太多了，别给自己太大压力，随心所欲，田甜。问问自己的心到底想怎么做，然后就勇敢大胆去做，我永远支持你。

（小敏一把推开哲楠，开始跟他理论，声音由大变小，作为背景声，田甜起身。）

小敏：哲楠，你脑子进水了吗？你自己也说通过别人来证明真爱那根本不是爱，为什么现在又支持田甜去北京看那个李佳豪？

哲楠（拉过小敏，低声对她说）：这在心理学上叫做哀伤疗法，田甜这一年的状态我们都看在眼里，解铃还须系铃人，如果不让田甜去见李佳豪的话，这才是在她心里留下抹不去的伤疤呢。

（两人继续争论，声音逐渐变小，变为背景声，此时，佳豪的声音打破时空逐渐盖过小敏和哲楠的声音，同时也来到田甜身后。）

佳豪：田甜，你会来看我的，对不对？你也很想念我对不对？（温柔的、乞求的声音）（王菲《棋子》作为背景音乐响起，此时画外音与独白交叉进行。）

【画外音】：田甜听着小敏和哲楠都很有道理的不同爱情观点的争论，看着自己和佳豪甜蜜的过往场景，但又分明记得自己分手后所有刻骨铭心的痛苦挣扎与纠结，都历历在目，刻在心里那块最柔软的地方。爱情最折磨人的其实不是离别，而是感动的回忆让她站在原地总以为还可以回到过去。想一想，这一年对于她来说，这些持久的痛苦不就是源于她对那些过往微小幸福细节的喋喋不休，对一时感动的念念不忘吗？对于李佳豪她放不下，她不甘心，不甘心曾经坚持的感情就这样结束了，舍不得这样放弃他，闲来无事时就不停地去揣测、心酸、折磨、难受。

【独白】田甜：他已经把我伤成现在这个体无完肤的样子，我还在自作多情念念不忘干吗？人们总说："全心全意爱你的人把你一手擒获之后，就再也不会放你走。"我们俩已经分手了，我为什么还要想去看他？小敏说的是对的，我不能去看他，绝不！

佳豪：田甜，你会来看我的，对不对？你也很想念我对不对？（温柔的、乞求的声音）田甜：可是，他现在病得那么重，也许是最后一次见他，也许我可以是他康复的一剂良药，也许我能给他一丝生的希望，帮他渡过难关，也许回来之后我也不会再想起他，也许从此我也把自己治愈了，也许，也许……对，是这样的。我要去北京，我要去见他……

【画外音】她明知是要放弃的，但就是不甘心就此离开，明知是煎熬，却又躲不掉，明知无前路，心却早已收不回。她驻留了这些时日，或许是不够洒脱，只是这片天地若是由他点亮，那么总也要有个人肯留下来，躬身谢幕，感谢自己那么认真地对待过这一切美好。

第 四 幕

场景：医院的病房。

【画外音】：田甜拎着大兜小兜的水果来到病房门外，透过门上的窗户一眼便认出了佳豪，尽管他现在脸上没有一丝血色，消瘦的体形，快要掉光的头发，已经基本快要脱相了。他穿着病号服躺在那张离她只有三米远的病床上，田甜之前积郁的所有的质问与责怪都没了踪影，有的只剩那颗柔软的心。田甜泪眼婆娑地鼓起勇气推开病房门。

田甜：佳豪。

佳豪（缓慢睁开双眼）：田甜，你来了？（伸手拉起田甜的手）

佳豪母亲：是田甜啊，我是佳豪的母亲。

田甜：阿姨，您好。佳豪他现在怎么样了？

佳豪母亲（抹泪）：情况不是很乐观，还在继续做化疗，他现在精神很脆弱，状态也不好，一直想要见你，说有话跟你说，希望你能多给他一些鼓励，让他勇敢坚强地配合大夫的治疗，算是阿姨拜托你了。

田甜：阿姨，您别太伤心了，我会尽力的。

佳豪：妈，我想坐起来，你把我扶起来吧。

（田甜和佳豪母亲一起把他扶起来倚在枕头上，田甜此时分明感受到了佳豪的虚弱，心里一阵酸楚。）

佳豪母亲：那你俩先聊，我出门给你们买些午饭去，他身体状况不好，别让他情绪太激动了。

（佳豪母亲出，田甜在佳豪病床前坐下。）

佳豪：谢谢你能来看我，田甜。

（田甜为了掩饰自己马上流下的眼泪，转身装作拿水果状，趁机把眼角的泪抹掉）

田甜：你吃苹果吗？我给你削一个。

（房间里就这么静默着，佳豪目不转睛地看着田甜为他削苹果，然后递给他。）

佳豪：坐了一夜火车，累吗？

田甜：还好，以前你不是也会坐一夜火车来看我吗，现在我也可以为你做这些。

（佳豪一把抱住田甜的腰，两个人抱住痛哭。）

佳豪：田甜，对不起，对不起，对不起，都是我的错，是我没有勇气，是我懦弱，是我不够坚定，是我，都是我，我辜负了你。这么多天来我一直很后悔，后悔错过你，错过我们的缘分。对不起，对不起，田甜。你会原谅我吗？你还会在我身边吗？

田甜：我，我……

【画外音】：无论是谁，都最终会在某个时刻意识到时间的珍贵，并且几乎会注定因为懂事太晚而多少有些后悔。总要等到过了很久，总要等到退无可退，才知道自己曾亲手舍弃的东西，在后来的日子里，也许再也遇不到了。田甜其实心里是恨他的，恨他的自私与无情，但看到怀里这个虚弱无助的病人，叫她怎么能恨得起来？

田甜：佳豪，别说这些了，我，我已经原谅你了，现在你要好好养病，赶紧康复起来。你的情绪不能太激动，赶紧躺下休息。

（佳豪躺下，稍平复下心情。）

佳豪：躺在这里的这段时间里，一直不停地在回忆之前的事情，好像长大了不少，只是这次没有多少可以让我重新来过的机会了。我的婚姻给我带来的那些身外之物，在我生命的最后一程终也成空，现在也只有对你的想念才能支撑我继续走下去。有时候我在想，即使我走了，也会因为之前的美好而没有遗憾。

田甜：我能为你做些什么？

佳豪（起身坐起）：不，你的一个拥抱对现在的我来说就已经是千言万语了。你能明白我吗？

田甜：我，我明白，我就是这么煎熬过来的。这一年来，我的快乐都在你转身把我扔下的一刻都一并带走了，现在，我不想记起的是你，不想忘记的也是你。有时候我半夜醒来告诉自己，一切都会过去，我经常想起过去，想起你，甚至会突然莫名其妙地冒出一种狂躁的情绪，自己都觉得可笑。

（佳豪一把握住田甜的手。）

田甜：佳豪，我，我恨过你，但即使是恨你，我也不希望看见你是这样子的，我希望你是健健康康的，你一定要好起来。

佳豪：我现在终于明白了，人生最深的遗憾就是轻易放弃了不该放弃的，固执坚持了不该坚持的。田甜，为了你，为了我们，我会早些好起来的。

（说着，佳豪又拉起田甜的手，深情地望着她，佳豪的母亲买了饭菜回来，三个人一起在病房里吃着午饭。在这期间，佳豪母亲看到儿子开心许多，也忙着给田甜和佳豪夹菜。）

田甜：阿姨、佳豪，我坐晚上的火车回去，现在要出发去车站了，阿姨您多照顾佳豪，他一定会好起来的。

佳豪（拉着田甜的手）：你还会再来看我的，对不对？

田甜：会的，学校没什么事情的话，我还可以多留几天照顾你，你一定要好起来，我们大家都会一直陪着你的。

佳豪母亲：谢谢你，田甜，你真是个好姑娘。阿姨也跟你道个歉，谢谢！

（挥手，再见。）

尾　声

（张学友《慢慢》为背景音乐）

【独白】田甜：我向所有人隐瞒了高中时候我的抑郁症病史，因为每每回忆起这段时光都觉得黑暗无比。那种感觉，就好比睁开眼睛，感受到的不再是温暖的阳光，而是肌肤划过黑暗潮湿的暗涌时无尽的撕裂和痛楚。这一年来，这种可怕的感觉好像又来了，突如其来的这一切使我又开始敏感、抑郁。有时候对于他，我甚至已经分不清是要恨？还是要爱？更不知道自己是应该继续联系下去？还是绝情地不再联络？我的精神已经在崩溃的边缘徘徊许久，我感觉到它正在慢慢往下沉，快要窒息。我难以放下心中对他曾有的恨，也拾不起对他曾有的炽热的爱。这一年，我早已经内耗到筋疲力尽，但看到病床上的他，我的心真的很乱，不知道是不是我太敏感而造成的错觉，我甚至感觉我已经成为他最后的精神支柱，同情、怜悯又让我不能对他绝情，现在的我到底是坠入了爱，还是我的爱就此坠落了？我，我到底该怎么办？

5. 心理知识小视频：《揭开春梦暗示的心理秘密》

本章知识点

1. 斯滕伯格爱情三角理论
2. 依恋关系类型
3. 性别角色
4. 异常性心理

本章思考题

1. 你期待什么样的爱情？为什么？（根据斯滕伯格爱情三角理论分析）
2. 为什么说爱情也是一种能力？
3. 结合自己身边的故事，谈谈恋爱中如何保护自己。

参考文献

[1] 珍妮特·S. 海德，约翰·D. 德拉马特. 人类的性存在(第8版). 贺岭峰，等译.上海：上海社会科学院出版社，2006.

[2] 约翰·格雷. 男人来自火星，女人来自金星. 白莲，刘增莉，黄钦，等译.长春：吉林文史出版社，2007.

[3] 马丁·塞利格曼. 真实的幸福. 任俊，罗劲，洪兰译.沈阳：北方联合出版传媒股份有限公司，2012.

[4] 欧文·亚龙. 日益亲近——心理治疗师与来访者的心灵对话. 童慧琦译.北京：中国轻工业出版社，2008.

[5] 吴九箴. 自在的幸福——享受生活给你的每一张牌. 长沙：中南出版传媒集团·湖南人民出版社，2010.

[6] 叶斌. 督导与反思：心理咨询案例集. 上海：华东师范大学出版社，2009.

[7] 戴维·迈尔斯. 魅力何来——人际吸引的秘密. 寇彧译.北京：人民邮电出版社，2012.

第八章　大学生职业生涯规划与能力发展

没有思索的人生是没有意义的人生。

——苏格拉底

充满思索的人生是不轻松的人生。

——罗伯特·弗尔甘

第一节　如何理解职业生涯

案例

课堂活动:猜猜你身边的红

请同学们闭上眼睛，猜猜周围有没有穿红色衣服的人，有多少人穿了红色衣服。红颜色在人群中很显眼，为什么大家没有注意到呢?

在心理学中，有个名词叫做选择性注意。选择性注意是指人们在同时存在的两种或者两种以上的刺激信息中，选择一种加以注意，而忽略其他的刺激信息。所以，当没有人提示要注意红色时，它被忽略了，因为它不是一个目标。但当红色成为目标时，也许不仅今天你格外注意谁穿了红色衣服，在今后几天，你都会关注身边的红色衣服。如果我们把注意力看成一种能量的话，那么很明显，目标帮助我们集中了能量。所以，当我们做生涯规划时，如果确定了一个目标，就容易集中所有的能力和资源去实现目标，成功的可能性会更大。

一、职业生涯概述

为什么上大学？这是每一个大学生需要思考的首要问题。许多大学生会这样回答：为离开偏远的山村，为实现父母的心愿，为改变家庭的命运，为体验大学生活，为获得一份体面的工作，为自己寒窗苦读求一个回报……虽然答案各异，但许多人都希望通过大学来改变生命历程。职业生涯虽然不是一个人生命历程的全部，但职业在一定程度上决定了一个人的生命轨迹与生活方式，是生活的重要保障与核心，犹如一个轮子的轮轴，生活中其他方方面面都在围绕其运转，职业的烙印深深地印刻在每个人的生命里。

对于职业生涯的理解，格林豪斯在《职业生涯管理》中指出，西方学者对职业生涯有两种观点：一种是将职业生涯理解为一种职业或者一个组织的有结构属性，另一种观点认为职业生涯是个人而不是一个职位或一个组织的特性。美国心理学家萨珀（Super）和霍尔（Hall）分别从广义和狭义的角度对职业生涯做出的界定影响较大。萨珀认为："职业生涯包括个人一生中多种职业和生活角色，即青春期至退休所有有酬或无酬职位的综合，除了职位之外，还包括与工作有关的多种角色。"霍尔认为："职业生涯是指一个人终其一生，与工作或职业有关的经验和活动，是个体跨越时间的一系列工作经验的总和，包含了一个雇用时间跨度。"

我国学者熊平认为："职业生涯是一个人一生中的所有与工作职业相联系的行动和活动，以及相关的态度、价值观、愿望等的连续性经历的过程，是一个人在其一生中所承担的职务的相继历程。"魏潾、李广才认为："职业生涯是以心理开发、生理开发、智力开发、技能开发、伦理开发等人的潜能开发为基础，以工作内容的确定和变化、工作业界评价及工资待遇、职称、职务的变动为标志，以满足需求为目标的工作经历和内心体验的经历。"

我们认为，职业生涯是与工作相关的、贯穿于个体整个生命历程的职业经历，既包括工作职位、工作职责、工作活动等主观事件的变化，也包括个人的期望、态度、价值观等主观知觉的变化，其含义包括四个方面：

（1）职业生涯不仅仅是工作阶段，而是个体一生中所有与工作有关的持续的、动态的过程。职业生涯是多方面相互作用的结果，受个人、家庭、组织、社会等多种因素的影响。

（2）职业生涯具有内外两重含义，既包括行为活动，也包括态度、价值。

（3）职业生涯没有成功与否、进步快慢的价值判断。

米歇尔罗兹（Michelozzi，1998）指出：职业生涯规划具有突破障碍、开发潜能和自我实现三个积极作用。一个人最大的幸福，是能以自己选择的方式生活。择其所爱，爱其所选择的结果，会使一个人以己为荣，并呈现出圆润、丰足、喜悦、智慧和充满创造力的气质，即自我实现。在职业生涯发展过程中，很多学生对追求理想的工作或人生目标充满疑虑；有的学生甚至不敢去想象或者设立理想目标，因为觉得那是不可实现的。阻碍学生插上理想的翅膀、迈出勇敢脚步的原因通常来自两方面：内在障碍和外在障碍（图8-1）。

内在障碍通常是由个人对自己的不了解、低评价、不自信或者无安全感造成的。例如，有的学生很难看到自己的长处，总用自己的短处和别人的优势相比，内心从未觉得自己有可用或特别之处。所以，在找工作时，缺乏信心，总感觉自己这也不好，那也学得不够，还没做好踏入社会的准备，从而影响自己找工作的信心，影响自己在面试中的表现。外在障碍则来自一个人所处的环境，通常与政局变动、市场的难以预测、经济衰退和社会秩序混乱等相关。一个没有生涯目标的人，很容易受外界因素的影响。例如，两个大学生，有着同样普通的家庭背景，毕业后的工作也都不理想。但对于其中一个生涯目标明确的学生而言，因为对未来充满希望，所以更容易积极面对并不理想的工作，努力从工作中获得和培养自己实现目标所需的能力和资源，把这当作迈向理想目标的第一步。而另一个没有任何生涯目标的学生，可能会抱怨社会、哀叹自己生不逢时，没有早几年出生，没赶上"大学毕业生是天之骄子"的年代……因为看不到希望，他很难积极应对困境，将找不到好工作归于外因，更觉得自己没有能力。两位大学生在毕业时的人生起跑线是相同的，却可能因为有无生涯目标导致心态不同：一个充满力量，能克服困难、积极进取；另一个则由环境所左右，怨天尤人、随波逐流。尼采说："懂得为何而活的人，几乎任何痛苦都可以忍受。"职业生涯规划可以帮助人们设立目标、带来希望，突破发展中的内外障碍，最终实现幸福人生。

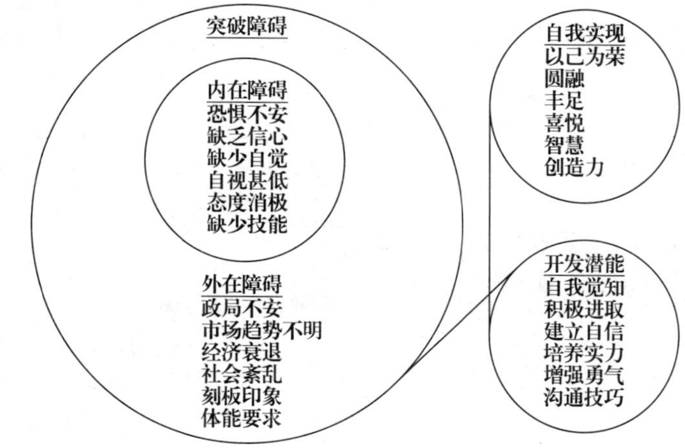

图8-1　内在障碍和外在障碍

二、舒伯的职业生涯发展理论

从1957年到1990年，著名职业生涯规划大师舒伯（Donald E.Super）依据年龄匹配个体的人生阶段与职业发展阶段，将个体生涯发展划分为五个阶段。在为期四年的跨文化研究的基础上，他进一步提出生活广度（Life-span）、生活空间（Life-space）的概念，将职业生涯发展阶段与扮演角色之间的交互影响，描绘成一个多重角色生涯发展的综合图形，即职业生涯的彩虹图，形象地展现了职业生涯发展的时空关系，更好地诠释了职业生涯的定义。

（一）职业发展阶段

舒伯（1953）根据自己"职业生涯发展型态研究"的结果，参照布勒（Bueller）的分类，将职业生涯发展阶段划分为成长、探索、建立、维持与衰退五个阶段（表8-1）。

表8-1 舒伯职业生涯发展阶段特征及任务

阶段	时间	特征	任务	分期
成长阶段	出生至14岁	开始发展自我概念，开始以各种不同的方式来表达自己的需要，且经过对现实世界不断地尝试，修饰自己的角色	发展自我形象，发展对工作世界的正确态度，并了解工作的意义	1. 幻想期（4~10岁），以"需要"为主要考虑因素 2. 兴趣期（11~12岁），以"喜好"为主要考虑因素 3. 能力期（13~14岁）：以"能力"为主要考虑因素
探索阶段	15~24岁	对自我能力及角色、职业进行了一定程度的探索，选择职业时有较大弹性	职业偏好逐渐具体化、特定化并实现职业偏好	1. 试探期（15~17岁），考虑需要、兴趣、能力及机会，作暂时的决定，并在幻想、讨论、课业及工作中加以尝试 2. 过渡期（18~21岁），进入就业市场或专业训练，更重视现实，并力图实现自我观念，将一般性的选择转为特定的选择 3. 试验并稍作承诺期（22~24岁），生涯初步确定并试验其成为长期职业生活的可能性，若不适合则可能再经历上述各时期以确定方向

续表

阶段	时间	特征	任务	分期
建立阶段	25~44岁	不合适者会谋求变迁或作其他探索，较能确定在整个事业生涯中属于自己的“位子”，并在31~40岁，开始考虑如何保住这个“位子”，并固定下来	统整、稳固并求上进	1. 试验—承诺稳定期（25~30岁），个体寻求安定，也可能因生活或工作上若干变动而尚未感到满意 2. 建立期（31~44岁），个体致力于工作上的稳固，大部分人处于最具创意时期，由于资深往往业绩优良
维持阶段	45~65岁	个体仍希望继续维持属于他的工作“位子”，同时会面对新的人员的挑战	维持既有成就与地位	
衰退阶段	65岁以上	由于生理及心理机能日渐衰退，个体不得不面对现实从积极参与到隐退	注重发展新的角色，寻求不同方式以替代和满足需求	

在上述舒伯的生涯发展阶段中，每一阶段都有特定的发展任务，都需达到一定的发展水准或成就水准，并且前一阶段发展任务的达成与否关系到后一阶段的发展。与此同时，各个阶段同样要面对成长、探索、建立、维持和衰退的问题，由此形成“成长—探索—建立—维持—衰退”的循环。例如，对于一名大学新生而言，必须首先适应全新的学习生活环境，觉知自身扮演的新角色，经历“成长”和“探索”阶段，“建立”起较为固定的生活学习模式，在“维持”了大学生活的适应模式后，又要开始面对人生的另一个阶段——求职，原有的适应模式会逐渐衰退，继而进行新一轮的“成长”“探索”“建立”“维持”与“衰退”，如此周而复始。

（二）职业生涯彩虹图

舒伯认为，一个人一生中扮演的许多角色就像彩虹同时具有许多色带。角色除与年龄及社会期望有关外，与个人所涉入的时间及情绪程度都有关联，因此每一阶段都有显著角色。在职业生涯彩虹图中，外圈是由主要发展阶段构成的生活广度，内圈是由一组职位和角色组成的生活空间。内圈阴暗部分的范围，长短不一，表示在该年龄阶段各种角色的分量；在同一年龄阶段可能同时扮演数种角色，同一角色也可能延续在不同的阶段（图8–2）。

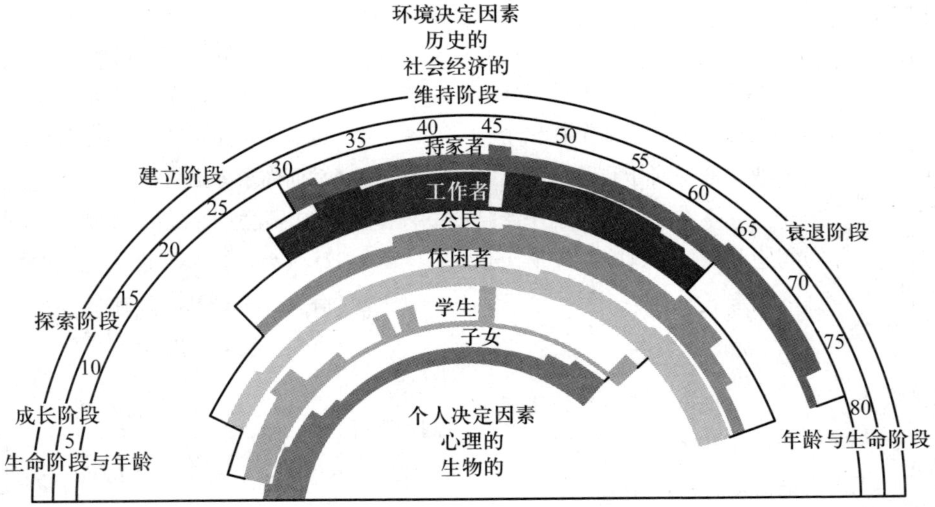

图8–2　职业生涯彩虹图

1. 横贯一生的彩虹——生活广度

在职业生涯彩虹图中，横向层面代表的是横跨一生的生活广度。彩虹的外层显示人生主要的发展阶段和大致估算的年龄：成长期（约相当于儿童期），探索期（约相当于青春期），建立期（约相当于成人前期），维持期（约相当于中年期）以及衰退期（约相当于老年期）。舒伯特别强调各个时期年龄划分有相当大的弹性，应依据个体不同的情况而定。

2. 纵贯上下的彩虹——生活空间

在职业生涯彩虹图中，纵向层面代表的是纵贯上下的生活空间，是由一组职位和角色所组成。舒伯认为人在一生当中必须扮演九种主要的角色，依序是：儿童、学生、休闲者、公民、工作者、夫妻、家长、父母和退休者。

三、自我职业探索

“人啊，认识你自己”，这是古希腊哲学家苏格拉底的一句名言，被印刻在希腊德尔菲神庙的阿波罗神殿前，卢梭认为这一句震撼人类灵魂的碑铭比任何伦理学家的任何著作更为重要、更为深奥。在心理学上，自我是一个同一身份的、持久的、独特的我，主要包括作为认知对象的我和行为主体的我。自我认知属于自我意识范畴，包括自我察觉、自我认识、自我分析、自我评价等。

（一）自我职业探索对大学生生涯发展的意义

正确地认识自我、探索自我是一个人迈向职业生涯的第一步。对大部分学生而言，大学的学习和生活是走向社会、进入职场的最后一站，认识自己、规划人生就成了极为重要和急迫的事情，如果无法充分认识自我，所有的努力很可能只是为了符合他人的期望和要求，与自己真实的内心诉求不符，难以感受真切的价值感和意义感。

美国学者玛西娅（Marcia）根据面临抉择危机和专注定向两个维度，将青年的职业生涯定向划分为四种形态：

（1）自主定向者（Identity Achievement，IA），即在经历抉择危机之后，逐渐确定其生涯方向或职业目标。

（2）提早定向者（Foreclosure，F），本身未曾面对抉择危机，但在生涯方向或职业目标上，已接受父母或他人的安排而定型。

（3）延迟未定者（Moratorium，M），面对个人的抉择危机，正在寻求定向。

（4）茫然失措者（Identity Diffusion，ID），面临抉择危机，因生涯方向或职业目标模糊不定而感到焦虑，甚至逃避抉择。

提早定向者在社会的限制和父母的保护之下，面对生涯抉择之际不致产生过高的焦虑，但在从事生涯准备或课程学习方面，能避免听天由命、缺乏学习兴趣和动力的状态；延迟未定者和茫然失措者在面临生涯抉择之际，由于缺乏目标定向，可能会产生焦虑、不安等不良心理，不利于其课程学习和学校适应。自主定向者比较能够对自己的选择负责任，学习的主动性和适应性较好。玛西娅的研究结果表明，自我职业探索是青年期主要而关键的发展任务之一；生涯决定的明确与否不但可能影响个人长期的发展，更影响其当前的生活调适。

（二）自我职业探索的内容

自我职业探索是对自我的深层次剖析，了解自己的需要、兴趣、价值、能力，明确客观环境的机遇与危机，进而推断未来可能的工作方向，更加理智、科学地规划自己的职业生涯。

具体而言，大学生进行自我职业探索包括以下五方面，即职业生涯规划领域内常用的“5W”法：

（1）Who am I ?（我是谁?）对自我身份、经历、理想、信念、社会关系等方面的认知。

（2）What will I do ?（我想做什么?）主要包括自己的兴趣、爱好、个性、特长、气质、职业价值观等。

（3）What can I do ?（我会做什么?）主要指自己所掌握的专业技能、专业知识、工作经验以及个人的综合素质与潜力等。

（4）What does the situation allow me to do ?（环境支持我做什么?）主要是对于就业环境的分析。

（5）What is the plan of my career and life?（我的职业与生活规划是什么?）这是对自身职业目标的初步规划，应该在什么领域、什么行业、从事什么样的职业或工作的定位。

案例

孙康，26岁，姐姐在英国为他办好了留学攻读硕士学位的手续，他在“出国与留下”的犹豫中，使用以上方法对自己进行了职业生涯规划。经过整理的各组答案如下：

（1）我是谁?（Who am I？）

一家法律事务所的律师（任职一年多，同事关系不错，待遇令人满意）；在来这家事务所前，就读于国内某名牌大学的法学院，成绩一直比较突出，多次获得奖学金，还被评为优秀毕业生；想做一个对社会有贡献的人，想做一个正派的人。

父母都在老家，父亲（退休的公务员）和母亲（普通退休干部）身体都不是很好，需要时常回去看望他们；对生活要求不高，但需要体面而丰富的生活，姐姐前几年研究生毕业就直接出国留学了，有点羡慕；我很爱我的女朋友，我们准备结婚，但时机尚未成熟；身体健康，心理较正常；性格较外向，情绪较乐观；好奇心较强，学习能力不错。

（2）我想做什么?（What will I do？）

做一名律师；做一名法官；做一名法律学者；和妻子共同住在属于自己的舒适的住房里，每天开着自己的汽车去工作；在父母有生之年能够多尽一点孝心，可能的话把他们接到家里来住；有时想与人合伙开事务所，自己当老板，但现在的老板如果能吸收我做合伙人，并提供更大的事业空间似乎更好些。

（3）我能做什么?（What can I do？）

可承担更多的业务，并能协调律所各部门的关系；能讲一些法学课程；会开汽车；相信还可以学会很多东西。

（4）环境支持我做什么?（What does the situation allow me to do？）

在当前单位升职，有可能最后获得合伙人身份；市内有多家同类事务所挖我去作项目负责人，薪酬比现在高一二倍（现在一年大约收入7万元人民币），但是他们的事务所太小，不知能否办好，也不知他们能否兑现承诺；可以去大学继续深造；姐姐可以帮助我联系国外的大学去读书，但以后回来可能还要从头开始。

（5）我的职业与生活规划是什么？（What is the plan of my career and life？）

继续在现在的单位好好干，不远的将来能获得晋升，并受到重用；同时在职攻读硕士学位；买房、结婚、买汽车；经常去看父母，以后接他们来住；去其他律所做合伙人；出国读书。

经过分析，他最后放弃出国，并决定继续留在现在的事务所工作。结果不到三年，他成为律所内最得力的律师之一，得到老板重用；自己买了房子、车子，和女朋友结了婚，并利用业余时间完成了在职硕士学习；父母曾来住了一段时间，嫌城市节奏太快、熟人太少，生活不习惯而返回家乡。

（三）自我职业探索的方法

1. 自省法

“未经反省的生活是无价值的生活”，时时刻刻不忘自我反省，随时检视自己的内在思维和行为举止，是个体认识自我最为直接的方法。人作为心理活动的主体和心理活动的对象，要经常对自己的心理、行为进行剖析，深入了解自己的智力、情绪、意志、能力、性格、气质和身体状况等特点，客观、全面、辩证地看待自己，真正地了解自我，进而选择适合自己的发展道路。可以利用橱窗分析法进行自我反省。橱窗分析法是一种借助直角坐标系不同象限来表示人的不同部分的分析方法，它以别人知道或不知道为横坐标，以自己知道或不知道为纵坐标（图8–3）。

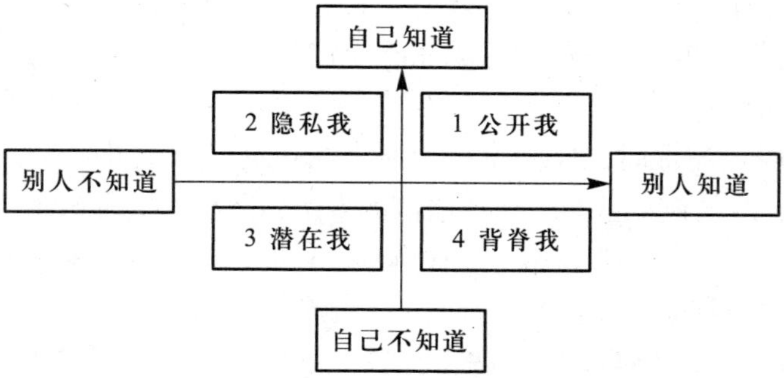

图8–3　橱窗分析法坐标图

橱窗1：“公开我”。自己知道、别人也知道的部分，其特点是个人展现在外，无所隐藏。比如身高、年龄、学历、婚姻状况等。对较为陌生的人而言，这个区域可能很小，对较为亲近的人而言，这个区域可能很大，区域的大小视对方对你个人的了解程度而异。

橱窗2："隐私我"。自己知道、别人不知道的部分，其特点是属于个人私有秘密，不外显。比如自私、嫉妒等平常自己不愿袒露的缺点，以及心中的愿望、雄心、抱负等不敢告诉别人的部分，因为这一部分的暴露可能会使自己受到轻视，因此该区域的大小视个人对对方的信任程度而异。可以采取撰写自传或日记的方式来了解自我，可以了解我们自身成长的大致经历和自我计划情况等。

橱窗3："潜在我"。自己不知道、别人也不知道的部分，其特点是开发潜力巨大，但通常别人和自己都不容易发觉。这一区域的大小难以确定，可以通过人才测评来发现自己平时注意不到的潜力，也可以在学习和生活过程中多做尝试来发现自己的潜力。

橱窗4："背脊我"。自己不知道、别人知道的部分，其特点是自己看不到，别人却看得清清楚楚。可以通过和家人、朋友等交流的方式，也可以借助录音、录像设备了解"背脊我"，个人需要有诚恳的态度和博大的胸怀，真心实意地去征询他人的意见和看法，有则改之，无则加勉，虚心接受他人的建议是缩小盲点区的有效途径。

课堂活动：

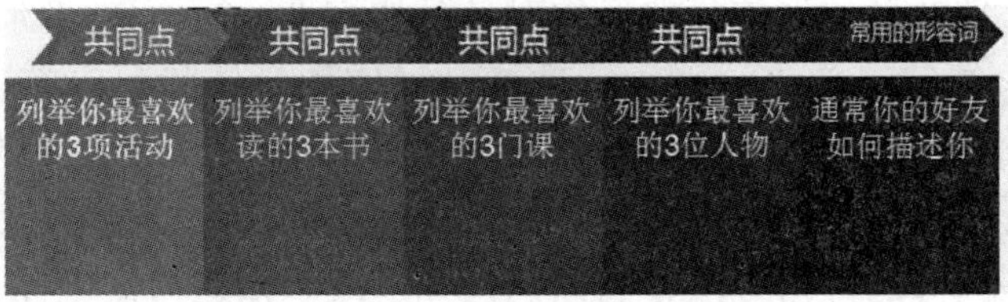

2. 测评法

职业测评是心理测验的一个分支，其基本原理是通过个体对问题情境的反应来推断其心理特征。科学的职业测评以特定的理论为基础，经过设计问卷、抽样、统计分析、建立常模等程序编制，必须具有一定的信度、效度。

在进行职业测评时，应注意以下几方面：选择权威性较高，信度和效度较好的测量工具。例如，有一道考察被测人员团队精神的测试题"你是否与团队中的其他人进行较好的交流？"被选项：A.是，B.否。这种题目存在着明显的社会称许性，对测评者有暗示作用，不符合心理测验的要求。而另外一道题目"你平时经常交流或者联系的朋友有多少人？"A.1~2人，B.3~6人，C.4~9人，D.10人以上。这道题同样考察团队精神，但它的测评目的不易让被测者觉察，有效避免了称许性的影响，相对来说比较专业；选择安静、较少干扰的环境实施测验；按自己真实的想法进行作答，避免主观误差；根据自身日常生活中的行为特征，评估测验的准确性。

“六岛环游”测验

恭喜你！你获得了一次免费度假游的机会，有机会去下列六个岛屿中的一个。唯一的要求是你必须要在这个岛上待满至少半年的时间。请不要考虑其他因素，仅凭自己的兴趣按一、二、三的顺序挑出你最想前往的三个岛屿：

A岛

“美丽浪漫岛”。这个岛上到处是美术馆、音乐厅,弥漫着浓厚的艺术文化气息。岛民们保留着传统的舞蹈、音乐与绘画。许多文艺界人士都喜欢来到这里寻找灵感。

C岛

“现代井然岛”。处处耸立着的现代建筑标志着这是一个现代的、都市形态的岛屿,岛上的户政管理、地政管理及金融管理都十分完善。岛民们个性冷静保守,处事有条不紊,善于组织规划。

E岛

“显赫富庶岛”。该岛经济高度发达,到处都能看到高级饭店、俱乐部、高尔夫球场。岛民性格热情豪爽,善于企业经营和贸易活动。岛上往来者多是企业家、经理人、政治家、律师等。这些商界名流与上等阶层人士在岛上享受着高品质生活。

I岛

“深思冥想岛”。这个岛平畴绿野,人少僻静,适合夜观星象。岛上有很多天文馆、科技博物馆、科学图书馆。岛民们最喜欢天天猫在自己的小房子里钻研学问,沉思冥想,探究真知。哲学家、科学家和心理学家们在这里聚会、讨论学术、交流思想。

R岛

“自然原始岛”。这是个自然生态优良的绿色之岛。岛上不仅保留有热带雨林等原始生态系统,而且建立了相当规模的植物园、动物园、水族馆。岛民以手工制造见长,自己种植花果,栽培蔬菜,修缮房屋,打造器物,制作工具。

S岛

“温暖友善岛”，岛民们性情温和,乐于助人,十分友善。大家互助合作,重视教育后代。每个社区都能自成一个密切互动的服务网络,处处充满着人文关怀气息。

美国心理学家、职业指导专家霍兰德认为，同一群体内往往有相似的人格特质，他们具有特定的价值观念，态度倾向和行为模式。六岛环游游戏是对霍兰德职业兴趣理论的一个简单应用，每一个岛代表霍兰德职业兴趣理论的一个类型。你最想去的三个岛反映了你的兴趣和职业倾向（表8–2）。

表8–2　劳动者类型与职业类型的对应关系

类型	特征	职业
A 艺术型人	1. 喜欢自我表达 2. 富有想象力、创造力 3. 追求美 4. 喜欢多样性与变化性	主要是各类艺术创作工作。主要职业有：音乐、舞蹈、戏剧等方面的演员、艺术家，编导、教师，文学艺术的评论员，广播节目的主持人，编辑，记者，画家，书法家，摄影家，艺术、家具、时装、珠宝、房屋装饰等行业的设计师等
C 事务型人	1. 喜欢有条理、程序化的工作 2. 愿意听从指示 3. 有组织有计划 4. 细致、准确	主要是与文件档案、图书资料、统计报表相关的各类科室工作。主要职业有：会计、出纳、统计人员、打字员、办公室人员、秘书、文书、图书管理员、导游、外贸职员、保管员、邮递员、审计人员、人事职员等
E 企业型人	1. 向人推销自己的产品或观点 2. 追寻领导力与社会影响 3. 有抱负，雄心勃勃 4. 言语说服能力强	主要是那些组织与影响他人共同完成组织目标的工作。主要职业有：经理、企业家、政府官员、商人、领导者、管理者等
I 研究型人	1. 喜欢探索和理解事物 2. 爱分析 3. 有智慧 4. 独立	主要是科学研究和科学实验工作。主要职业有：自然科学和社会科学方面的研究人员、专家，化学、冶金、电子、计算机、无线电、电视、飞机等方面的工程师、技术人员，飞机驾驶员，计算机操作员等
R 实用型人	1. 喜欢具体的任务 2. 机械、动手能力强 3. 喜欢做体力工作、户外活动 4. 更喜欢与物打交道	主要是各类工程技术工作、农业工作，通常需要一定体力，需要运用工具或操作机器。主要职业有：工程师，技术员，机械操作、维修、安装工人，矿工，木工，电工，鞋匠，一般翻译人员，司机，测绘员，描图员等
S 社会型人	1. 对人感兴趣 2. 良好的人际交往技能 3. 服务他人 4. 帮助别人解决问题	主要是指各种直接为他人服务的工作，如咨询服务、医疗服务、教育服务、生活服务等。主要职业有：教师，保育员，行政人员，心理咨询师，医护人员，衣食住行服务行业的经理、管理人员、服务人员、福利人员等

人们通常倾向于选择与自己的兴趣类型相匹配的职业环境，但个体在进行职业选择时并非都能选择到与自己兴趣完全对应的职业环境，所以人们进行

职业选择时会不断妥协，寻求相邻甚至相隔的职业环境，这就需要个体逐渐适应不匹配的工作环境。霍兰德划分的六大职业类型并不是并列的，也没有明晰的边界。他以六边形标示出六大类型的关系：相邻关系（两种类型共同点较多）、相隔关系（两种类型共同点较少）、相对关系（两种类型对立点多，共同点少）（图8–4）。

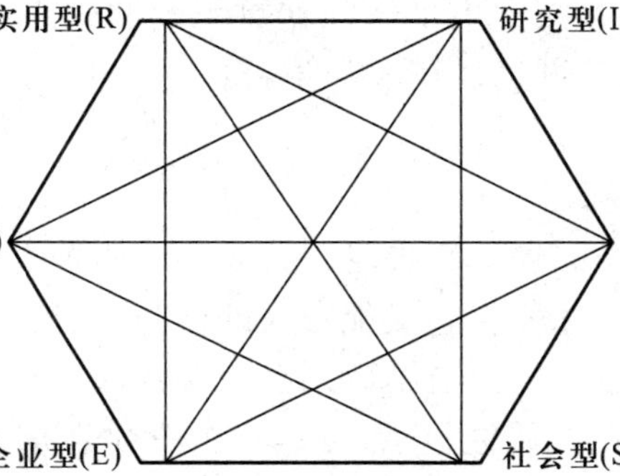

图8–4　霍兰德六大职业类型的关系

3. 咨询法

职业生涯辅导是心理咨询师的工作内容之一，是指依据一套有系统的辅导计划，通过辅导人员的协助，引导个人探究、评判并整合运用有关的知识、经验而开展的活动（麦克丹尼尔斯，1978）。“职业辅导之父”帕森斯认为，在选择职业的过程中，涉及三个主要因素：对工作性质和环境的了解、对自我爱好和能力的认识，以及它们两者之间的协调与匹配，即“职业辅导的三大原则”。在心理咨询师的帮助下，个体可以更加深入地了解自己的能力、兴趣、资源、限制及其他特质，进而选择适当的生活方式，增进个人幸福。

四、大学生职业生涯规划的特点

（一）职业动机外驱化

职业动机是个体在职业需要基础上，确定职业目标，支配职业行为，并为实现职业目标维持职业行为的内部动力，属于职业动力系统，既包括了职业价值观、职业理想、个人状况、择业偏好、就业准备等个体的内在因素，也涉及家庭、地区、生活环境、流行观念、就业政策、择业机会等外部因素。中国人民大学大学生就业问题研究所一项研究将大学生在择业过程中的影响因素筛选、综合为四类：受父母期望的影响、受生活环境的影响、受社会舆论对职业评价的影响和受求稳定、保终身等观念的影响。有调查显示：受父母期望影响较大和很大的分别占29.8%和6.9%，受生活环境影响较大和很大的分别占43%和9.4%，受社会舆论对职业评价影响较大和很大的分别占38.2%和7.5%，受求稳定、保终身等观念影响较大和很大的分别占22.5%和6.8%。大学生在择业过程中总体上受生活环境这一较客观的因素影响较大，而社会舆论对职业评价的影响不仅左右了职业理想的形成，还在较大程度上影响了大学生对职业的现实选择。父母的期望和求稳定、保终身等观念的影响随着大学生个体独立意识的回归正逐步减弱，但在目前状况下仍有生存空间，可见，在大学生群体中，职业动机外驱化倾向较为显著。

（二）职业价值功利化

价值观是一种内心尺度，它决定了什么对个体是重要的、有意义的，什么对个体是无聊的、乏味的，它支配着人的行为、态度、信念、理想，它决定了个体对自身的了解、定位与设计，也为人自以为正当的行为提供足够的依据。李慧静等人的调查研究显示，25.4%的学生在求职就业及规划发展中优先考虑薪酬与福利因素，56.3%的大学生表示不会去基层服务，不愿从基层做起。可见大学生在择业、就业过程中不同程度地存在着追求实惠和功利化倾向，把对前途和成才的长远期盼转化为对住房、工资收入、职称、发展机会等具体物质条件的要求，和职业的理想价值相比更注重职业的经济价值。

价值观从根本上来说，只要符合人类社会的法规要求和基本道德规范，并无所谓好坏、对错之分。职业价值可以指向一些有形的东西，比如薪酬、福利、工作环境、社会地位、工作稳定性、晋升路径等，也可以指向一些无形的价值取向，比如尊重、创新、爱、奋斗等，而这些无形的价值取向更应该是大学生做人、做事、安身立命的基础。

（三）职业定位理想化

合适的职业目标，对大学生职业发展具有指导意义和激励作用。但许多大学生在进行职业生涯规划时，对就业形势以及职业生涯发展各阶段的目标缺少科学分析，忽视生涯发展的曲折性、复杂性，造成中、长期规划目标期望值过高。曾有一份在数百名大学生中所做的调查显示，95%的同学表示自己两年之内要做主管，5年后成为部门总监；77%的同学表示35岁之前要成为年薪50万~100万元的职业经理人，还有20% 的同学表示毕业后10年之内上《福布斯》等知名杂志的富豪排行榜，做一名“金领”。这样的职业规划对于绝大多数大学生而言很显然是不现实的，富有理想化色彩。

第二节　设计职业生涯

一、常见的大学生职业规划问题

我国大学生职业生涯规划总体处于起步阶段，大学生在进行职业生涯规划时存在以下几方面问题。

（一）职业认知中的问题

1. 职业生涯规划意识淡薄

目前大学生职业生涯规划工作在高校并未广泛开展起来，一方面，是部分高校大学生职业生涯规划工作机制尚不健全；另一方面，许多学生缺乏自觉进行职业生涯规划的意识，除了个别学生认为自己必须有明确的生涯规划外，相当一部分大学生都认为在就业困难的大环境下，工作只能随行入市，或者认为在大学阶段进行职业生涯规划为时过早，误以为职业生涯规划是步入社会后自然而然就会做的一件事。由新浪网、中国大学生就业杂志社等共同实施的“大学生职业生涯规划”问卷调查显示,18%的人清楚自己职业发展面临的优势和劣势，12%的人了解自己的个性、兴趣和能力，仅16%的人清楚地知道自己喜欢和不喜欢的职业。由于缺乏职业生涯规划的意识与经历，很多大学生容易把工资报酬作为就业、择业的重要甚至是唯一标准，很少考虑到自己的理想、优势、兴趣、潜力,导致频繁换工作。

2. 自我认知与评估不全面、不科学

自我认知是职业生涯规划的起始环节，客观全面地认识自我，是科学进行职业生涯规划的前提。目前不少大学生自我认知片面，只分析个人的特长、兴趣及优缺点，没有涉及价值、意志、情感、抗逆力、复原力以及职业的适应性等，而这些因素对个人职业生涯有着极为重要的影响。大学生自我评估的方式，主要是通过各种量表测试或者亲友评价，而现在各种测试量表水平参差不齐，亲友评价可能掺杂了更多情感和主观因素，这就容易产生两种误区：一是过分肯定，只看到自己的优势，而忽略了劣势，造成职业发展期望值过高，职业定位不切实际，往往以“三大”（大城市、大企业、大机关）、“三高”（高收入、高福利、高地位）作为目标；二是过分否定，看不到自己的优势，认为自己一无是处，使自己陷入自卑的低谷，造成职业发展期望值过低，看不到自己的价值与潜力，失去信心，妄自菲薄。

（二）环境分析中的问题

1. 对家庭、学校、社会的分析缺乏全面性

对职业环境的分析通常从家庭、学校、社会三个维度进行，很多大学生的分析较为宽泛，缺乏全面性。例如，对家庭环境的分析，着重分析家庭经济情况、家庭期望，很少提及家庭文化、家庭成长经历；对学校环境的分析，只是简单分析学校性质，少有评估学校的社会认可程度、校风、专业地位以及适应本专业的工作领域等；对就业形势的评估，多是从宏观角度分析问题，缺乏针对性。

2. 对职业情况关注不足，了解途径单一

很多大学生在没有深入了解某个职业的情况下，凭空想象或受他人影响将其设定为自身的职业目标，导致对未来职业的工作内容、工作环境、任职条件以及相适应的职业兴趣类型一无所知，临近就业则陷入慌乱与苦闷中。此外，大部分学生习惯于通过互联网对行业、职业进行了解，认识较为单一，忽略了其他途径，如宣讲会、招聘会、行业展览会、报纸、人物访谈、生涯辅导等。

（三）计划执行中的问题

随着职业生涯教育必要性的日益凸显，很多高校越来越重视该项工作，增设了职业生涯辅导课，举办职业生涯方面的讲座，开展职业生涯团体辅导，举办职业生涯规划大赛等，鼓励大学生为自己量身定制职业生涯规划书。然而，尽管许多学生制订了自己的职业生涯规划，但他们只是为了完成学校布置的任务，取得相应学分，并没有把自己的行动与规划统一起来，没有认真按规划执行，而是将制订的职业生涯规划束之高阁。有的学生虽然也付诸行动，但是并没用与自己的未来职业联系起来，没有系统科学地实践自己的职业生涯规划。

（四）反馈修正中的问题

部分学生制订自身的职业生涯规划后，并没有反馈修正的环节，也没有备用方案，或是备用方案过于简单，只是提到如果未能按原计划实行，则从事别的工作，并不是一份切实可行的备用方案。

二、职业生涯规划的步骤与方法

职业生涯规划的目的绝不只是协助个人依据自己的资历找到一份工作，更重要的是帮助个人真正了解自己，评估内外环境的机遇与限制，筹划未来，通过知己知彼设计出合理且可行的职业生涯发展方向。

给职业生涯规划做个简单的比喻：职业生涯规划好比是在串项链，在串起它之前，首先要考虑想得到什么样的项链，银的、翡翠的、珍珠的、石头的、贝壳的，还是五彩斑斓各种材质都有的？这类似于确定“生涯目标”。继而开始串，什么地方串怎样的珠子，要心中有数。这“什么地方”，好似生涯规划的时间点；“怎样的珠子”，便是每个时间点上要完成的事情。于是，在项链的“纲”上，用一个个“目”去填充它，纲举目张，项链在握，这便是生涯规划。当然，这样的描述过于简单，因为职业生涯规划中的每个点绝不仅仅是一颗“珠子”那么简单，而是立体的、有层次的概念。职业生涯规划的基本步骤：自我与环境评估、职业目标设定、职业生涯路线选择、职业生涯规划的制订和实施、职业生涯规划的评估与反馈等环节（图8–5）。

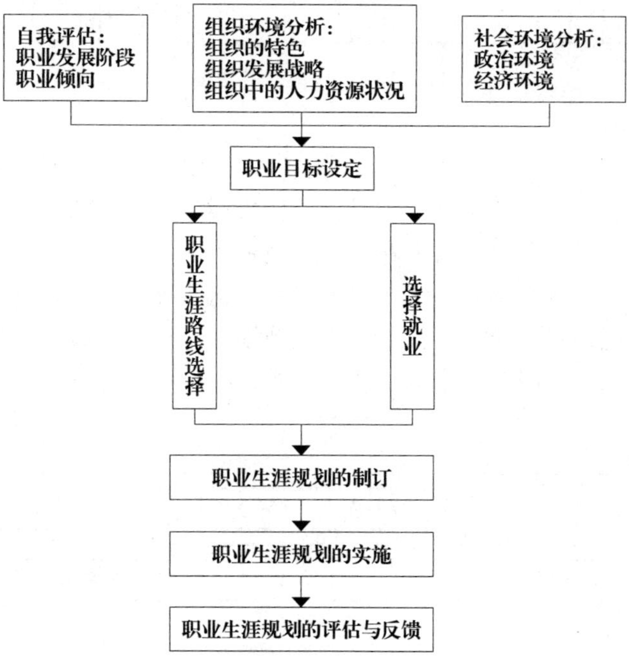

图8–5　职业生涯规划的步骤

（一）自我与环境评估

1. 自我评估

自我评估就是对自己进行全面的分析，认识和了解自己的特点，对自己进行准确定位的过程。自我评估包括了解自己的价值取向、兴趣爱好、气质、性格、学识技能以及组织管理、协调活动能力等。人们只有通过分析自己的职业价值观，才能弄清自己究竟要从工作中获得什么，只有通过对自己兴趣、性格、气质的了解，才能找到与之相匹配的工作。因此，自我评估是职业生涯规划的基础，是职业生涯规划成功的前提。自我评估是对自己进行深入的分析和探索，要“左看、右看、上看、下看”，借用人力资源领域的说法，要“360度”看自己。对自我的评估包括以下五大方面：表显自我（年龄、性别、外貌等）、发展自我（专业、成绩、学校、经验等）、动力自我（需要、价值观、兴趣等）、个性自我（气质、能力、性格等）、品德自我（忠诚度、责任感、进取心）（图8–6）。

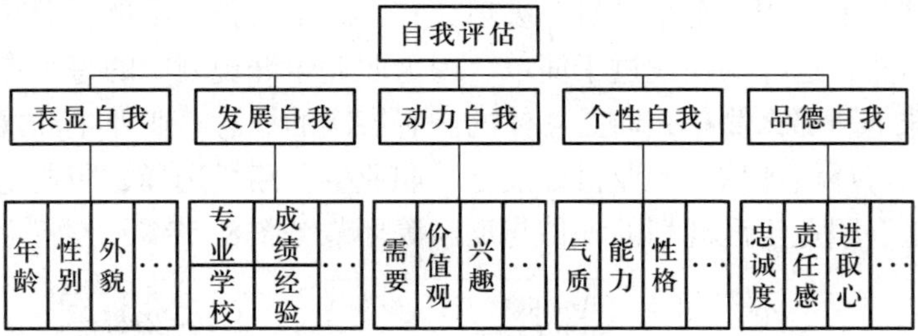

图8–6　自我评估框架图

2. 环境评估

职业生涯环境的评估，主要是评估各种环境因素对自己职业生涯发展的影响。在制订个人的职业生涯规划时，要分析环境条件的特点、环境发展变化情况、自己与环境的关系、自己在这个环境中的地位、环境对自己提出的要求以及环境对自己有利与不利的影响等。只有对这些环境因素充分了解，才能做到在复杂的环境中趋利避害，使职业生涯规划具有实际意义。环境评估包括宏观环境、微观环境、组织（企业）环境（图8–7）。

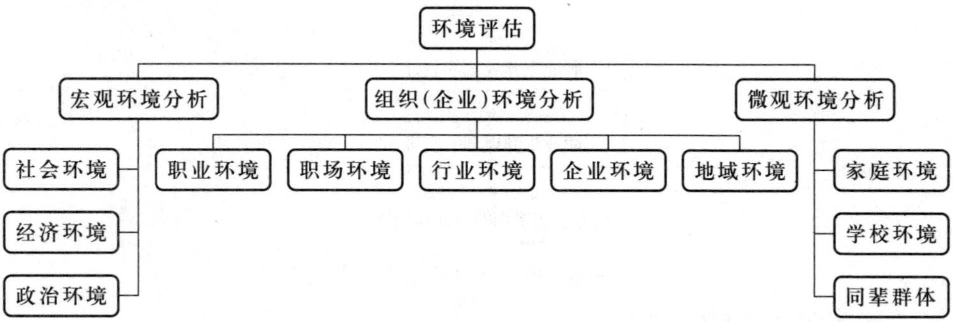

图8–7　环境评估框架图

（二）职业目标设定

正确认识职业，结合社会发展需要考察职业发展前景与要求，评估职业生涯机会与行业制约因素是个人设定职业目标的前提条件，可以从管理性因素、发展性因素、入门条件、工作实况、福利待遇几个方面对职业加以了解（图8–8）。

- 职业认识
  - 管理性因素
    - 组织架构
    - 人员结构
    - 组织类型
    - 组织文化
  - 发展性因素
    - 所属行业
    - 业务范围
    - 发展规模
    - 业内排行
  - 入门条件
    - 自然条件
    - 所需教育培训
    - 心理要求
    - 工作经验
  - 工作实况
    - 工作内容
    - 工作强度
    - 工作环境
    - 工作管理
  - 福利待遇
    - 薪酬福利
    - 个人发展
    - 社会资源
    - 个人满意度

图8-8　职业认识框架图

认识职业的方法有很多，大致可以归纳为以下三类：静态的资料接触、动态的资料接触、参与真实情境。

1. 静态的资料接触

静态的资料接触是指阅读一些有关工作状况说明的书籍、调查报告、文献、招聘广告等文字材料。不过，静态的资料毕竟是二手资料，利用这些资料时，一定要有自己的判断。

2. 动态的资料接触

动态的资料接触是指通过一些实践活动去获取自己感兴趣职业的信息。它可以使我们获得有关工作的第一手资料，增强自身的体验。生涯人物访谈是大学生获得动态资料的主要方法。生涯人物访谈是指与多位在自己感兴趣的领域工作的资深工作者进行面谈。

3. 参与真实情境

参与真实情境是指通过参与到真实的工作情境中去，获取工作的信息。与动态的资料接触比较起来，其获得的职业资讯更加深入，职业体验也更加深刻，而且通过参与真实情境还可以培养自己的职业能力，获得工作经验。社会实践、创业是大学生参与真实工作情境最常见的两种途径。

人的一生，左边是痛苦，右边是诱惑，夹击着人们通向目标的脚步，能够坚定地走完自己该走的路的人又有多少呢？不少人最大的痛苦就是不知道自已适合做什么，该做什么，不满于现状却又不得不屈服于现实。职业发展目标的设定，是职业生涯规划的核心。一个人事业的成败，在很大程度上取决于有无正确适当的目标。职业目标设定具体有两种方式：一是根据自己的年龄划分目标，如25~30岁职业规划、30~35岁职业规划；二是根据职业道路中的职位、职务阶段性变化为划分标准制定不同时期的努力方向，如5年之内向部门经理职位冲刺，10年内成为主管经理。短期目标一般为1~2年，短期目标又分日目标、周目标、月目标、年目标，中期目标一般为3~5年，长期目标一般为5~10年（图8–9）。

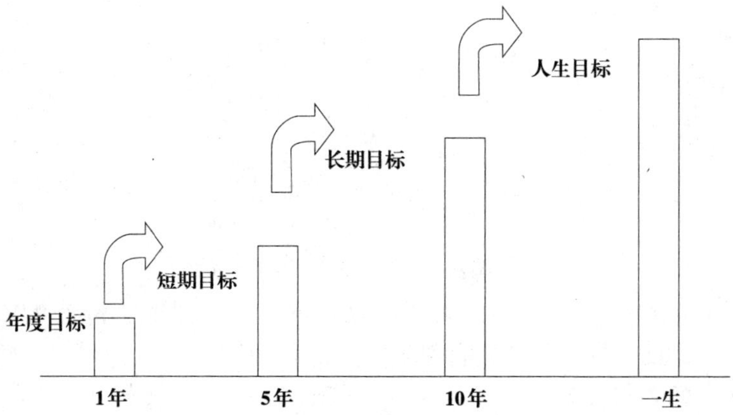

图8–9　职业生涯目标时间结构

（三）职业生涯路线选择

个人现在所处的位置与总体目标总是有距离的。个人不可能一步就能达到总体目标。要完成总体职业发展目标，就必须将总体目标进行分解，分解成一个一个阶段目标逐步完成。当初步确定了自己的职业目标和职业定位之后，下一步就应该围绕着职业目标和职业定位，设计合理的“职业发展线路图”。

案例

1984年，在东京国际马拉松邀请赛中，名不见经传的日本选手山田本一出人意料地夺得了世界冠军。当记者问他凭什么取得如此惊人的成绩时，他说了这么一句话：凭智慧战胜对手。当时许多人都认为这个偶然夺冠的矮个子选手是在故弄玄虚。马拉松赛是体力和耐力的运动，只要身体素质好又有耐性就有望夺冠，爆发力和速度都在其次，说用智慧取胜确实有点勉强。两年后，意大利国际马拉松邀请赛在意大利北部城市米兰举行，山田本一代表日本参加比赛。这一次，他又获得了世界冠军。记者又请他谈经验。山田本一性情内向，不善言谈，回答的仍是上次那句话：用智慧战胜对手。这回记者在报纸上没再挖苦他，但对他所谓的智慧迷惑不解。10年后，这个谜终于被解开了，山田本一在他的自传中是这么说的：每次比赛之前，我都要乘车把比赛的线路仔细地看一遍，并把沿途比较醒目的标志画下来，比如第一个标志是银行，第二个标志是一棵大树，第三个标志是一座红房子……这样一直画到赛程的终点。比赛开始后，我就以百米的速度奋力地向第一个目标冲去，等到达第一个目标后，我又以同样的速度向第二个目标冲去。40多千米的赛程，就被我分解成这么几个小目标轻松地跑完了。起初，我并不懂这样的道理，我把我的目标定在40多千米外终点线的那面旗帜上，结果我跑到十几千米时就疲惫不堪了，我被前面那段遥远的路程给吓倒了。

同样，在现实中，很多事情之所以会半途而废，往往不是因为目标难度较大，而是感到成功过于遥远。所以，应该把职业生涯的最终目标分解成一个个的阶段性的目标，只要坚持下去，职业生涯的总目标一定能够最终实现。

（四）职业生涯规划的制定和实施

这一步意味着将职业决策和规划付诸实施，包括参加教育学习、获取职业信息、职前培训、建立人际关系网、积累工作经验、养成职业所要求的品质等。就大学生而言，如果将大学分成试探期、定向期、冲刺期和分化期，那么，各个阶段的行动任务是不同的。

1. 试探期

大学一年级，其主要任务是：全面了解自己所学习的专业，培养对自己专业的兴趣；初步了解职业，特别是自己未来所想从事的职业或自己所学专业对口的职业，提高人际沟通能力。

2. 定向期

大学二年级，其主要任务是：考虑清楚未来是否深造或就业，了解相关的应有活动，并以提高自身的基本素质为主，通过参加学生会或社团等组织，锻炼自己的各种能力，同时检验自己的知识技能；可以开始尝试兼职、社会实践活动，并要坚持到底，最好能在课余时间从事与自己未来职业或本专业有关的工作，提高自己的责任感、主动性和受挫能力，增强英语口语能力，增强计算机应用能力，通过英语和计算机的相关证书考试，并开始有选择地辅修其他专业的知识充实自己。

3. 冲刺期

大学三年级，其主要任务是：提高求职技能、搜集公司信息、确定自己是否要考研；参加和专业有关的暑期工作，和同学交流求职工作心得体会，学习写简历、求职信，了解搜集工作信息的渠道并积极尝试，加入校友会等组织，向已经毕业的校友、师哥师姐了解往年的求职情况；希望出国留学的学生，可多接触留学顾问，参与相关活动，备考TOEFL、GRE，注意留学考试资讯，向相关教育部门索取简章参考。

4. 分化期

大学四年级，其主要任务是：工作申请及成功就业。这时，可先对前三年的准备做一个总结：首先检验自己已确立的职业目标是否明确，前三年的准备是否充分；然后，开始着手工作的申请，积极参加招聘活动，在实践中校验自己的积累和准备；最后，进行模拟训练。积极利用学校提供的条件，了解就业指导中心提供的用人公司资料信息、强化求职技巧、进行模拟面试等训练，尽可能地在准备较为充分的基础上进行实战演练。

（五）职业生涯规划的评估与反馈

由于社会环境、个人自身条件的变化以及其他不确定因素的存在，职业的发展实际与原先制订的职业生涯规划将会出现偏差。因此，为了使职业生涯规划切实可行，就需要对职业生涯规划进行再评估并做出新的调整，以更好地符合规划本身和社会发展的需要。总的来说，职业生涯规划的评估与反馈是个人对自身不断认识的过程，也是对社会不断认识的过程。经过评估后必须适时修订职业生涯规划，主要包括：职业的重新选择、职业生涯路线的重新选择、人生目标的修订、成功标准的调整、实施措施与计划的变更等。

三、职业生涯规划书的撰写

职业生涯规划书作为个人发展计划，带有鲜明的个性，在写作上没有统一格式，只要能够反映生涯设计的内容即可，通常职业生涯规划书有阐述式和表格式两种。

（一）阐述式职业生涯规划书

一份完整的职业生涯规划书一般包括三个部分：扉页、目录和正文（表8–3）。正文需包含引言、自我探索、环境分析、职业定位、计划实施、评估调整、结束语七个部分。其中，自我探索、环境分析、职业定位、计划实施和评估调整是职业生涯规划书的重点内容。

表 8–3　职业生涯规划书的扉页与目录

__________大学毕业后的十年规划

个人基本资料：

姓名：　　　　性别：　　　　出生：　　　　年　　月　　日

学校：　　　　　　　院系：

电话：　　　　　　　电子邮件：

起始日期：　　　　　终止日期：

年龄跨度：　　　　　撰写时间：　　年　　月　　日

目录：

- 引言
- 第一章 自我探索（知己）
- 1. 个人基本情况（现状分析）
- 2. 职业兴趣分析
- 3. 职业能力探索
- 4. 职业性格测试
- 5. 职业价值观
- 6. 360 度评价（可选）
- 7. 最终的职业能力探索小结
- 第二章 职业探索（知彼）
- 1. 就业环境分析
- 2. 目标职业调查
  - 2.1 工作本身情况
  - 2.2 得到该工作的方法
  - 2.3 工作待遇
  - 2.4 未来发展
  - 2.5 工作带来的影响
- 3. 备选职业调查
- 4. 职业生涯人物访谈
- 5. 职业生涯决策平衡单
- 第三章 决策应对（确定目标及计划）
- 1.SWOT 分析（可选）
- 2. 行动计划
  - 2.1 大学期间的学习计划
  - 2.2 大学期间的实习计划
  - 2.3 备选计划
  - 2.4 职场适应计划
  - 2.5 长期计划
- 第四章 评估调整
- 1. 评估的时间
- 2. 评估的内容
  - 2.1 实施策略评估
  - 2.2 职业路径评估
  - 2.3 职业目标评估
- 结束语
- 附件

1. 自我探索

包括与职业发展关系最密切的个人兴趣、能力、性格和价值观、胜任能力五个方面。这部分的撰写内容，首先，需要介绍自己眼中、他人眼中的自己是什么样子的，要从自己过往的生活、成长、学习、能力拓展的真实经历中发现自己的与众不同，自己的独特性，列举自己曾经在学校担任的职务或参与的各种社团、社会实践等，分析自己在这些活动中表现出来的成功与不足，以此证明自己的工作胜任能力。其次，还要结合职业测评谈谈从职业测评结果中让自己发现了什么、意识到什么、有了什么样的启发等。最后，还需要有自我分析小结：将自己本身的条件、发展潜能、发展方向与环境给予的机遇和制约条件相比较，最终达到"觉醒"，即知道自己已经做了什么、想要做什么、能做什么。具体写作可参考表8–4。

表8–4　自我探索的撰写内容

自我探索—— 基于本人对自己的认识、家人和朋友对我的评价，结合职业测评报告（如Career Sky测评系统）分析结果，我对自己进行了全方位、多角度的探索。 1. 我眼中的自己。 2. 他人眼中的我。 3. 职业测评报告分析。 （1）职业兴趣——喜欢干什么 我的职业测评报告结果显示:我的职业兴趣前三项是××型（×分）、××型（×分）、××型（×分）。具体情况是…… （2）职业能力——能够干什么 我的职业测评报告结果显示：得分较高的能力是××能力（×分）、××能力（×分），得分较低的能力是××能力（×分）、××能力（×分）。具体情况是…… （3）性格特质——适合干什么 我的职业测评报告结果显示：……。我的具体情况是…… （4）职业价值观——最看重什么 我的职业测评报告结果前三项显示：××取向（×分）、××取向（×分）、××取向（×分）。我的具体情况是…… （5）胜任能力——优弱势是什么（综合素质、职业素养等） 我的优势能力： 我的弱势能力： 4. 自我探索小结

2. 环境分析

主要包括家庭环境分析、学校环境分析、社会环境分析、职业环境分析，以及环境分析小结。具体写作可参考表8–5。

表8–5　环境分析的撰写内容

环境分析—— 参考职业测评报告建议以及通过生涯人物访谈或社会实践等途径和方式，我对外界环境进行了较为系统地探索和分析。 1. 家庭环境分析（家庭经济地位、家人期望、家族文化等对本人的影响）。 2. 学校环境分析（学校特色、专业学习、实习、实践经验等）。 3. 社会环境分析（就业形势、就业政策、竞争对手等）。 4. 职业环境分析 对自己所选定的职业在社会环境中的发展过程和目前所处的社会地位、社会发展趋势对职业的影响等的认识和了解。具体包括： （1）行业分析——人业匹配分析 行业现状、行业目前的优势与问题所在、行业发展趋势、前景预测、国际、国内重大事件对该行业的影响等。 （2）职位分析——人岗匹配分析 个人暂定的目标职业岗位的工作内容、工作要求、发展前景等。 （3）企业分析——人企匹配分析 个人暂定的目标企业在本行业的地位和发展前景，企业产品在市场上的发展前景，企业在本行业的竞争力，企业文化和企业制度（如××单位类型、企业文化、发展前景、发展阶段、产品服务、员工素质、工作氛围等）。 （4）地域分析——人城匹配分析 ××工作城市的发展前景、文化特点、气候水土、人际关系等。 5. 环境分析小结 对客观职业信息以及自我和职业的匹配进行综合阐述。

3. 职业定位

综合第一部分（自我探索）及第二部分（环境分析）的主要内容得出本人的职业定位。包括SWOT分析、职业目标、职业发展策略、职业发展路径及具体路径等内容。具体写作可参考表8–6。

表8-6　职业定位的撰写内容

职业定位——

综合第一部分（自我探索）及第二部分（环境分析）的主要内容得出本人职业定位的SWOT分析结果：

外部环境分析（O—T） 内部环境分析（S—W）	机会（O）	威胁（T）
优势（S）	优势机会策略（S—O）	优势威胁策略（S—T）
劣势（W）	劣势机会策略（W—O）	劣势威胁策略（W—T）

结论：

职业目标	十年后从事（××行业的）××职位
职业发展策略	进入××类型的组织（到××地区发展）
职业发展路径	走专业技术型路线（管理路线等）
具体路径	××员—初级××—中级××—高级××

“职业定位”部分需要注意的是：SWOT分析是基于一定职业生涯目标的分析，重点应放在SWOT分析之后的策略分析；另外，职业生涯目标制定应客观明确，职业发展路径应符合逻辑与现实。

案例

李东，男，1986年10月生，汉族，入党积极分子，广西玉林人。

学校：广西师范大学；学院：生命科学学院；专业：生物科学

学校背景：就读学校为广西优秀高校，在广西具有一定的知名度，在全国高校综合实力排行中名次居百名之后，对于面向全国大学生招聘并且注重学校背景、实力的用人单位而言，本校学生就业不具优势。

目前学历：本科

一、确定个人职业生涯目标

由于身在广西师大就读师范类专业：生物科学，职业前景已经可以预见。尽管现在考研已经成为热潮，条件待遇好的用人单位也需要高学历的人才，但由于个人家庭条件不是很理想，故而暂不考虑考研，大学毕业以后先找工作或报考公务员，等条件成熟后再考虑考研。

二、分析个人的能力和兴趣，剖析自身的优势和劣势

（一）优势及其利用

1. 优势（Strengths）

（1）学习能力。通过英语CET-4、CET-6；计算机方面：通过广西区一级、区二级、国家计算机二级；大二学年个人综合考评成绩居班级前列；2008—2009学年获校级单项奖学金；专业知识比较扎实，无不及格现象。

（2）社会实践。2009—2011年班级学习委员，第二届校园DV视频大赛获优秀奖，参加2009年生命科学学院“迎双新”晚会节目表演，2007—2008年任广西师范大学万众爱心学校义务支教。

（3）个人荣誉。2009年“五四”评优中获校级优秀学干，2008—2009学年获校级单项奖学金。

（4）科研能力。2008—2009学年参加的创新杯《桂林蕨类植物原色图谱》获生命科学学院一等奖，校级三等奖。

（5）个人能力。性格随和，容易相处，交际能力较好；语言表达能力优秀，说话流畅，发音准确；口语水平较高；有多次社会实践经历，实践能力强。

2. 优势的利用

（1）身为师范类专业的学生，在同等学历的情况下，具备更多的教师职业素养，在应聘教师工作时较之非师范类大学生更具职业优势。

（2）在用人单位眼里，大学生的综合能力对其最具吸引力，而大学生的综合能力在很大程度上是通过学习成绩来体现的，故学习能力突出者，更易获得用人单位的青睐；另外对于注重科研探究能力的理科领域来说，具备一定的科研创新能力，并在竞赛中获得一定成绩的大学生无疑会增加其就业的筹码。

（3）个人荣誉代表着个人的努力和被认可的程度，获得证书越多，在与同等学历的本科生竞争同一岗位时，更具吸引力；个人计算机、英语能力方面突出，“人无我有，人有我优”，往往容易获得用人单位的青睐。

（二）劣势及其弥补

1. 劣势（Weaknesses）

（1）部分教师技能尚未达标。普通话等级是三级甲等，部分字词发音不够准确，吐字不够清晰，未达到教师毕业要求；粉笔字技能尚需加强锻炼。

（2）大学一年级的一些基础性课程成绩一般，班级综合排名处于中上水平。

（3）行为表现有时候比较焦躁，不能很好地控制自己的情绪；自己还不够自信，胆量不够大。

2. 劣势的弥补

（1）尽量将心态放平和，告诫自己不要患得患失；增强自信心，在一些以前尚未涉及的领域敢于尝试，不断提高自身胆量。

（2）继续加强普通话练习，纠正错误字词发音，争取达到二级甲等水平；在粉笔字技能方面要多加训练，争取粉笔书写规范、版面美观。

（3）自身还不够优秀，尤其是学习方面，故而在学习方面要多下工夫；其次要多参加一些竞赛实践活动，不断提高自身实践能力，增强教师技能。

三、分析外部环境：机会和威胁

（一）机会及把握

1. 机会（Opportunities）

（1）由于教育制度改革的不断深入，从今年起，广西各高中一年级也增设生物学课程，生物教师岗位有所增加。

（2）本次寒假已经联系好相关学校，我可以在那里进行教育见习，训练教师技能，为将来从事教师职业打好基础；大三下学期暑假进行教育实习，为我提供了一个很好的熟悉和掌握教学方法，提高自身教学技能的机会。

（3）毕业前参加在学校和其他高校举行的专场招聘会。

（4）身为广西人，在广西高校读书，较外省的本科生就业，具有一定的区域优势。

（5）每年国家都举行国家公务员考试，提供一定的就业岗位。

2. 机会的把握

（1）紧紧抓住教育见习和教育实习的宝贵机会，提高自身的教学技能。

（2）认真对待每一次招聘，做好充分的准备，展现自己的优势与强势。

（3）在大三下学期购买公务员相关书籍，准备报考国家公务员。

（4）空余时间多关注就业信息和用人单位就业要求，争取在大学本科余下的学习生涯中不断充电，提高自身素养。

（二）挑战及应对之策

1. 挑战（Threats）

（1）随着国家对教师行业的扶持力度的加强，教师待遇水平现阶段逐步提高，教师职业越来越吃香，不少大学生转向师范类专业学习，而教师行业日益饱和，师范类大学生就业形势严峻。

（2）原来广西区域只有广西师范大学设置了生物类专业，如今玉林师范学院也开设了同类专业，同行竞争压力加大，虽然说玉林师范学院的综合实力不如广西师范大学，但其毕业生较能吃苦耐劳，教师技能过硬，且能踏实专注于本职工作岗位，“跳槽”“攀高枝”的现象较少，故而受到不少教育部门的青睐。

（3）随着高校扩招后入学的大学生陆续毕业和用人制度改革的不断深入，用人单位对人才的学历要求越来越高，不少高中、初中对聘任教师的要求越来越高，招聘条件越来越“苛刻”，招聘时更倾向于拥有更高学历的应聘者，如硕士、博士，尤其是重点学校、教师待遇好的学校更是明显。

（4）国家公务员考试竞争激烈，录取机会较小。

（5）面试时的各种意外和挑战。

2. 挑战的应对之策

（1）在计算机方面实现超越，现阶段报考国家计算机三级，争取多拿一些职业技能证书，使自身突出“人无我有、人有我优”的优势。

（2）在教育见习和实习过程中，积极主动地和具有丰富教学经验的教师们交流，抓住每一个提高自身教育技能的机会，为提高自己的教学水平开辟路径。

（3）面试前准备好材料和应对策略，努力做到处变不惊，展现自己表达能力强、感染力强的特点。

（4）尽管现阶段国家公务员考试竞争激烈，但只要有多一分就业的机会，自己也要争取，为成功就业多增加一份筹码。

4. 计划实施

“生涯是采取行动或者不采取行动的结果。”再美妙的蓝图也只有我们亲自去描绘才能变为真实情景。因此，在职业生涯规划书中，还需要对如何实现自己的职业生涯目标制定具体、详细、可行的行动方案和实施步骤。需要详细列出计划名称、时间跨度、总目标、分目标、计划内容、策略和措施等。具体写作可参考表8–7。

表8–7 职业生涯计划实施一览表

计划名称	时间跨度	总目标	分目标	计划内容	策略和措施	备注
短期计划（大学计划）	20××—20××年	如，大学毕业时要达到……	如，大一要达到……大二要达到…… 或在××方面要达到……	如，专业学习、职业技能培养、职业素质提升、职业实践计划等	如，大一以适应大学生活为主，大二以专业学习和掌握职业技能为主……，或为了实现××目标，我要……	大学生职业规划的重点

续表

计划名称	时间跨度	总目标	分目标	计划内容	策略和措施	备注
中期计划（毕业后5年计划）	20××—20××年	如，毕业后第5年时要达到……	如，毕业后第一年要……第二年要……或在××方面要达到……	如，职场适应、三脉积累（知脉、人脉、钱脉）、岗位转换及升迁等		大学生职业规划的重点
长期计划（毕业后10年或以上计划）	20××—20××年	如，人到中年时要达到……	如，毕业后第10年要……第20年要……	如，事业发展，工作、生活关系，健康，心灵成长，子女教育，慈善等		方向性规划
详细执行计划如下：（这个部分最好能够按照目标设定的SMART原则制定。） 本人现正就读××专业×年级，我的大学计划是……						

5. 评估调整

职业生涯规划是一个动态的过程，必须根据实施结果的情况以及相应变化进行及时评估与调整，主要包括评估内容、评估时间、调整原则、备选方案。具体写作可参考表8–8。

表8–8　评估调整的撰写内容

评估调整—— 1. 评估的内容 （1）职业目标评估（是否需要重新选择职业？）假如一直……那么我将…… （2）职业路径评估（是否需要调整发展方向？）当出现……的时候，我就…… （3）实施策略评估（是否需要改变行动策略？）如果……，我就…… （4）其他因素评估（对身体、家庭、经济状况以及机遇、意外情况的及时评估。） 2. 评估的时间 一般情况下，我定期（半年或一年）进行评估规划；当出现特殊情况时，我会随时评估并进行相应的调整。 3. 调整原则 4. 备选方案

“评估调整”部分需要注意的是：调整不是对原定职业发展方向和总目标的更换，而是在实施过程中对原有优势和条件的进一步优化组合，是对策略步骤和方法的调适，以便行动更加有效，更有利于目标达成。备选方案是“自我

与环境匹配”第二个发展方向，是另一条发展路径，同样朝向规划的总目标。

（二）职业生涯规划的适应与调整

如何按照规划走好职业生涯之路，是每一位大学生在进行自身职业生涯规划时应该思考的关键性问题。对规划的适应与调整是保障职业生涯规划发挥功效的重要因素。

对职业生涯规划的适应，更多体现为有意识地做出相应准备，保证规划的实现，从而充分发挥规划对自身成长的价值。职业生涯的适应主要包括知识、社交、生活三方面，如表8–9所示。

表8–9　职业生涯的适应

项目	内容
知识准备	1. 学好课程，掌握专业知识 2. 学好英语、电脑，熟练运用工具 3. 参加实践，理论联系实际（学生干部、社团、竞赛、实习） 4. 拓宽视野，提升文化素质
社交准备	1. 掌握社交礼仪，给人良好印象 2. 把握处世技巧，与人深入交往 3. 塑造迷人个性，展现自我风采 4. 拓展人际关系，携手共创成功
生活准备	1. 合理安排时间 2. 保持身心健康 3. 享受家庭亲情 4. 正确对待爱情

职业生涯是一个动态的过程。随着经济社会和自己的条件、周边环境的变化，职业生涯规划也需要作及时的调整。对于初次走上社会的大学生来说，职业生涯规划调整的最佳时期有两个：一是毕业前夕，有了求职的实践，根据新的就职信息和供需实际，在求职过程中进行调整；二是工作三年左右时，有了从业的实践，根据在从业过程中对自身条件的检验，以及周围环境和自身素质的变化，及时予以调整。两次调整，既可以是近期目标即具体岗位的调整，也可以是远期目标或职业生涯发展路线的调整。

案例

小胡高职毕业后，按照自己设计的目标进入一家外资公司，工资不低，同学们都很羡慕她。她从前台做起，先后干过仓库管理、主管助理、厂长助理、行政人事主管、客户服务主管、ISO内审员等，三年转换角色多达七个。正如她自己所言：“我感觉自己就像一块抹布，哪里需要往哪里抹；一旦公司有了适合的人选，我必定退出，因为他们的确比我专业、能干。”这份工作让她睡不好、吃不好，就像患上了职业恐惧症，害怕上班、担心看到老板。

职业指导师认为小胡的职业恐惧感来自于：三年来始终没有明确自己专攻的方向，没有积累相关工作经验与专业知识，“东一榔头西一棒子”，导致的直接后果就是没有打造好长期、可持续发展的“职业”。职业指导师发现小胡的兴趣是从事指导、激励或与人沟通的工作；喜欢在众人面前表现，人越多表现的欲望越强烈；与任何一种类型的陌生人打交道，她都能游刃有余。围绕着小胡的职业满足感（适应性）、个人兴趣及行业发展潜力、竞争性、社会需求等诸多因素，为她设计了一套职业发展方案：从印刷、培训、快递、办公用品等行业的销售代表，或客户服务出发，经销售主管、区域销售经理等职位，最后到达销售总监的位置。

现在，小胡已“跳槽”，接受了一家台资办公家具公司的销售经理职位，干得又起劲、又快乐，很快就被提升为销售主管。

职业生涯规划的调整可以分为四个阶段：第一阶段，重新剖析自我。掌握个人条件的变化及其在职业实践中检验的结果，加深对自己的认识，检验自己的职业素质是否适合所从事的职业，弄清“我能干什么”。在此基础上选择更合适自己的方向，调整自己的职业生涯规划，从而为自己的长期发展奠定基础。第二阶段，重新评估职业生涯机会。在从业过程中，内外环境会给自己的职业生涯带来机遇和挑战。对此，自己要认真地重新评估，如分析当前经济社会发展趋势，所从事的职业在目前与未来社会中的地位将如何，社会发展对自身发展的影响有多大，自己所在企业的内外环境和个人的人际关系怎么样等。弄清了这些，就会明白什么是自己可以干的，什么是不能干的。第三阶段，修正职业生涯目标即调整远期目标或阶段目标。第四阶段，修订落实计划，即为制定措施创造条件，制订一个新的自我提升发展计划，进一步明确“我应该怎么办”。调整并非放弃，而是与时俱进，当一个人的职业生涯并非一帆风顺时，调整的过程往往可以使人的多方面能力得到提高。

拓展阅读

1. 校友与大四学生和大一新生的对话[①]

在青岛科技大学的一次座谈会上，成功校友代表刘玉刚应邀参加，围绕为什么要上大学的话题，他和大四学生张超和大一新生王亮交流了起来：

张超感慨地说："我一直认为读初中是为了中考，读高中是为了高考，读大学是为了找一份好工作，现在大学即将毕业，大学生太多了，人才过剩了，就业形势日益严峻，真不知道上大学还有什么用！"

刘玉刚："我原来也有过类似的想法，可后来才发现，这是一个彻底的思想误区。你若站在求职者的角度来看，大学毕业生确实太多了；可如果从用人单位的角度来看，合格的大学毕业生却又太少了。"

王亮谈了自己的看法："我是为了完成父母的任务，他们对我期望很高，考上大学，可以为家人争光，同时学习一些专业知识，培养自己的能力。"

刘玉刚："在很多人看来，上大学的目的不过是掌握某种专业知识，然而，这种思维无异于将大学生等同于技校生。如果把大学简单理解为一个学知识、学技术的地方，那么，当这些知识与技术被遗忘殆尽，就什么也没有剩下了。真正决定一名大学毕业生能否成功的，往往并非他在大学期间学到了多少专业知识，而是他在学习专业知识的过程中在多大程度上锻炼了自己的思维能力。一个人要想走更远的路，既要马不停蹄地赶路，还要尽量不走弯路。为了不走弯路，一开始就要明确自己的目标，并且矢志不渝地朝着这个目标前进。没有目标注定要兜圈子，目标不能恒久也照样可能南辕北辙。"

2. 霍兰德职业倾向测验

本测验量表将帮助我们发现并确定自己的职业兴趣和能力特长，从而更好地帮助我们做出求职择业或专业选择的决策。

本测验共7个部分，每部分测验都没有时间限制，但请你尽快按要求完成。

第一部分：你心目中的理想职业（专业）

对于未来的职业（或升学进修的专业），你得早有考虑，它可能很抽象、很朦胧，也可能很具体、很清晰。不论是哪种情况，现在都请你把自己最想干的3种工作或想读的3种专业按顺序写下来，并说明理由。请在所填职业/专业的右侧按其在你心目中的清晰程度或具体程度，按从很朦胧/抽象到很清晰/具体分别用1、2、3、4、5来表示，如5分表示它在你心中的印象非常清晰。

---

① 文章来源：肖强编写，"青岛科技大学2009年5月20日座谈会记录"；覃彪喜，2008年7月31日新浪博文《读大学，究竟读什么》。

（1）职业/专业：______________ 清晰/具体程度：________

理由：____

（2）职业/专业：______________ 清晰/具体程度：________

理由：____

（3）职业/专业：______________ 清晰/具体程度：________

理由：____

以下第二、三、四部分每个类别下的每个小项皆为是否选择题，请选出比较适合你的，与你的情况相符的项目，并按有一项适合的计1分的规则统计分值，将相应分值填写在第六部分的统计项目中。

第二部分：你所感兴趣的活动

下面列举了若干种活动，请就这些活动判断你的好恶。喜欢的，计1分，不喜欢的，不计分。请将答案直接写在答题纸上。

R：现实型活动	A：艺术型活动
1. 装配修理电器或玩具	1. 素描/制图或绘画
2. 修理自行车	2. 参加话剧/戏剧
3. 用木头做东西	3. 设计家具/布置室内
4. 开汽车或摩托车	4. 练习乐器/参加乐队
5. 用机器做东西	5. 欣赏音乐或戏剧
6. 参加木工技术学习班	6. 看小说/读剧本
7. 参加制图描图学习班	7. 从事摄影创作
8. 驾驶卡车或拖拉机	8. 写诗或吟诗
9. 参加机械和电气学习班	9. 参加艺术（美术/音乐）培训班
10. 装配修理机器	10. 练习书法
I：研究型活动	S：社会型活动
1. 读科技图书或杂志	1. 参加单位组织的正式活动
2. 在实验室工作	2. 参加某个社会团体或俱乐部活动
3. 改良水果品种，培育新的水果	3. 帮助别人解决困难
4. 调查了解土和金属等物质的成分	4. 照顾儿童
5. 研究自己选择的特殊问题	5. 出席晚会、联欢会、茶话会
6. 解算术题或数学游戏	6. 和大家一起出去郊游
7. 物理课	7. 获得关于心理方面的知识
8. 化学课	8. 参加讲座会或辩论会
9. 几何课	9. 观看或参加体育比赛和运动会
10. 生物课	10. 结交新朋友

续表

E：企业型活动	C：常规型（传统型）活动
1. 鼓动他人	1. 整理好桌面与房间
2. 卖东西	2. 抄写文件和信件
3. 谈论政治	3. 为领导写报告或公务信函
4. 制订计划、参加会议	4. 检查个人收支情况
5. 以自己的意志影响别人的行为	5. 参加打字培训班
6. 在社会团体中担任职务	6. 参加算盘、文秘等实务培训
7. 检查与评价别人的工作	7. 参加商业会计培训班
8. 结交名流	8. 参加情报处理培训班
9. 指导有某种目标的团体	9. 整理信件、报告、记录等
10. 参与政治活动	10. 写商业贸易信

第三部分：你所擅长或胜任的活动

下面列举若干种活动，请选择你能做或大概能做的事。

R：现实型能力	A：艺术型能力
1. 能使用电锯、电钻和锉刀等木工工具	1. 能演奏乐器
2. 知道万用电表的使用方法	2. 能参加二部或四部合唱
3. 能够修理自行车或其他机械	3. 独唱或独奏
4. 能够使用电钻订、磨床或缝纫机	4. 扮演剧中角色
5. 能给家具和木制品刷漆	5. 能创作简单的乐曲
6. 能看建筑设计图	6. 会跳舞
7. 能够修理简单的电气用品	7. 能绘画、素描或书法
8. 能修理家具	8. 能雕刻、剪纸或泥塑
9. 能修理收录机	9. 能设计板报、服装或家具
10. 能简单地修理水管	10. 能写一手好文章
I：研究型能力	S：社会型能力
1. 懂得真空管或晶体管的作用	1. 有向各种人说明解释的能力
2. 能够列举3种蛋白质多的食品	2. 常参加社会福利活动
3. 理解铀的裂变	3. 能和大家一起友好地工作
4. 能用计算尺、计算器、对数表	4. 善于与年长者相处
5. 会使用显微镜	5. 会邀请人、招待人
6. 能找到3个星座	6. 能简单易懂地教育儿童
7. 能独立进行调查研究	7. 能安排会议等活动顺序
8. 能解释简单的化学观念	8. 善于体察人心和帮助他人
9. 能理解人造卫星为什么不落地	9. 帮助护理病人和伤员
10. 经常参加学术会议	10. 安排社团组织的各种事务

续表

E：企业型能力	C：常规型能力
1. 担任过学生干部并且干得不错	1. 会熟练地打印中文
2. 工作上能指导和监督他人	2. 会用外文打字机或复印机
3. 做事充满活力和热情	3. 能快速记笔记和抄写文章
4. 有效利用自身的做法调动他人	4. 善于整理保管文件和资料
5. 销售能力强	5. 善于从事事务性的工作
6. 曾作为俱乐部或社团的负责人	6. 会用算盘
7. 向领导提出建议或反映意见	7. 能在短时间内分类和处理大量文件
8. 有开创事业的能力	8. 能使用计算机
9. 知道怎样做能成为一个优秀的领导者	9. 能搜集数据
10. 健谈善辩	10. 善于为自己或集体做财务预算表

第四部分：你所喜欢的职业

下面列举了多种职业，请选择你感兴趣的工作，有1项计1分，不太喜欢或不关心的工作不选，不计分。

R：现实型职业	S：社会型职业
1. 飞机机械师	1. 街道、工会或妇联干部
2. 野生动物专家	2. 小学、中学教师
3. 汽车维修工	3. 精神病医生
4. 木匠	4. 婚姻介绍所工作人员
5. 测量工程师	5. 体育教练
6. 无线电报务员	6. 福利机构负责人
7. 园艺师	7. 心理咨询员
8. 长途公共汽车司机	8. 共青团干部
9. 电工	9. 导游
10. 火车司机	10. 国家机关工作人员
I：研究型职业	E：企业型职业
1. 气象学或天文学者	1. 厂长
2. 生物学者	2. 电视片编制人
3. 医学实验室的技术人员	3. 公司经理
4. 人类学者	4. 销售员
5. 动物学者	5. 不动产推销员
6. 化学学者	6. 广告部长
7. 数学学者	7. 体育活动主办者
8. 科学杂志的编辑或作家	8. 销售部长
9. 地质学者	9. 个体工商业者
10. 物理学者	10. 企业管理咨询人员

续表

A：艺术型职业	C：常规型职业
1. 乐队指挥 2. 演奏家 3. 作家 4. 摄影家 5. 记者 6. 画家、书法家 7. 歌唱家 8. 作曲家 9. 电影、电视演员 10. 电视节目主持人	1. 会计师 2. 银行出纳员 3. 税收管理员 4. 计算机操作员 5. 簿记人员 6. 成本核算员 7. 文书档案管理员 8. 打字员 9. 法庭书记员 10. 人员普查登记员

第五部分：你的能力类型简评

下面两张表是你在6个职业能力方面的自我评定表。你可先与同龄人比较自己在每一方面的能力，然后对自己的能力作评估。请在表中适当的数字上画圈，数值越大表明你的能力越强。

注意：请勿画同样的数字，因为人的每项能力不会是完全一样的。

表A

R型	I型	A型	S型	E型	C型
机械操作能力	科学研究能力	艺术创作能力	解释表达能力	商业洽谈能力	事务执行能力
7	7	7	7	7	7
6	6	6	6	6	6
5	5	5	5	5	5
4	4	4	4	4	4
3	3	3	3	3	3
2	2	2	2	2	2
1	1	1	1	1	1

表B

R型	I型	A型	S型	E型	C型
体育技能	数学技能	音乐技能	交际技能	领导技能	办公技能
7	7	7	7	7	7
6	6	6	6	6	6
5	5	5	5	5	5
4	4	4	4	4	4
3	3	3	3	3	3
2	2	2	2	2	2
1	1	1	1	1	1

第六部分：统计

测试内容		R型 实际型	I型 调查型	A型 艺术型	S型 社会型	E型 事业型	C型 常规型
第二部分	兴趣						
第三部分	擅长						
第四部分	喜欢						
第五部分A	能力						
第五部分B	技能						
总分							

第七部分：你所看重的东西——职业价值观

这一部分测验列出了人们在选择工作时通常会考虑的9种因素（见所附工作价值标准）。现在请你从中选出最重要的两项因素，填入下面相应空格上。

最重要:________ 次重要:________ 最不重要:________ 次不重要:________

工作价值标准

（1）工资高、福利好

（2）工作环境（物质方面）舒适

（3）人际关系良好

（4）工作稳定有保障

（5）能提供较好的受教育机会

（6）有较高的社会地位

（7）工作不太紧张、外部压力少

（8）能充分发挥自己的能力特长

（9）社会需要与社会贡献大

现在将你测验得分居第一位的职业类型找出来，对照“霍兰德职业索引”，判断一下自己适合的职业类型。

霍兰德职业索引

R（实际型）：木匠、农民、操作X光的技师、飞机机械师、鱼类和野生动物专家、自动化技师、机械工（车工、钳工等）、电工、无线电报务员、火车司机、长途公共汽车司机、机械制图员、修理机器、电器师。

I（调查型）：气象学者、生物学者、天文学家、药剂师、动物学者、化学家、科学报刊编辑、地质学者、植物学者、物理学者、数学家、实验员、科研人员、科技作者。

A(艺术型)：室内装饰专家、图书管理专家、摄影师、音乐教师、作家、演员、记者、诗人、作曲家、编剧、雕刻家、漫画家。

S(社会型)：社会学者、导游、福利机构工作者、咨询人员、社会工作者、社会教师、学校领导、精神病工作者、公共保健护士。

E(事业型)：推销员、进货员、商品批发员、旅游经理、饭店经理、广告宣传员、调度员、律师、政治家、零售商。

C(常规型)：记账员、会计、银行出纳、法庭速记员、成本估算员、税务员、核算员、打字员、办公室职员、计算机操作员、秘书。

下面介绍与你3个代号的职业兴趣类型一致的职业表，对照的方法如下：首先根据你的职业兴趣代号，在下面的内容中找出相对应的职业，如你的职业兴趣代号是RIA，那么牙科技术人员、陶工等是适合你兴趣的职业。然后寻找与你的职业兴趣代号相近的职业，如你的职业兴趣代号是RIA，那么，其他与这3个字母组合成的编号(如IRA、IAR、ARI等)对应的职业，也适合你的兴趣。

RIA：牙科技术员、陶工、建筑设计员、模型工、细木工、制作链条人员。

RIS：厨师、林务员、跳水员、潜水员、染色员、电器修理工、眼镜制作工、电工、纺织机器装配工、服务员、装玻璃工人、发电厂工人、焊接工。

RIE：建筑和桥梁工程、环境工程、航空工程、公路工程、电力工程、信号工程、电话工程、一般机械工程、自动工程、矿业工程、海洋工程、交通工程技术人员、制图员、家政经济人员、计量员、农民、农场工人、农业机械操作、清洁工、无线电修理工、汽车修理工、手表修理工、管工、线路装配工、工具仓库管理员。

RIC：船上工作人员、接待员、杂志保管员、牙医助手、制帽工、磨坊工、石匠、机器制造工、机车（火车头）制造工、农业机器装配工、汽车装配工、缝纫机装配工、钟表装配和检验工、电动器具装配工、鞋匠、锁匠、货物检验员、电梯机修工、托儿所所长、钢琴调音员、装配工、印刷工、建筑钢铁工、卡车司机。

RAI：手工雕刻工、玻璃雕刻工、制作模型人员、家具木工、制作皮革品工、手工绣花工、手工钩针纺织工、排字工、印刷工、图画雕刻工、装订工。

RSE：消防员、交通巡警、警察、门卫、理发师、房间清洁工、屠夫、锻工、开凿工人、管道安装工、出租汽车驾驶员、货物搬运工、送报员、勘探员、娱乐场所的服务员、起卸机操作工、灭害虫者、电梯操作工、厨房助手。

RSI：纺织工、编织工、农业学校教师、某些职业课程教师（诸如艺术、商业、技术、工艺课程）、雨衣上胶工。

REC：抄水表员、保姆、实验室动物饲养员、动物管理员。

REI：轮船船长、航海领航员、大副、试管实验员。

RES：旅馆服务员、家畜饲养员、渔民、渔网修补工、水手长、收割机操作工、搬运行李工、公园服务员、救生员、登山导游、火车工程技术员、建筑工、铺轨工。

RCI：测量员、勘测员、仪表操作者、农业工程技师、化学工程技师、民用工程技师、石油工程技师、资料室管理员、探矿工、煅烧工、烧窖工、矿工、保养工、磨床工、取样工、样品检验员、纺纱工、炮手、漂洗工、电焊工、锯木工、刨床工、制帽工、手工缝纫工、油漆工、染色工、按摩工、木匠、农民建筑工、电影放映员、勘测员助手。

RCS：公共汽车驾驶员、一等水手、游泳池服务员、裁缝、建筑工、石匠、烟囱修建工、混凝土工、电话修理工、爆炸手、邮递员、矿工、裱糊工、纺纱工。

RCE：打井工、吊车驾驶员、农场工人、邮件分类员、铲车司机、拖拉机司机。

IAS：普通经济学家、农场经济学家、财政经济学家、国际贸易经济学家、实验心理学家、工程心理学家、心理学家、哲学家、内科医生、数学家。

IAR：人类学家、天文学家、化学家、物理学家、医学病理学家、动物标本剥制者、化石修复者、艺术品管理者。

ISE：营养学家、饮食顾问、火灾检查员、邮政服务检查员。

ISC：侦察员、电视播音室修理员、电视修理服务员、验尸室人员、编目录者、医学实验定技师、调查研究者。

ISR：水生生物学者、昆虫学者、微生物学家、配镜师、矫正视力者、细菌学家、牙科医生、骨科医生。

ISA：实验心理学家、普通心理学家、发展心理学家、教育心理学家、社会心理学家、临床心理学家、目标学家、皮肤病学家、精神病学家、妇产科医师、眼科医生、五官科医生、医学实验室技术专家、民航医务人员、护士。

IES：细菌学家、生理学家、化学专家、地质专家、地理物理学专家、纺织技术专家、医院药剂师、工业药剂师、药房营业员。

IEC：档案保管员、保险统计员。

ICR：质量检验技术员、地质学技师、工程师、法官、图书馆技术辅导员、计算机操作员、医院听诊员、家禽检查员。

IRA：地理学家、地质学家、声学物理学家、矿物学家、古生物学家、石油学家、地震学家、声学物理学家、原子和分子物理学家、电学和磁学物理学家、气象学家、设计审核员、人口统计学家、数学统计学家、外科医生、城市规划家、气象员。

IRS：流体物理学家、物理海洋学家、等离子体物理学家、农业科学家、动物学家、食品科学家、园艺学家、植物学家、细菌学家、解剖学家、动物病理学家、作物病理学家、药物学家、生物化学家、生物物理学家、细胞生物学家、临床化学家、遗传学家、分子生物学家、质量控制工程师、地理学家、兽医、放射性治疗技师。

IRE：化验员、化学工程师、纺织工程师、食品技师、渔业技术专家、材料和测试工程师、电气工程师、土木工程师、航空工程师、行政官员、冶金专家、原子核工程师、陶瓷工程师、地质工程师、电力工程师、口腔科医生、牙科医生。

IRC：飞机领航员、飞行员、物理实验室技师、文献检查员、农业技术专家、动植物技术专家、生物技师、油管检查员、工商业规划者、矿藏安全检查员、纺织品检验员、照相机修理员、工程技术员、编计算程序者、工具设计者、仪器维修工。

CRI：簿记员、会计、记时员、铸造机操作工、打字员、按键操作工、复印机操作工。

CRS：仓库保管员、档案管理员、缝纫工、讲述员、收款人。

CRE：标价员、实验室工作者、广告管理员、自动打字机操作员、电动机装配工、缝纫机操作工。

CIS：记账员、顾客服务员、报刊发行员、土地测量员、保险公司职员、会计师、估价员、邮政检查员、外贸检查员。

CIE：打字员、统计员、支票记录员、订货员、校对员、办公室工作人员。

CIR：校对员、工程职员、海底电报员、检修计划员、发报员。

CSE：接待员、通讯员、电话接线员、卖票员、旅馆服务员、私人职员、商学教师、旅游办事员。

CSR：运货代理商、铁路职员、交通检查员、办公室通信员、簿记员、出纳员、银行财务职员。

CSA：秘书、图书管理员、办公室办事员。

CER：邮递员、数据处理员、办公室办事员。

CEI：推销员、经济分析家。

CES：银行会计、记账员、法人秘书、速记员、法院报告人。

ECI：银行行长、审计员、信用管理员、地产管理员、商业管理员。

ECS：信用办事员、保险人员、各类进货员、海关服务经理、售货员，购买员、会计。

ERI：建筑物管理员、工业工程师、农场管理员、护士长、农业经营管理员。

ERS：仓库管理员、房屋管理员、货栈监督管理员。

ERC：邮政局长、渔船船长、机械操作领班、木工领班、瓦工领班、驾驶员领班。

EIR：科学、技术和有关周期出版物的管理员。

EIC：专利代理人、鉴定人、运输服务检查员、安全检查员、废品收购员。

EIS：警官、侦察员、交通检验员、安全咨询员、合同管理者、商人。

EAS：法官、律师、公证人。

EAR：展览室管理员、舞台管理员、播音员、驯兽员。

ESC：理发师、裁判员、政府行政管理员、财政管理员、工程管理员、职业病防治员、售货员、商业经理、办公室主任、人事负责人、调度员。

ESR：家具售货员、书店售货员、公共汽车的驾驶员、日用品售货员、护士长、自然科学和工程的行政领导者。

ESI：博物馆管理员、图书馆管理员、古迹管理员、饮食业经理、地区安全服务管理员、技术服务咨询者、超级市场管理员、零售商品店店员、批发商、出租汽车服务站调度员。

ESA：博物馆馆长、报刊管理员、音乐器材售货员、广告商售货营业员、导游、（轮船或班机上的）事务长、飞机上的服务员、船员、法官、律师。

ASE：戏剧导演、舞蹈教师、广告撰稿人、报刊专栏作者、记者、演员、英语翻译。

ASI：音乐教师、乐器教师、美术教师、管弦乐指挥、合唱队指挥、歌星、演奏家、哲学家、作家、广告经理、时装模特。

AER：新闻摄影师、电视摄影师、艺术指导、录音指导、丑角演员、魔术师、木偶戏演员、骑士、跳水员。

AEI：音乐指挥、舞台指导、电影导演。

AES：流行歌手、舞蹈演员、电影导演、广播节目主持人、舞蹈教师、口技表演者、喜剧演员、模特。

AIS：画家、剧作家、编辑、评论家、时装艺术大师、新闻摄影师、男演员、文学作者。

AIE：花匠、皮衣设计师、工业产品设计师、剪影艺术家、复制雕刻品大师。

AIR：建筑师、画家、摄影师、绘图员、环境美化工、雕刻家、包装设计师、陶器设计师、绣花工、漫画工。

SEC：社会活动家、退伍军人服务官员、工商会事务代表、教育咨询者、宿舍管理员、旅馆经理、饮食服务管理员。

SER：体育教练、游泳指导。

SEI：大学校长、学院院长、医院行政管理员、历史学家、家政经济学家、职业学校教师、资料员。

SEA：娱乐活动管理员、国外服务办事员、社会服务助理、一般咨询者、宗教教育工作者。

SCE：部长助理、福利机构职员、生产协调人、环境卫生管理人员、戏院经理、餐馆经理、售票员。

SRI：外科医师助手、医院服务员。

SRE：体育教师、职业病治疗者、体育教练、专业运动员、房管员、儿童家庭教师、警察、引座员、传达员、保姆。

SRC：护理员、护理助理、医院勤杂工、理发师、学校儿童服务人员。

SIA：社会学家、心理咨询师、学校心理学家、政治科学家、大学或学院的系主任、大学或学院的教育学教师、大学农业教师、大学工程和建筑课程的教师、大学法律教师、大学数学教师、大学医学教师、大学物理教师、大学社会科学和生命科学的教师、研究生助教、成人教育教师。

SIE：营养学家、饮食学家、海关检查员、安全检查员、税务稽查员、校长。

SIC：描图员、兽医助手、诊所助理、体检检查员、监督缓刑犯的工作者、娱乐指导者、咨询人员、社会科学教师。

SIR：理疗员、救护队工作人员、手足病医生、职业病治疗助手。

3. 一位蛋糕师的梦想①

这是下午4：00的非洲。纳米比亚埃托沙国家公园里，一些动物在水塘边饮过水，正心满意足地离去。他站在空旷的野地里，等待着也许将在1个小时以后来喝水的长颈鹿。非洲的太阳不会对这个中国男人有半点客气，他钻进车里像是被蒸烤，走到车外又会被曝晒。可是当太阳还有10分钟就要接近地平线，当整个天空变成深玫瑰色的时候，他看见3只长颈鹿在太阳最后的光晕里缓步走来。调镜头，按快门，这一刻，他不记得自己就在前1秒钟几乎被晒晕。

第一次见到相机是在初中的时候，同学的父亲正在擦拭一台老式海鸥相机，它深棕色的皮壳裹着一个神秘的内里，令他着迷。高中没毕业，他不顾家里反对去一家摄影公司当学徒。22岁这年，他拥有了属于自己的第一台照相机。他记得它的价格是1 700元，那是他第一个恋人。

---

① 欢颜：《糕点师的梦想》，《中国校外教育（读书）》，2007年第11期。

但是，他知道，他不能靠着一台相机吃饭，在20世纪90年代，生存与更好地生存比精神需求来得更迫切也更实在。在更现实的世界中，他把相机暂且包起来，选择了一个与生存与吃饭靠得最近的职业：糕点师。

他用了7年的时间将一间蛋糕店发展为一个投资1.5亿元的大型食品加工厂。在一切进入平稳之后，他重新拿起相机回归摄影。和身家亿万的富豪比起来，那才是他的“光荣与梦想”。

他出生入死，深入危险地带无人区，去捕捉动物的美丽。他在镜头里与金钱豹对视，他在雪山之巅仰望飞鸟，他知道乞力马扎罗大象的哀愁，他和奔跑而来的斑马不期而遇。

在连续9次进入非洲之后，他终于知道了什么时间与长颈鹿“约会”，什么时间可以拍到角马的“演出”。他也终于知道，那是比创业更惊险刺激的行程，心总像被奶油裹着，安稳而甜蜜。可是在周围堆满奶油蜜糖的店里与厂里，他从未有过这样的感受。

他的照片被挂在北京地铁里，那些姿态轻盈、眼神静谧的动物在非洲炫目的色彩中与都市里的人默默相望，有一种蛋糕一样的柔美气息与梦幻气质。

驻非某大使与夫人在地铁里看到它们，把他的作品推荐到了联合国环境规划署。2006年6月5日，联合国环境规划署为他举办了个人影展，作为在内罗毕举办的世界环境日系列纪念活动的主题活动之一。

2006年初，他宣布让出总经理职位，把自己的身份彻底从糕点师改为摄影师。先生存再追梦，他用迂回的方式接近理想，却走出一条以迂取直的通途。

他叫罗红，今年39岁，他的这家食品厂名字叫好利来。

4. 心理知识小视频：《留学美国安全提醒——预防心理问题》

本章知识点

1. 职业生涯规划
2. 职业生涯理论
3. 自我职业发展探索

本章思考题

1. 如何规划自己的职业生涯？
2. 大学生常见的职业规划问题是什么？

参考文献

[1] 卜欣欣,陆爱平.个人职业生涯规划.北京:中国时代经济出版社,2004.

[2] 陈社育.大学生职业心理辅导.北京:北京大学出版社,2003.

[3] 周文霞.职业生涯管理.上海:复旦大学出版社,2006.

[4] 周明星,咸桂彩.现代职业生涯规划.北京:清华大学出版社,2007.

[5] 熊平.职业生涯规划.北京:清华大学出版社,2014.

[6] 魏潾,李广才.大学生职业生涯指导.北京:科学出版社,2010.

[7] 仝广东.大学生职业发展与就业指导.南京:东南大学出版社,2009.

[8] 冯铁蕾.大学生心理学原理与应用.北京:中国计量出版社出版,2010.

[9] 黄亮.职业教育学——原理与应用.北京:高等教育出版社,2009.

[10] 亨利·纽曼.大学的理想.徐辉,顾建新,何曙荣,译.杭州:浙江教育出版社,2002.

[11] 黄天中.生涯规划——理论与实践.北京:高等教育出版社,2007.

[12] 李素梅.心理健康与大学生活.武汉:华中科技大学出版社,2011.

[13] 王海棠.大学生就业指导教程.北京:北京大学出版社,2009.

[14] 罗双平.职业选择与事业导航:职业生涯规划技术(2版).北京:机械工业出版社,2008.

[15] 李先锋.大学生心理健康理论与实务.北京:电子工业出版社,2009.

[16] 胡剑虹.大学生心理适应与发展.苏州:苏州大学出版社,2009.

[17] 周蓓,周红玲,郭汉秋.大学生心理健康教育.北京:电子工业出版社,2007.

[18] 杨积芳.职业生涯规划课与大学生就业软实力关系的实证研究.高校辅导员学刊,2012(2).

[19] 卜欣欣.个人职业生涯规划.北京:中国时代经济出版社,2004.

第九章　大学生压力与压力管理

心理学家常说，焦虑，是推动世界前行的动力。压力，是人类生活的常态，也是自然界的常态。倘若整个生物界的食物都唾手可得，想必物种便不需要再进化。同理，倘使人类的生存没有一点压力，想必社会不会进步，科技难以发展。

大学，是每个国家的最高学府，大学生的高度，在一定意义上代表着一个国家的文明程度。因此，大学生在面对压力时展现出的应对能力，也反映出一个国家的文明水准。

中国大学生绝不是害怕承受压力的人。想想他们在十几年寒窗苦读中经历了全世界学习时间最长，学习压力最大的童年、少年和部分青年时代,我们不用担忧这些曾经过五关、斩六将的年轻人会是脆弱的一代。

压力并不可怕，你有很多方法可以渡过难关，不过，你需要学会最重要的一种，就是在压力中历炼出来的爱、仁慈与创造力！

第一节　压力及压力管理概述

提起压力，你会想到什么呢？也许会想到失学、落榜、失业、失恋、离婚、生病、衰老、代沟、人际关系、个人发展、人生目标等。人的一生都离不开压力。那么到底什么是压力，它对我们的生活和心理健康会有什么影响，我们该如何管理压力呢？这是我们在本节要探讨的内容。

我们先来做一个小测试，看看你对压力的了解有多少。

压力知多少小测验：以下有10个论断，你认为对的请打上圈，认为错的或不赞同的请打上叉。

1. 人一旦有压力的感受他首先一定会觉得神经紧张。(　　)
2. 只要你遭受到压力你一定会知道的。(　　)
3. 长期的运动会减弱你抗拒压力的能力。(　　)
4. 有压力总是不好的。(　　)

5. 压力会制造不愉快的问题，但不置你于死地。(　　)
6. 打针吃药就可以控制压力。(　　)
7. 当你离开教室的时候，会留下学习的压力，而不会把它带回宿舍。(　　)
8. 压力只是心事，与身体无关。(　　)
9. 压力是完全可以消除的。(　　)
10. 除非你改变生活方式，否则你对压力一点也没办法。(　　)

你可以带着对这些命题的好奇，在接下来的阅读中寻找答案。

一、压力及压力管理的含义

(一) 压力的含义

压力，是个体在生活适应过程中的一种身心紧张状态，源于环境要求与自身应对能力的不平衡，这种紧张状态倾向于通过非特异的心理和生理反应表现出来。

在当代，“压力”一词有着多种含义与界定。在东方哲学中，压力被认为是一种失去控制的表现。著名医生Serge Kahili King把压力定义为个体所经历的一切变化。从心理学角度来说，研究者理查德·拉扎勒斯认为，压力是由于事件和责任超出个人应对能力范围时所产生的焦虑状态。从生理学角度来说，压力是身体的疲惫和受挫折程度。

压力管理专家塞利认为，压力是身体对于施加于其上、需要其适应的一切要求的非特异性反应，无论这一要求产生的是喜悦还是痛苦。塞利发现，无论是一个积极情境（如晋升）还是一个消极情境（如失业），人生理上的反应或唤起都是差不多的。对于塞利来说，身体是不懂分辨积极压力和消极压力的。

“整体医学”领域的专家认为，压力是一个人无力应对觉知到的（真实存在或想象中的）自己心理、生理、情绪及精神受到威胁时所产生的一系列生理性反应及其适应现象。

由此可以看出，压力是指由于外界或内在环境的要求使人感到的“紧张”或“痛苦”。它包含两个要素：第一，那些使人感到紧张的事件或者环境；第二，它是一种主观反应，在压力情境下，人一般有生理、心理和行为三方面的反应。

基于压力是一种个体的身心紧张状态，所以人们倾向于认为压力是一个不好的东西，要极力消除。但其实这是一个误解。完全没有心理压力的情况是不存在的，就像我们不可能生活在真空中。在完全没有外在压力的情况下，我们的身体内压会极度膨胀让我们爆炸。相应地，在完全没有心理压力的情况下，我们的心灵也会无边无际地膨胀到极度空虚，那是比有巨大心理压力更可怕的情境。很多文学艺术作品描述过这种空虚感，那是一种比死亡更没有生气的状况，一种活着却感觉不到自己在活着的巨大悲哀。

为了消除这种空虚感，有些人可能会成为话唠、工作狂、活动家等。他们还算是能有效处理空虚的人。另一些人，则可能为了对付空虚而付出生命的代价。比如有一部分吸毒者，在最开始就是被空虚推上绝路的。

所以，相比之下，如果你感到生活带给你不舒服的压力，应该值得庆幸，至少说明你不用承受要爆炸的空虚感。

（二）压力管理

压力不仅关系到个人的身心健康，而且对个人的学习工作绩效有很大的影响。对压力的有效应对与管理是大学生必须注意的问题。

所谓压力管理，就是将人的压力程度调到最佳点，同时避免受到与过度压力有关的心理与身体的伤害，即是适应压力的过程。而管理是“控制之意”，要做压力的主人，要操纵压力，将它当作是新的资源与支持系统，将精神放在舒解压力上，并进一步计划如何将压力从负面转为正面，使生活更和谐、更有动力。

压力管理一般可分成两部分：

1. 问题取向的压力管理

针对压力源造成的问题本身作出处理，较理想的态度为冷静面对。问题处理过程的标准步骤如下：

（1）认清压力事件的性质。

（2）理性思考及分析问题事件的来龙去脉。

（3）确认个人对问题的处理能力。

（4）积累寻求能帮助解决问题的信息，包括如何动用家庭及社会环境支持系统。

（5）运用问题解决技巧，拟订解决计划。

（6）积极处理问题。

（7）若已完全尽力，问题短时间内仍无法克服，则表示问题本身处理的难度甚高，有可能需要长期奋战不懈，除了必须培养坚忍不拔的斗志之外，可能还需要其他的精神力量支持。

2. 情绪取向的压力管理

处理压力所造成的反应，即情绪、行为及生理等方面的舒解。情绪舒解的观念如下：

（1）认清并接受情绪经验的发生。情绪经验的发生是相当正常的，觉察自己的情绪，并接受自己情绪的过程，会使自己正面去看待情绪本身，而采取较为适当的行动。

（2）情绪调节。如寻找忠实的聆听者诉苦，对方也可以给予精神上的支持与关怀。另外，也可以痛哭一场或捶打枕头，把情绪适当宣泄出来，以避免在解决问题的重要时刻把不适当的情绪表露出来。

（3）正向乐观的态度。危机即是转机，在整个问题处理过程中，使其成为增强自己能力、发展成长的重要机会。另外也可能是环境或他人的因素，则可以理性沟通解决，如果无法解决，也可宽恕一切，尽量以正向乐观的态度去面对每一件事，也可能使问题导向正面的结果。

压力管理其实是主动的有效的应对方式。压力管理就是在压力产生前或产生后，个体主动采取合理的应对方式，以缓解或消除压力。

二、压力与心理健康

我们已对压力有初步的了解，知道压力是我们生活的常态，甚至我们一刻也不能离开压力。

压力会对我们的工作绩效、生理反应、心理反应和行为方式都带来影响。我们的神经系统、内分泌系统、免疫系统的健康状况与心理压力有关。慢性心理压力可以导致脑组织甚至海马萎缩（记忆力下降）。压力过大时自主神经系统会失调，导致偏头痛、溃疡、冠心病、高血压等生理反应。不良情绪可以导致免疫系统失调，可能引起感染、过敏，甚至癌症。

（一）压力与绩效

压力与绩效的关系曲线呈倒U型，在中等程度的压力下，绩效最佳。如果压力大幅度超过压力曲线的最佳点，绩效就会降低。如果个体的压力达不到压力曲线的最佳点，就难以取得较高的绩效（图9–1）。

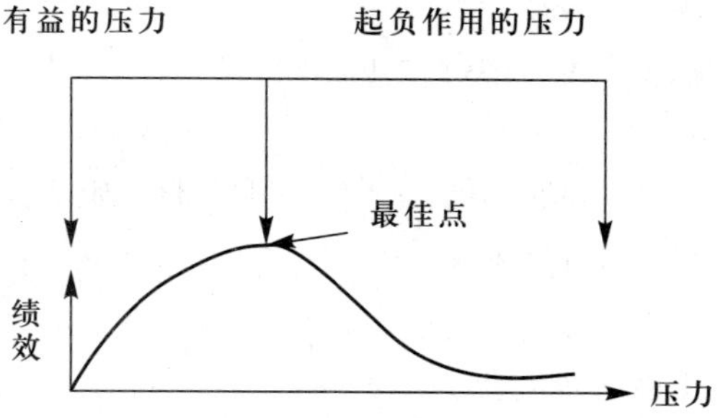

图9–1　压力与绩效关系

（二）压力引起的生理反应

当我们承受一定压力时，短期内我们的身体会出现头痛、头晕、呼吸急促、口干舌燥、肌肉紧张、坐立不安、心率加快、血压升高等不适的生理症状。如果压力长期得不到解除，那么就会出现心脏病、高血压、胆固醇增高、心室肥大、皮肤起疹、淋巴腺炎、甲状腺异常、秃头、胃及十二指肠溃疡、狭心症以及心肌梗死等生理症状，严重损伤我们的身体。

（三）压力引起的心理反应

压力引起的心理反应有警觉、注意力集中、思维敏捷、精神振奋，这些都会给人以激励和挑战，使个体对生活充满向往、充满生机，充分地享受生活，这是适应的心理反应，有助于个体应付环境。但是，过度的压力会带来负面反应，如消沉、烦躁、喜怒无常、沮丧等，不良反应将直接影响个体的行为，可能会带来不良后果，形成一个恶性循环，从而影响个体的心理健康（图9–2）。

1. 与压力抗争所引起的心理征兆

与压力抗争，先引起一种高度唤醒的神经兴奋状态，但抗争久了，心理能力耗竭，就会产生消极、厌倦、不满、生气、强迫等症状。

2. 逃避压力所形成的心理征兆

冷淡、认命、健忘、幻想、心不在焉、能力丧失、恐怖、沮丧、忧虑、悲哀，被人激怒、被人误解、疲乏无力、无法应付、焦躁不安、失落等。

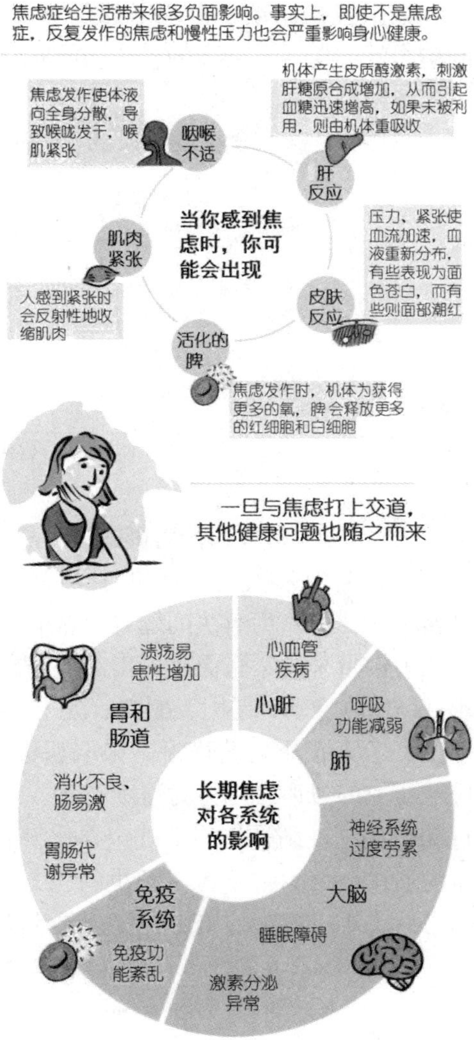

图9–2　焦虑对人体的影响

（四）个体对压力的反应

个体对压力的反应一般分三个阶段：警觉阶段、抗拒阶段、衰竭阶段。

1. 警戒阶段

当在生活中出现压力源时，我们身体的警戒系统就会发生反应，我们会有紧张焦虑的情绪，会出现肠胃失调、血压升高等现象，这是身体的一种自我保护，如果我们能够及时、合理地处置压力事件，那么，警戒就会消退，身体随之恢复到正常状态。

2. 抗拒阶段

如果外在压力持续存在，不能够及时排除危机，这时候人体会需要全身性动员，我们必须动用足够的资源来与之抗争。

3. 衰竭阶段

如果我们调动了自身全部资源，危机依然不能够得到排除，那么，我们的精力就会耗尽，身体的各项功能就会突然缓慢下来，抗拒会逐渐衰弱，完全丧失应对能力。

图9–3是这三个反应阶段的发展过程：

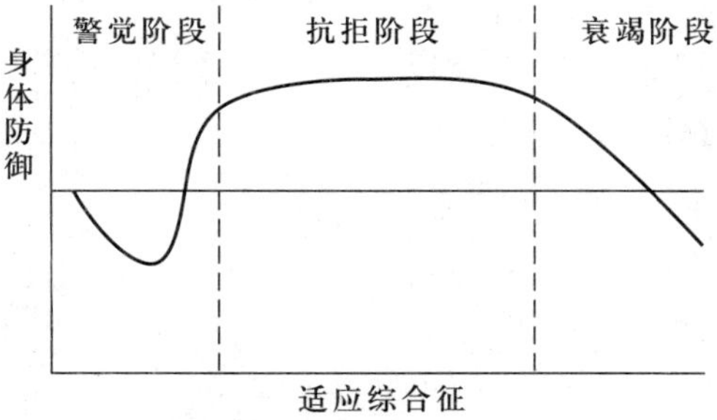

图9–3　压力反应阶段的发展

（五）压力带来的行为影响

压力会带来积极行为和消极行为。积极行为是指为消除刺激源而做出各种努力，比如：为解决问题寻求帮助、想办法、查资料等。消极行为是指为缓解压力源带来的紧张而表现出的退缩、发泄、幻想、强迫行为、嗜食、睡眠困难、易怒、冲动、暴力、酗酒、沉迷于网络、旷课、出走、离奇行为、自杀等。

一个人在压力情境下是采取积极行为，还是消极行为，与他从小习得的应对压力的习惯、压力的强度有关。从小习惯迎难而上的人，通常会采取积极行动；从小被溺爱，经常被包办代替的人，遇到压力常采取消极行为。另外，压力适中，努力一下可以解决的压力，容易带来积极行为，但如果压力过大，努力后仍难以解决的压力，就会导致消极行为。

第二节　大学生常见压力

一、大学生压力的来源

压力的来源一般分为外源性和内源性两种。

（一）外源性压力

1. 生物性压力源

对我们的生理刺激造成的压力，如躯体创伤、疾病、饥饿、性剥夺、睡眠剥夺、噪声、气温变化。

2. 环境性压力

自然环境的压力，指威胁到我们人身安全的环境带给我们的压力，如身处灾难性现场或有安全隐患的空间；社会环境的压力，指来自社会的压力，如高房价、低收入、同级竞争、同学攀比等。

（二）内源性压力

1. 精神性压力源：错误的认知结构、个体不良经验、道德冲突、不良个性心理特点。

2. 社会适应性压力源：比如由自身状况造成的人际适应问题。

案例

紫晨是大一的学生，她感觉自己的大学生活一片混乱，学习、人际、和男友的关系都让她很纠结。她是一个上进的学生，上大学之后，并不像人们说的那样追求60分万岁。紫晨很重视自己的学习，除了上课的时间，早自习、晚自习都安排得很充实。但正因为如此，她和宿舍同学的关系却疏远了。大家都叫她学霸，上课下课也不和她一起走。

宿舍里有个同学特别让她讨厌，张口闭口就说她们老家好，西安都不好，比如说她们那里商场积分卡挂在钥匙扣上，你们这里有吗？更让紫晨生气的是她会说紫晨的男朋友学的专业不好，将来不好找工作。即使这样，这个同学和宿舍其他同学的关系也比紫晨好。紫晨感到很困惑，好像上了大学，爱学习是一种错误。

其他方面大学生活也让紫晨很失望，比如大学里的人买饭不排队，不遵守规则，浪费水，等等。她对大学生的素质，对大学都很失望。

她的男朋友喜欢玩，不好好学习，没有上进心，也让她有点不舒服。

紫晨在学习、人际关系、价值观、大学环境及恋爱各个方面，都体验到了种种不快，承受着不同程度的压力。

大学生的压力，除了极度的经济困难、身体有疾病这样的客观原因外，均与个人应对压力的能力有关。一般来说，压力产生的原因包括认知因素、情感反应方式、行为模式、生理反应四个方面。以下我们结合上述案例来分析这四个方面是如何引发压力的。

（1）认知因素。紫晨希望搞好学习，也想搞好和同学的关系。不过她不太花时间和同学相处，她的主要精力都放在学习上。她希望在不太和室友交往的情况下，大家仍然保持和她熟络的关系，这就是一种认知上的偏差。因为人与人建立感情，一个很重要的因素就是相处时间，所谓“见面三分情，日久生情”。紫晨希望自己在和室友交往少的情况下依然和她们保持良好关系的背后，有一个更深的认知：即中国学生在中小学时代特别容易有的想法——我学习好，别人就自然会喜欢我，和我关系好。这种观念在大学生中比较少见，但还是存在，尤其在一些听话的乖孩子身上容易出现。但实际上，学习好代表的只是学习方面的能力，人际关系的和谐则是相处带来的快乐。一个人学习好，只是自己一个人的快乐，别人不会因为你学习好就一定会喜欢你。

这种心理具有两个特征，一是儿童超人心理——我是超人，我厉害，别人都会臣服在我的脚下，和我关系好；另一个则是学习好，我优秀，别人就喜欢我。这两种心理都是儿童心理。前者是征服人心的心态，后者是乖宝宝心态。紫晨有一个困惑——难道上了大学，爱学习是一种错误吗？自然不是这样。她如果爱学习，就需要去交一些爱学习的朋友，而不能把朋友仅限于她的室友。这样，她可以和同学一起去上课，上自习，一起交流学习心得等。在一起学习的同时滋养友谊，从而获得学习和友谊的平衡。

（2）情感反应方式。在紫晨和同学的相处中，情绪容易受到外因的影响。她有个室友说她老家的东西比西安好，别人没有太大的反应，她的反应就明显比别的同学激烈，别人还能继续和这个同学相安无事，她却非常反感，想起这个同学就生气，以致要求助于心理咨询来解决这个困扰。

这种情况，在心理学上称为心理分化不成熟。所谓心理分化，就是把自己的情绪反应和别人的行为区分开的能力。有的人像别人身上的一个条件反射装置，别人一颦一笑、一个眼神、一句话，都会引起他强烈的情绪反应。这样的人没有区分开我是我，别人是别人。别人怎么行动是他的事，也是他的自由，我可以同意，也可以拒绝，但我不能阻止，也不必因他的行为而生气。否则的话，我的情绪反应装置装在别人身上，如果那个人是我的敌人，他一刺激，我就发作，岂不是像被诸葛亮气死的周瑜，太危险了。相反，司马懿就成熟得多，诸葛亮送他女人的衣服羞辱他胆小，他就把衣服穿在身上，夸赞很合身，还借机通过送衣服来的人打探诸葛亮的工作和健康状况。紫晨的心理分化不成熟，也同时表现在她和男友的关系上。她不喜欢男朋友不像她一样努力学习，缺乏上进心。这种关系，像母亲与儿子，不太像恋人。紫晨把个人的价值标准用来要求男朋友，并因为男朋友没有遵守而苦恼。这种苦恼，如果在这个价值标准被主流价值都认可的时候，我们很难察觉这是一个过分的要求，我们会认为对方恨铁不成钢，而难以意识到我们试图剥夺别人自主安排生活的权利。其实仔细想想，恋人通常都是在彼此不认识的时候就已长到成年，在过去的那些年里，他的生活安排得很好，有和你相当的成就，你们认识的时候，他身上还有某些优点吸引了你，你才和他恋爱。可为什么一和你恋爱，他就变成了一个生活不能自理的人，需要由你来指导他如何安排自己的生活呢？

探究紫晨在心理分化上不成熟的原因，是因为她生活在一个很专制的家庭。她有一个情绪化很严重的母亲，从小总责备她什么都做不好，她永远都是不如别人的孩子。直到现在，妈妈依然会取笑她买的衣服幼稚、难看，说她交的朋友不好，有一次她周末没回家，妈妈就会责备她没良心，心里没有妈妈，诸如此类。从小到大，紫晨就在妈妈的责备中长大。而爸爸又是一个不能保护紫晨的人，每当她和妈妈有冲突，即使是妈妈错了，爸爸永远只会说："你怎么能惹你妈妈生气呢？"

从小，紫晨就是不能有自己的想法和情绪的人。她的人生标准，要么是父母、老师灌输的，要么是从周围人约定俗成的观点里学来的，她很少有个人独立思考形成的观点。这种生活状态持续了18年，很自然她就会认为天下只有一种公认的正确的活法，就是爸爸妈妈要求的那种。她没有体验过，我可以有不同于爸爸妈妈的意见、想法、情绪、活法。爸爸妈妈说得很对，但我的活法也很对。所以她也很难以此类推——我的活法很对，但我的同学和男友的活法也很对。这种多元并存的观念，她从未体验过，也从来没有意识到。

（3）行为模式。除了紫晨这种由认知、情绪模式，成长经历带来的，因生活适应困难造成的压力，很多大学生在考试、写论文等过程中，有更普遍的压力。这种面临特定任务的压力，也和紫晨一样，和他们的认知、情绪模式、成长经历都有关联。不过这种压力还有一种典型的行为模式，就是拖拉，想得多，做得少。比如要写论文了，天天心里都有个写论文的事牵绊着，总有一种隐隐的压力。这种压力，会随着时间的推移越来越严重。直逼到最后关头，硬着头皮把任务完成了，压力释放，当有一个新任务的时候，又再来一次这样的循环。

（4）生理反应。身体方面的疾病会给人带来压力。另外，有些人在有压力的情况下，容易出现紧张、心跳加速、头晕、失眠等现象，久之，会形成恶性循环。压力会带来以上症状，如果不及时排解，后来就会变成因害怕出现以上这些症状，而承受更大的压力。

二、大学生压力的性质和分类

像紫晨这样的压力，在心理学上，称为发展性压力，即在成长过程中，从一个阶段向另一个阶段过渡的过程中，因环境和任务的变化，原有的观念和应对模式不再适应当下的生活所导致的压力。

大学生的首要压力，就是来自从中学过渡到大学的发展性压力。中学时代以学习为核心的生活状态变了；大学，一只脚在校园，一只脚准备跨入社会。这样一种状态，决定了大学生的生活一方面要继续完成学业，另一方面则要为步入社会做准备，为事业、人际、亲密关系和自我价值感等打好基础，这意味着大学生活，将是一种不同于中学时代的生活。大学的学习，意味着知识的学习和社会学习两部分，即大学生除了完成课本知识的学习，还需要分配时间去学习人际、亲密关系、恰当的自我定位等方面的内容。紫晨的困扰，来自于她没有平衡好学习与人际的关系，同时因人际关系方面的不愉快影响了她的自我价值感，另外，恋爱作为一个新课题，她也需要学习处理亲密关系的方法。

在《压力管理策略》一书中，描述常见的大学生压力有以下几种：

（1）室友影响。在寝室里找到一个跟自己志同道合的人不是一件容易的事，如果你原来在家里有自己独立的房间的话更是如此。好朋友不一定是好室友，但室友可能成为长久的朋友。室友给你的压力在于，在各种情境下，不管好的还是坏的，你都要学会妥协，发挥你的交际技能。请记住，室友的生活习惯可能与你完全不同。

（2）专业追求。你的专业是什么？或许在大学岁月里最流行的一个问题就是“我未来要做什么”。在大学里学生可以换专业，事实上很多人都会这么做。但如果你的父母要求你选择一条你未必喜欢的职业道路，如果你为了取悦父母而选择一个他们喜欢但自己未必喜欢的专业，那么问题就变得复杂了。

（3）学业上（考试、论文、项目等）的最后期限。期中考试、期末考试、写研究报告、完成项目等，都是为了检验你学习的成果。在美国，一般来说，一个学期需要获得15~17个学分，因此可能许多科目的最后期限都集中在同一天。如果你完成得不理想就会导致最终的成绩不佳，甚至不及格。

（4）助学贷款。假如你申请了助学贷款，压力便会接踵而至。大学教育的花费是十分巨大的，还清贷款的压力会让你自觉像个奴隶。如果你准备接受资助，就必须明白要想及时还清贷款是有难度的，而在美国，如果你拖欠超过两星期，就会被取消上课的资格。

（5）储蓄。上大学以后，你开始要为自己的开销付账，因此必须学会储蓄，不让自己超支，而这不仅是一项技术，更是一门艺术（据说美国人的信用卡平均负债5 000~8 000美元）。为了避免负债累累，你最好不要花明天的钱，学会量入而出。

（6）生活方式。周末玩到夜里2点才睡觉、逃课、吃劣质食品、随意出去旅行……这些都是你的自由，不过你需要为这些行为的后果承担责任。摆脱了父母的控制，意味着你必须平衡自由和责任，如果你没有做好这个平衡，压力就会严重干扰你的生活。

（7）同伴群体和同伴压力（药物和酒精）。新生都有被同伴群体接纳的强烈需要，因而他们容易屈从于同伴压力，而同伴压力一般是很强的。如果群体的行为和你自己的价值观产生分歧，就会引发压力，在这时，遵从于群体的想法可能会更占上风。

（8）对性的探索。没有了父母的监管，再加上对自己的自我形象更加自信，人们在大学时对性的探索和高中时相比更加频繁，避孕、怀孕、同性恋、双性恋、艾滋病、性无能等问题逐一出现，带来了许多压力。虽然进大学并不是为了探索性，但有些学生对此的兴趣显然超过了对学业的兴趣，致使学习成绩不尽如人意。

（9）友谊。大学里的友谊具有特殊的意义。随着你的成长、成熟，你可能会重新定义你的价值观，而你的朋友也会跟你一样发生变化，友情可能因此出现波折，需要你经常去想办法改善人际关系，继而你会明白，你并不能和每一个你喜欢的人作朋友。此外，其他一些压力源也可能破坏你和好朋友的关系。

（10）亲密关系。在大学期间谈恋爱，你可以在爱情中成长。不过，维系一段亲密关系需要付出很多，特别是在大学这样一个其他压力也很大的环境中。一旦失恋，可能会给一方或者双方带来巨大打击，使人无心向学，荒废学业。

（11）展开职业生涯。想要一毕业就挣得和父母一样多，实际上是一个不正确的想法，不过有很多大学生都会这么想。这样的想法带给大学毕业生很大的压力，对现实世界的恐惧使他们试图逃避，有些人甚至直到毕业前的最后一周才开始找工作。

而对于那些在职的大学生来说，面对的问题可以总结成一个词：平衡。努力平衡工作、家庭和学业。如果为了满足上级、同事、朋友、配偶、孩子、父母（也许甚至还有宠物）的要求，你拼命压榨本来属于自己的时间，那么最后只会使一切都成为沉重的负担。而当生存的压力迫在眉睫时，学业经常会被抛在脑后，这样你可能会因为没有时间做作业和准备考试而感到受挫。当然，还有其他一些来自于工作、家庭和学校的压力源会破坏你的平衡。

三、大学生压力导致的常见心理问题

（一）遭遇求职挫折产生的心理问题

求职受挫导致的心理问题一般表现为焦虑、自卑、嫉妒、冷漠等心理，严重者表现为抑郁和焦虑症状，如求职失败后心境持续低落，对日常生活丧失兴趣，自卑、自责、自我评价过低、容易疲劳、失眠或睡眠过多等，即是抑郁的主要表现特征。焦虑症状主要表现为遭遇求职挫折后持续的紧张不安，对求职过分担心和烦恼，满面愁容，眉头紧锁，坐立不安等。大学生在求职过程中一旦出现心理问题会直接影响到求职的成功率，需要及时进行疏导和调节。

（二）失恋导致的情感问题

大学生一般处在18~22岁的年龄段，这是一个人身心不断趋于成熟的阶段，也是一个人身心发展的重要时期。在这个年龄段，大学生的生理发育已基本成熟，随着年龄的增长，对人际交往尤其与异性交往的心理需求不断增强，这个时期的大学生男女双方都从内心被异性吸引，渴望用各种方式接近异性。追求纯洁的爱情是大学生正常的情感心理需求，但由于阅历浅，社会经验不足，经济不独立，大学生的人格还不够完善，心理也还不够成熟，通常对自己缺乏正确和全面的认识，对是非的认识较为模糊，情感丰富但不稳定是大学生心理特征的主要表现之一。因此，大学生谈恋爱大多带有盲目性，如果处理不当很有可能给恋爱双方带来烦恼和痛苦，严重者还将导致心理疾病，甚至轻生。

（三）学习引发的心理问题

学习是大学生的重要任务，大学学习阶段是人生的重要时期，影响着大学生的未来发展。与中学相比，大学阶段的学习内容具有更强的专业性和职业性，大学开设各个专业的最终目的是满足社会各行各业对专业或专门人才的需求，自学是大学生学习的最主要的方法。同时，大学阶段的学习不再是简单的记忆，而具有较强的探索性和不确定性，注重培养大学生的独立思考能力。学习内容、学习方法和学习侧重点的转变使得一些大学生无所适从，尤其对大一新生而言，容易在学习中产生不同程度的困扰和心理障碍。学习动机过强或对所学专业没有兴趣是大学生产生学习心理问题的主要原因。学习动机过强的大学生通常无视自身的条件和现实状况，为自己设定过高的目标，成功欲望过于强烈，对自我的期望过高。这类大学生一般因学习过于勤奋，且争强好胜，情绪时常处于紧张状态，容易导致学习心理问题。而对所学专业没有兴趣，则会缺乏学习积极性，或无心上课，或另选课程，打算转专业，往往导致已学的专业成绩较差，甚至挂科。

第三节　大学生压力管理

压力管理首先要探索造成压力的原因，就是为了对症下药，更好地应对压力。针对造成压力的四种原因，我们需要从以下四个方面提升自己应对压力的能力。

一、改变非理性信念

前面，我们在谈到管理压力的时候讲了用理性情绪疗法改变认知。不过具体到每一个个体，我们要改变的认知重点是找准我们的非理性信念是什么，它如何导致了我们当下的困扰，怎样去改变。

我们依然以紫晨为例，对于紫晨来说，她的非理性信念如下：

学习是唯一重要和正确的事，非学习至上者，都不是好学生，也是不正确的生活方式。

室友和我关系不好，证明我爱学习是错误的，进而推论，在大学，爱学习不受人欢迎，是错误的。

有令我生厌的行为的人，别人也应该讨厌她。

这个世界只有唯一正确的真理，我们每个人都应该遵循一样的生活标准。

紫晨可以对照这些非理性信念，花一段时间去觉知这些非理性信念在日常生活中对她的影响，并努力改变它。

二、改变行为方式

应对考试焦虑、论文压力这样因现实任务带来的压力，我们需要改变自己拖拉的行为习惯。对那些非完成不可的任务，没有什么捷径，最简单的办法就是开始做，该找资料找资料，该调查的调查，该动笔的动笔。开始做，想的是做的内容，而不是想怎么办和压力。很多容易焦虑的人，都会耽于想象，做得太少。心理健康有一个秘诀是多做少想。如果你因某件事没有完成给自己带来压力，不要等没有压力了再去做，而是做了就会慢慢没有压力。要知道，想象中的焦虑因为没有发生而没办法消除，所以，想象中的难题也比实际去应对的难题更可怕。

三、增加体育锻炼　培养兴趣爱好

对于因身体原因引起的压力，或压力引起的生理反应，需要增强体育锻炼。我们的压力会通过内分泌的变化引起肌肉紧张，血管神经及内脏的变化，运动会改变我们的心率、呼吸、血液循环和肌肉状态，因此是非常好的释放情绪的方式。我们常说，维护心理健康，需要至少喜欢一项运动，有至少一个爱好，至少有一个好朋友。运动可以强健身心，爱好可以让我们很好地独处，朋友可以让我们倾诉心声。这三者是维护心理健康的必备条件。

四、调整情绪反应方式

情绪反应方式和成长经历的影响，是心理成长中比较专业的内容，最好借助心理咨询的帮助。在自助方面，我们提供两点作为自我成长的切入点。

（一）归因方式

当你有情绪的时候，看看你是把这个原因归结到自己身上。还是归结到别人身上。归结到自己身上，称为内归因，归结到别人身上，称为外归因。这两种方式各有利弊。

内归因的人擅长自省，着重自我完善，但运用过度容易内疚、自责，严重者可能造成抑郁。外归因的好处是不容易自我伤害，但容易抱怨，也容易造成人际关系不和谐。更好的归因方式是客观的归因，站在不同的角度看事情，采取换位思考，而不是责任归因。

比如紫晨的人际关系，归因为自己，则是强求别人，归因于室友，则会认为别人无情。更客观的归因，则是紫晨渴望友谊是合理的，她的室友喜欢与兴趣相投的同学相处也是合理的。紫晨并不需要责备室友，也不需要责备自己，她只要想办法找到满足友谊的方式即可。

（二）探察情绪按钮

紫晨的情绪按钮，是没有按照“正确”的方式去生活。每个人都有自己的情绪按钮，有的人是因为事情没做好，有的人是感到不被重视，有的人是需要在人群中享有一点特权，这基于每个人在成长过程中缺少什么，有什么未完成的愿望，执著地想在人群中获得补偿。当你发现你的情绪按钮，就需要在这里提醒自己，这是我的需要，别人可以满足我，也可以不满足。紫晨需要男朋友按照她的“正确”的方式去生活，去好好学习，男朋友可以同意，也可以不同意。她需要学会尊重，每个人都有权力按自己的方式生活。自己未完成的愿望，需要借助于咨询老师的帮助来填平这些愿望，而不是寻求现实的满足。

凡属于未完成的愿望，会造成一种体验上的缺失，这种缺失是永远无法借助现实的满足来填平的。打个比方来说，如果一个人小时候家里穷，吃不饱饭，长大后他拼命挣钱，成为亿万富翁，但是这种现实的金钱满足并不能改变他内心早年对于贫困的体验，因为要让幼年的那个孩子在当时就体验一种心灵上的富足感，是不可能的。凡人生中那些错失了的愿望，未完成的情结，我们能做的是回忆、安抚、凭吊、放下，而不是现实满足。

（三）提升人文修养

压力是人类正常的生存处境，就像在物理上，我们必须生活在大气压中。与压力同行，除了上述技术层面的方法，中国人更追求的是“道”，是能自己解决问题的规则、大道。

大学生需要在自己的专业学习之外，增加对人文、历史、政治、哲学、艺术、美学等的阅读、理解与体悟，成为真正意义上的“大”学生。大学生应是集文化之大成者，而不仅是现代化社会大生产中的一颗专业螺丝钉。

中国的教育，在高考的指挥棒下，培养了一大批以高考为目标的孩子。太多这样的孩子走进大学，未免让大学的文化内涵变薄，让大学的舞台少了点人文色彩。过于重视高考，在学习的过程中未免过于功利，忽略了知识本身的意蕴。

才情的狭窄会带来心地的狭窄，正如一个心理专家所说：心灵的痛苦，来自你的心太小，很多东西放进去都装不下，所以才痛苦。他还打比方说：比如死亡让我们痛苦，因为死亡比我们的心大，所以我们会为之苦恼，如若我们的心比死亡大，把死亡装在心里绰绰有余，我们就不会再恐惧死亡。同理，如果我们的心量可以装下失恋，装下朋友纷争，装下是非荣辱，我们的心灵痛苦定会少很多。

能拓展我们心量的途径，就是增加人文方面的阅读、思考与体悟，提升自己的文化素养。

在人生这个舞台上，只有成为一个集大成智慧者，才能更好地化解压力，与压力共舞，拥有更饱满、丰饶的人生体验。

案例

某大学大三学生王某，在教室里看书时，总担心会有人坐在身后并干扰自己，有强烈的不安全感，以至于只能坐在角落或者靠墙而坐，否则无法安心看书；对同寝室一位同学播放收音机的行为非常反感，有时简直难以忍受，尤其是中午睡午觉时总担心会有收音机的声音干扰自己，从而睡不着觉，经常休息不好。但又不好意思跟其发生当面冲突，因为他觉得为这样的小事发脾气，可能是自己的不对。他很长时间不能摆脱这种心理困境，很苦恼，严重影响了自己的日常生活和学习。即将毕业，王某心中一片茫然，担心找不到理想的工作，有时候也懒得去想这个问题，怕增添烦恼。他学习一般，在班上成绩中游，当看到其他同学都在准备考研究生，自己也想考，但是又不能集中精力学习。自卑，缺乏自信，生活态度比较消极，认为所有的一切都糟透了。他的家在农村，经济状况一般，认为自己有责任挑起家庭的重担，但又觉得力不从心。

在该案例中，实际上王某的心理困境主要是由各种压力源造成的。首先，王某即将面临大学毕业，择业困难构成其压力源的核心。择业压力所导致的心理紧张和心理困境，其实质是由王某自身能力与理想目标之间的落差造成的，落差越大，心理压力也就越大。他学习成绩一般，对自己缺乏信心，但家在农村，又觉得自己责任重大，必须找到一份好工作，因此心理压力相当大，而且是与日俱增的。其次，择业压力使王某在心理上产生不安全感。行为发生学认为，当人受到刺激时就会做出某种特定的反应。王某面对压力，采取的是消极应对策略——回避。虽然不去想它，但是问题和压力仍然存在，尽管只是一种茫然状态。再次，择业压力使王某的心理变得异常敏感和脆弱，这一点在他的日常学习和生活中直接体现出来：在教室看书或者在宿舍睡午觉时，哪怕有一点动静，就会受到干扰；严重时，即使没有任何干扰，他也会怀疑、担心和害怕受到干扰。第四，择业压力和敏感的心态极易使王某面临人际冲突问题，这是他采取回避和压抑等消极应对策略的必然结果。在与同学相处时，尽管他自己也意识到只是一些很小的事情让自己不快，但就是不能控制自己。当某件事情或某个人多次引起自己的反感和不快时，就很自然地把自我消极情绪固着在该事或该人上，从而影响人际的和谐与沟通。实际上，这是由于他刻意回避主要现实压力，导致压力感（压力能量）转移的结果。

下面几种方法可以有效缓解压力：

如果面对困难你感到孤立无援，就应该寻求朋友和亲人的安慰。与朋友的一次很短的电话交谈可以帮助你放松情绪。

学会倾听。在与他人相处过程中，任何时候都不能自认为已经完全领会了对方的意图。唯有仔细倾听才能了解对方的想法，从而远离诸多误会与冲突。

如果心情烦躁是因为时间不够造成，不妨放下手头的事情，合理安排一下工作计划。哪怕是每天清晨早起15分钟也行。

音乐是非常有效的心理疗法。多听音乐有助于培养开朗的性格。

定期进行体育锻炼，增强体质。良好的身体素质是战胜心理压力的基础。

拓展阅读

1. 10种缓解压力的方法

当你的面临压力时，要寻找一片能躲避压力的安静天地，因为连续不断的精神负担对心脏不利，甚至引发动脉梗塞。最新资料显示，压力能引起血液里的应激反应激素急剧突变，从而削弱机体的免疫力，变得难以抵御感染。大部分疾病，包括胃灼热、气喘、疱疹、癌症，甚至连记忆力衰退都跟压力有关，说起来，有点恐怖，但你也不必焦虑不安。

（1）静坐休息。哪怕一天里用5~10分钟安静地坐一坐，什么也不要做，把精力集中到周围的声音上，集中到自己的感觉上，看看自己是否有哪个部位感到不舒服。当你静坐时，心跳放慢、血压下降，也就是说，压力的症状有所减缓，有能力控制局势了。当局势失控时，也是压力最大的时候。我们无法改变过去，但能把握现在。

（2）放声大笑。经常阅读一些能发笑的书籍，也可以回忆看过的喜剧电影……当你发自内心地大笑时，体内引起压力的激素可的松和肾上腺素开始下降，免疫力增强，这种效果能持续24个小时。有趣的是，当你预感即将大笑时，这种效果就已经开始有了。

（3）听音乐。当你接受一项重大任务时，听听你喜欢的任何旋律的音乐。如果工作场所不能播放音乐，可以带上小收音机或带耳机的录音机。澳大利亚一项试验显示：两组大学生被要求准备一份报告，一组工作时十分安静，另一组有音乐，这两组大学生工作都很紧张，但是静悄悄准备报告的大学生们血压上升、脉搏加快，而边听音乐边工作的人血压和脉搏都很稳定。

（4）多想点美好的事情。抽一点时间，哪怕只是5分钟，集中精神想想对你来说可亲的人或可喜的事，也可以构思一幅“安静休假”的画面。即使一些高度自我评价的单词或句子都是有效的。多想好事可以阻止体内形成压力变化。我们经常感到有精神负担是因为无法摆脱不良情绪，如不满、委屈、担心、生气等，如果多想想让你喜欢的人和让你高兴的事，效果就完全不同了。

（5）走路散步。从桌子旁或沙发里站起来，就算走几分钟也好。专家证实，散步有助于平静内心。据观察，一批志愿者负责照顾弱智老人。这是一项非常紧张的工作，志愿者中每周坚持散步4次的人，很少烦恼不安，睡眠也好很多，血压保持正常。如果每天抽不出半小时散步也没关系，当你感到紧张时，走上5~10分钟，同样会有明显效果。一开始感到紧张就走上几分钟，镇静作用最大。

（6）放慢呼吸。放慢呼吸5分钟，每分钟用腹部做深呼吸约6次，也就是说，用5秒吸气和用5秒呼气。通常压力大时呼吸既快又浅，几次深呼吸就能挺起肩膀和放松肌肉。“5秒吸5秒呼”的呼吸节奏跟血压波动的10秒自然循环相一致，这种同步不仅使人迅速平静下来，还有利于心血管系统的健康。

（7）轻松起床。晚上躺下入睡前或早晨醒来起床前，在床上用5分钟放松全身：先绷紧脚趾，后渐渐放松，接下来是脚掌、小腿、大腿、臀部，直到上身和脸部肌肉。如果早晨起床就紧张，那么接下来的一整天都别想轻松了；如果躺下睡觉时总想着问题不放则会影响你的睡眠质量，而这一点又会加重你的精神负担。因此，每天的开始和结束时花上5分钟放松全身很有必要。

（8）坦然面对，给压力一个宽阔的缓冲带。快乐是一种对痛苦的领悟。这样的快乐才是纯粹的快乐，而不只是一种高兴。就像无厘头只是一种搞笑，而不是幽默一样。快乐是历经千般辛苦酿出来的甘甜，而要想体会这种甘甜，没有坦然的心态是做不到的。

坦然，就是处变不惊，就是得之不喜，失之不悲，就是承认现实并接受现实，就是认清自己不做无谓的抗争。这样的坦然，才能让压力化做无形，才能让烦恼淹没其中。

谁都无法逃避压力，与其被动接受，还不如主动减缓压力带来的负面影响。懊悔、沮丧并不能让压力减轻，相反还会让压力的影响扩散，甚至带来更多更严重的副作用。如果能够坦然地面对压力、接受压力，压力就已经被我们压缩到最小程度了。

同样的事情发生后，当别人还在为自己的错误懊丧时，学会坦然的人早已经收拾好心情重新上路了；在别人忙着寻找客观理由的时候，他们已经找到了解决问题、改进思路的方法；在别人推卸责任的时候，他们已经在压力的督促下整装待发了。正是这份坦然，让压力侵袭的脚步停了下来，给了压力一个缓冲，避免了压力对身心的强力冲击。更为重要的是，坦然让心理不至于失衡，一颗平静的心不会被困难和挫折所扰乱。

坦然成了一种失去后的豁达。《说典》中有则小故事：东汉大臣孟敏，年轻时卖过甑（陶制炊具）。一次，他的担子掉在地上，甑摔碎了，他头也不回地径自离去。有人问他："坏甑可惜，何以不顾？"孟敏十分坦然地回答："甑已破矣，顾之何益。"是的，甑再值钱，再与自己的生计息息相关，可它已摔破，是无法改变的事实，你再心疼、懊悔，也无法改变既成事实，反而让懊丧有了可乘之机，影响身心的健康。

2. 不良睡眠习惯问卷测量

花几分钟回答以下问题。如果你感觉睡眠质量不佳，就要考虑是不是以下因素影响到了你的生理状况、生物节律或情绪状态，从而导致失眠。虽然不能确认你的失眠程度，但以下每个问题都与睡眠问题有关，可以帮助你微调自己的睡眠状况。

（1）你每天都按时睡觉吗？ 是 否

（2）你需要30分钟以上才能入睡吗？ 是 否

（3）你每天都按时起床吗？ 是 否

（4）晚上6点以后，你会喝咖啡、茶或含咖啡因的饮料吗？ 是 否

（5）你会在床上看电视吗？ 是 否

（6）你每周会做3~5次的心脏锻炼吗？ 是 否

（7）你会将床当作办公桌吗（如做作业、写信）？ 是 否

（8）睡觉前你会洗个热水澡吗？ 是 否

（9）睡觉前你会喝酒吗？ 是 否

（10）睡觉前你会从事紧张的心理活动吗（如做期末作业、

准备考试、写论文、写报告)? 是 否

(11)在睡觉时，你的卧室总是温暖的吗? 是 否

(12)睡觉时你的室友会一直打呼噜到天亮吗? 是 否

(13)你的床的尺寸和舒适度令你满意吗? 是 否

(14)你睡觉时会感到慢性疼痛吗? 是 否

(15)你睡觉时会受到噪声、光线、蚊虫的打扰吗? 是 否

(16)白天你经常打瞌睡吗? 是 否

(17)你服药吗(如类固醇、高血压抑制剂、气喘药、抗抑郁药等)? 是 否

(18)你感到抑郁吗? 是 否

(19)你睡觉前会吃大量肉食吗? 是 否

(20)你是不是经常使用手机，尤其是晚上? 是 否

3. 你有压力吗?

虽然仅凭20个题目很难确切地测量出你是否有压力及压力水平，但它们的确可以帮助你更了解自己现在的生活状况。请阅读以下每一个题目，在“同意”或“不同意”上画圈，然后计算同意的个数，1个计1分，并根据最后的解释判断当前的压力水平。

(1)晚上我入睡困难。 同意 不同意

(2)我肌肉紧张，或有偏头痛。 同意 不同意

(3)我担心自己的财务状况，怕收支失衡。 同意 不同意

(4)我希望我每天拥有更多的笑容。 同意 不同意

(5)我经常因为工作不吃早饭或午餐。 同意 不同意

(6)如果我能够改变我的工作状况，我愿意去做。 同意 不同意

(7)我希望拥有更多的个人时间来休闲娱乐。 同意 不同意

(8)最近我失去了一位好朋友或家庭成员。 同意 不同意

(9)最近我的婚姻状况不佳或刚离婚。 同意 不同意

(10)我好长时间没有好好放假了。 同意 不同意

(11)我希望自己的人生有清晰的意义和目标。 同意 不同意

(12)我一周要在外面吃3顿以上。 同意 不同意

(13)我有慢性疼痛症。 同意 不同意

(14)我没有很亲密的朋友圈子。 同意 不同意

(15)我没有定期锻炼(每周3次以上)的习惯。 同意 不同意

(16)我在吃抗抑郁药。 同意 不同意

(17)我的性生活不太满意。 同意 不同意

（18）我的家庭关系不尽如人意。 同意 不同意

（19）我的自尊水平较低。 同意 不同意

（20）我没有时间冥想或内省。 同意 不同意

计分和解释：

低于5分：你压力水平较低，保持良好的应对措施。

高于5分：你有中度的压力。

高于10分：你的压力水平较高。

高于15分：你的压力水平极高。

4. 快乐工作的16个秘方①

【美国“石英”财经网站2015年3月21日报道】让我们面对现实吧，快乐和工作一般都很难兼顾。盖洛普在2013年对超过1.8亿人进行了一项调查，结果发现，仅有13%的人认为他们自己能够“愉快地沉浸在工作中”。那些在工作中自觉愉快的人与不愉快的人相比，积极性高出36%，精力高出5倍，创造力也要高出1倍。

快乐的人一般都拥有一个关键长处：情商高。人才测评公司对超过1亿人进行了情商测试，了解到究竟什么使得高情商的人与众不同，并进一步挖掘了高情商的人在工作中寻找快乐的16个方法。

（1）记住，你的快乐你做主。对于一份看似没有前途的工作，你有两个选择：重新找个工作，或是最大限度地利用你手中的这份工作。无论选择哪种，快乐都握在自己手中。

（2）不要被自己无法掌握的事情困扰。快乐的人消息灵通且未雨绸缪，但他们不会允许自己为超出他们薪金等级的事情操心。

（3）莫要和他人攀比。当你的快乐和满足源于和他人比较产生的优越感时，你将不再是快乐的主人。当你为自己的成就感到快乐时，不要让他人的意见或是成就把你的快乐夺走。

（4）犒赏自己。工作固然重要，但弦绷得太紧不给自己一丝放松机会于健康无益。有研究发现，小小的奖赏一下自己会让人更大方、友善，也更快乐。

（5）工作间隙抽空锻炼。让你的身体动起来，短短10分钟，就能够释放你体内的GABA——一种舒压的神经递质。

（6）不要妄下评论，也不要八卦。对他人妄下评论，说别人坏话就像用甜点来放纵自己，一时满足了味蕾，过后却感觉糟糕透了。

① 文章来源：《参考消息》，2015年3月23日。

（7）明智地选择你的战役。情商高的人深知“留得青山在，不怕没柴烧”这个道理。只有好好活着，才能东山再起。

（8）坚持自己。以追求成功为名义，丧失道德底线，是注定不会快乐的。当你感到迷茫时，不妨花些时间，重新审视一下自己的价值观。

（9）创造一个整洁的工作环境。环视四周，你应该创造一个干净整洁的工作环境，能够让人平静，精神为之一振。

（10）举手之劳，何乐而不为。花点时间，帮帮你的同事，不仅会给他人带来快乐，自己也会收获快乐。

（11）集中精力。有研究显示，精力达到绝对集中状态的人会收获满满。这种状态是指你完全投入到一个项目或任务中，忘了时间和周遭的一切。

（12）多微笑，多多开怀大笑。

（13）远离负面的人。远离满腹牢骚和负面情绪较强的人。这种人面对问题只会一味苦恼，而不是打起精神想办法解决问题。

（14）学会自嘲。如果在工作上太把自己当回事，你的快乐和表现就会遭殃。不要害怕表露自己的小缺点。

（15）培养感恩的心。有时候，让你远离消极情绪的最佳方式就是退后一步，审视你已经拥有的人生财富。

（16）深信最好的就在前面。不只是告诉自己这一点，一定要坚信不疑。对未来拥有一个积极乐观的展望不仅会带给你快乐，还会让你表现得更好，增强自信心。

本章知识点

1. 压力及压力管理
2. 压力对健康的影响
3. 压力产生的原因

本章思考题

1. 分析自己目前的压力水平。
2. 结合现实谈谈如何有效处理压力。
3. 提出几个有创意的减压方法。

参考文献

[1] 樊富珉，贺俊峰．青年心理健康十五讲.北京：北京大学出版社，2006.

[2] 李虹．压力应对与大学生心理健康．北京：北京师范大学出版社，2004.

[3] 何跃清．如何进行压力管理．北京：北京大学出版社，2004.

[4] Brian luke Seaward. 压力管理策略．许燕，等译．北京：中国轻工业出版社，2008.

[5] 冷银花．大学生常见心理问题分析．科技信息，2009(23)：154.

编 后 语

《大学生心理健康教育案例教学》教材的最后完稿是在高等教育出版社的大力支持下，在西北大学副校长李浩教授的积极鼓励下，在西北大学教务处处长曹明明教授、李剑利教授和学生工作处（部）长常江的督促、指导下完成的。就此，我们向高等教育出版社和西北大学各位领导表示衷心的致敬和感谢！

参与本书编写的老师有：郑安云、常江、同雪莉、张向强、张文芳、李佳、张婧、丁莹莹、段东园、常雅慧、任静。本书主要由郑安云老师修改并统稿，李秋风、雷盼、杨鸽等研究生协助整理。同时也感谢长安大学的員丽萍、西北工业大学的张洪英老师的协助支持。

本书编写过程时间紧张，各位老师在百忙之中认真地完成了书稿，书中难免存在不足，还希望读者多提宝贵意见，我们将不胜感激！

编 者

2015年5月